21世纪高等教育计算机规划教材

COMPUTER

数据结构

Data Structure

杨剑 白忠建 丁晓峰 编著

人民邮电出版社
北京

图书在版编目（CIP）数据

数据结构 / 杨剑，白忠建，丁晓峰编著. -- 北京 :
人民邮电出版社，2013.12（2023.8 重印）
21世纪高等教育计算机规划教材
ISBN 978-7-115-33591-3

Ⅰ. ①数… Ⅱ. ①杨… ②白… ③丁… Ⅲ. ①数据结构－高等学校－教材 Ⅳ. ①TP311.12

中国版本图书馆CIP数据核字(2013)第294992号

内 容 提 要

本书定位准确，合理规划教学内容，其内容选取符合教学大纲要求，并兼顾学科的广度和深度，适用面广。

全书围绕核心概念，提炼基础性内容，侧重工程实践，注重算法设计与程序实现。本书对知识单元的结构安排合理，主线清晰，全面、系统地介绍了线性表、队列、堆栈、树、图等基本数据结构，以及这些数据结构在计算机中的存储及算法实现，并介绍了各种查找及排序算法的实现和效率分析。书中各种算法采用 C 语言描述。除介绍相关知识点外，书中每一章还给出了教学的建议课时、总体要求、学习重点、习题与解析和上机实训题目及解析，这非常有助于教师的教学安排以及学生对重点的掌握，从而提高学生的应用能力。同时，每一章还包括一个综合性的项目案例，并给出了项目的设计思想和设计过程，从而提高读者对实际问题的分析和解决能力。

本书相关的配套资源包括各章的程序源代码、PPT 电子教案、习题答案与解析、上机实训和项目案例源代码，都可以在人民邮电出版社教学服务与资源网上（www.ptpedu.com.cn）下载。

本书可以作为高等学校计算机类专业的教材和参考书，也可作为其他理工类专业的数据结构课程的教学用书，还可以作为计算机相关人员的自学参考书。

◆ 编　著　杨　剑　白忠建　丁晓峰
责任编辑　刘　博
责任印制　彭志环　杨林杰

◆ 人民邮电出版社出版发行　北京市丰台区成寿寺路 11 号
邮编　100164　电子邮件　315@ptpress.com.cn
网址　https://www.ptpress.com.cn
北京盛通印刷股份有限公司印刷

◆ 开本：787×1092　1/16
印张：16.5　2013 年 12 月第 1 版
字数：432 千字　2023 年 8 月北京第 7 次印刷

定价：39.00 元

读者服务热线：(010)81055256　印装质量热线：(010)81055316
反盗版热线：(010)81055315

前言

“数据结构”是计算机程序设计的重要理论技术基础，它不仅是计算机学科的核心课程，而且已成为其他理工专业的热门选修课。通过对数据结构的学习，读者可以运用相关知识和技术更好地进行算法和程序的设计，也为后继课程如算法设计、数值分析、操作系统、编译原理等的学习打下良好的基础。本书是为“数据结构”课程编写的教材，其选取内容符合教学大纲要求，并兼顾学科的广度和深度，适用面广。

数据结构主要研究数据的各种组织形式以及建立在这些结构之上的各种运算的实现。数据结构课程主要培养以下几个方面的知识和能力：(1) 掌握并能根据实际问题灵活应用基本数据结构的抽象数据类型、存储方法和主要算法；(2) 掌握基本的算法设计和分析技术；(3) 掌握并能应用常用的排序、查找方法；(4) 具备一定的调试算法和程序、项目测试的能力。显然，合理地组织数据，有效地表示数据，正确地处理数据，这三个因素是提高程序设计质量的关键因素。

针对这种情况，本书注重基本概念的引入和阐述，以及对主要数据结构及其相关算法分析进行深入的比较，同时注重对学生解决实际问题能力的培养。本书是作者多年教学经验的总结，在编写过程中注意继承已有教材的优点，同时又结合实际教学和社会需求，进行了大范围的内容更新。“数据结构”是一门理论和实践结合比较紧密的课程。本书每一章都设计了案例项目和综合上机实训题目，因此，可以说，这是一本具有崭新内容的教学用书。本书可以作为高等学校计算机类专业学生的教材和参考书，也可作为其他理工类专业的数据结构课程的教学用书，还可以作为计算机相关人员的自学参考书。

本书的优势是：(1) 注重基本概念的引入和阐述，注重算法设计的分析方法，强调实践环节的重要性；(2) 语言简明流畅，结构清晰合理，内容深入浅出；(3) 每章都设有算法设计举例、综合项目设计，每章后附有习题，供读者进行练习；(4) 本书配套资源包括各章电子教案和习题答案，方便教师授课和答疑。

全书共分为 8 章。第 1 章介绍了数据结构的基本概念和常用术语。第 2 章～第 6 章介绍了基本的数据结构，如线性表、栈、队列、串、数组、广义表、树形和图形结构，分别讨论了这几种数据类型的逻辑结构和存储结构，以及相应的算法。第 7 章、第 8 章介绍了几种常用的查找和排序算法。同时，每章给出一个综合性的项目案例，使读者在学完基础知识后，能够利用所学知识完成一些综合实训题目的分析和设计。全书采用 C 语言作为数据结构和算法的描述语言，所有程序都在 Microsoft Visual C++ 环境中编译通过，可以直接上机运行。另外，每章后面还配有习题和上机实训内容，并给出了习题和实训的参考答案，方便教学和自学。

本书由电子科技大学成都学院杨剑、白忠建、丁晓峰共同编写。杨剑编写第 5 章、第 6 章、第 7 章、第 8 章；白忠建编写第 1 章、第 2 章；丁晓峰编写第 3 章、第 4 章；最后由杨剑统稿。在本书编写过程中，电子科技大学成都学院计算机的领导和同行提供了大力支持和宝贵的意见，在此表示衷心的感谢。

由于编者水平有限，书中难免有一些不足之处，敬请广大读者批评指正。

编　者

2013 年 12 月

目 录

第1章 绪　论

总体要求

- 了解数据结构的意义，数据结构在计算机领域的地位和作用
- 掌握数据结构各名词、术语的含义和有关的基本概念；数据的逻辑结构和存储结构之间的关系
- 了解使用C语言对数据结构进行抽象数据类型的表示和实现的方法
- 了解算法的五要素
- 掌握计算语句频度估算算法时间复杂度的方法

核心技能点

- 相关术语：数据、数据元素、数据项、数据对象、数据结构
- 数据逻辑结构：集合、线性结构、树形结构和图形结构
- 数据的物理结构：顺序和非顺序结构
- 算法的五要素和时间复杂度及空间复杂度

学习重点

- 数据的逻辑结构和存储结构及其之间的关系
- 算法时间复杂度及空间复杂度及其计算

计算机科学是一门研究信息表示、组织和处理的科学，而信息的表示和组织直接关系到处理信息的效率。随着计算机产业的迅速发展和计算机应用领域的不断扩大，计算机应用已不仅仅局限于早期的科学计算，而是更多地用于控制、管理和数据处理等方面，随之而来的是处理的数据量越来越大，数据类型越来越多，数据结构越来越复杂。因此，如果要编制一个高效的处理程序，就需要解决如何合理地组织数据，建立合适的数据结构以及设计好的算法来提高程序执行的效率等问题。“数据结构”这门学科就是在这样的背景下逐步形成和发展起来的。

1.1　数据结构的作用和意义

数据是外部世界信息的计算机化，是计算机加工处理的对象。运用计算机处理数据时，必须解决4个方面的问题：一是如何在计算机中方便、高效地表示和组织数据；二是如何在计算机存储器（内存和外存）中存储数据；三是如何对存储在计算机中的数据进行操作，可以有哪些操作，

如何实现这些操作以及如何对同一问题的不同操作方法进行评价；四是必须理解每种数据结构的性能特征，以便选择一个适合于某个特定问题的数据结构。这些问题就是数据结构这门课程所要研究的主要问题。

1.1.1 数据结构的作用

虽然每个人都懂得英语的语法与基本类型，但是对于同样的题目，每个人写出的作文水平却高低不一。程序设计也和英语写作一样，虽然程序员都懂得语言的语法与语义，但是对于同样的问题，程序员写出来的程序不一样。有的人写出来的程序效率很高，有的人却用复杂的方法来解决一个简单的问题。

当然，程序设计水平的提高仅仅靠看几本程序设计书是不行的。只有多思索、多练习，才能提高自己的程序设计水平；否则，书看得再多，提高也不大。程序设计水平要想提高，要多看别人写的程序，多去思考问题。从别人写的程序中，我们可以发现效率更高的解决方法；从思考问题的过程中，我们可以了解，解决问题的方法常常不只一个。运用先前解决问题的经验来解决更复杂更深入的问题，是提高程序设计水平的最有效途径。

数据结构正是前人在思索问题的过程中所想出的解决方法。一般而言，在学习一段时间的程序设计后，学习“数据结构”便能让程序员的程序设计水平上一个台阶。如果程序员只学会了程序设计的语法和语义，那么只能解决程序设计三分之一的问题，而且运用的方法并不是最有效的。但如果学会了数据结构的概念，就能在程序设计上运用最有效的方法来解决绝大多数的问题。

《数据结构》这门课程的目的有 3 个。第一是讲授常用的数据结构，这些数据结构形成了程序员基本数据结构工具。对于许多常见的问题，这些数据结构是理想的选择。程序员可以直接拿来使用或经过少许的修改就可以使用，非常方便。第二是讲授常用的算法，这和数据结构一样，是人们在长期实践过程中的总结，程序员也可以直接拿来使用或经过少许的修改就可以使用，并且可以通过算法训练来提高程序设计水平。第三是通过程序设计的技能训练促进程序员综合能力的提高。

1.1.2 数据结构的意义

当我们用计算机解决一个问题时，必须告诉计算机如何去做，这需要先分析问题，确定一个适合的数据模型，然后，设计一个求解这个数据模型的算法，最后编写程序，经过反复调试直至得到正确结果。这就像求解一个数学的应用题，需要通过问题的描述列出一个方程或方程组，然后求解该方程（组）。但是，需要计算机求解的大多数问题比数学方程要复杂得多。下面给出几个简单的例子加以说明。

【例 1-1】一个班上有 30 名学生，现在需要设计一个管理系统，完成对学生信息的查找、修改、插入或删除。

首先需考虑如何表示这 30 名学生的信息。学生信息之间的关系可以看成是一个接一个排列的一对一关系，这是一种线性结构，可以建立一个线性表，线性表中的每一个元素表示一个学生信息，如表 1-1 所示，对学生信息的查找、修改、插入或删除都应该基于该线性表进行操作。

学生信息是按学号一个接一个存放的。要查找某个学生信息，可以从第一个学生开始，依次向后一一比较，找到后就可以修改了。如果要插入一个学生信息，可以先找到插入位置，把插入位置在后面的所有学生信息依次向后移动，空出位置后插入。如果要删除一个学生信息，可以先找到删除位置，然后将后面的学生信息依次前移即可。

表 1-1 学生基本信息表

学号	姓名	性别	专业	…
1240710801	王实	男	计算机科学与技术	
1240710802	张斌	男	计算机科学与技术	
1240710803	徐玲玉	女	计算机科学与技术	
1240710804	周安	男	计算机科学与技术	
1240710805	马小勇	男	计算机科学与技术	
1240710806	黄莉	女	计算机科学与技术	
…	…	…	…	…

【例 1-2】计算机和人对弈问题。由于对弈的过程是在一定的规则下进行的，为使计算机能灵活对弈，必须将对弈过程中所有可能发生的情况以及相应的对策都考虑周全。同时，作为一名“好”的棋手，还应能预测棋局的发展趋势。所以，为使计算机能够和人进行对弈，必须事先将对弈的策略存入计算机，图 1-1（a）所示为一个九宫格的棋盘格局。

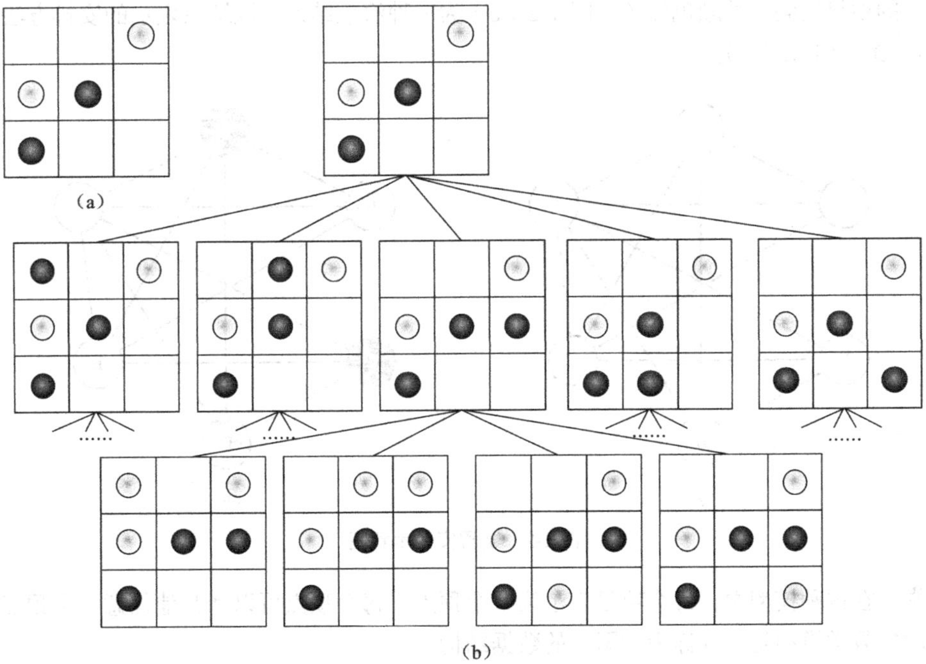

图 1-1 九宫格方盘对弈“树”

黑白双方交替落子，如果将从对弈开始到结束过程中可能出现的棋盘格局画出来，则可得到一个倒长的“树”，图 1-1（b）所示的是其中的一部分。“树根”是对弈开始前的棋盘格局，而“叶子”是可能出现的结局。可以看到，与线性结构不同，一个格局可以派生出几个格局，也就是说，一个格局只能有一个前驱，而可以有多个后继。如果计算机对弈开始前就计算出这样一棵树，就可以知道在对弈过程中哪一种走法获胜的概率大一些，就像一位高手能预测棋局发展的趋势一样，从而选择一种较好的走法。

【例 1-3】田径比赛赛程安排问题。在一名选手参加多个项目的情况下，这些项目不能同时开始，否则会产生冲突。假设有一个比赛的参赛项目表，如表 1-2 所示，A、B、E 不能同时开始，那么应如何安排赛程呢？

表 1-2　　　　　　　　　　选手参赛项目表

姓名	参赛项		
ZHAO	A	B	E
QIAN	C	D	
SHUN	C	E	F
LI	D	F	A
ZHOU	B	F	

在此例中，可以把一个参赛项表示为图中的一个顶点，而当两个项目不能同时举行时，以两个顶点之间的连线表示互相矛盾的关系。如图 1-2（a）所示，每个圆圈表示一个比赛项目，两个圆圈之间的连线表示这两个圆圈不能在同一时间安排。所以，当安排项目 A 时，只能同时安排没有和 A 连线的项目。在此例中，没有和 A 连线的项目应为 C，可以按此方法将没有冲突（互相没有连线）的项目用同一种颜色涂色，图 1-2（b）为一种涂色结果，该结果表示的安排方法为（A、C），（B、D），（E），（F）。

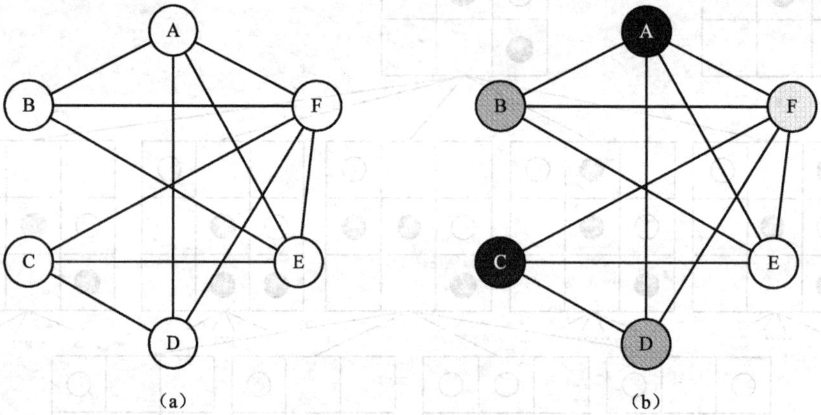

图 1-2　赛程安排示意图

通常，在这种模型中，每个项目表示为一个顶点。每个顶点可以和其他任意一个顶点联系。这类问题的数学模型是一种称为“图”的数据结构。

综合前面 3 个例子，这类非数值计算问题的数学模型是诸如表、树形、图形之类的数据结构。因此，数据结构是一门研究非数值计算的程序设计问题中计算机的操作对象以及它们之间的关系和运算的学科。

数据结构是一门介于数学、计算机硬件和计算机软件三者之间的计算机专业核心课程。

在计算机科学中，数据结构不仅是一般程序设计的基础，而且是设计和实现编译程序、操作系统、数据库系统及其他系统程序和大型应用程序的重要基础。

学习“数据结构”既为进一步学习其他计算机专业课程提供必要的准备知识，又有助于提高软件设计和程序编制水平。1968 年，美国 D.E.Kunth 教授开创了数据结构的最初体系，他的名著《计算机程序设计技巧》较为系统地阐述了数据的逻辑结构和存储结构及其操作。随着计算机科学的飞速发展和应用领域的不断扩大，到 20 世纪 80 年代初期，数据结构的基础研究日臻成熟，已成为一门完整的学科。

1.2 基本概念和术语

1.2.1 基本概念和术语

在本小节中，将对一些常用的概念和术语进行介绍，这些概念和术语在以后的章节中会多次出现。

1. 数据（Data）

数据是外部世界信息的载体，它能够被计算机识别、存储和加工处理，是计算机程序加工的原料。计算机程序能够处理各种各样的数据，可以是数值数据，如整数、实数或复数；也可以是非数值数据，如字符、文字、图形、图像、声音等。

2. 数据元素（Data Element）和数据项（Data Item）

数据元素是数据的基本单位，在计算机程序中通常被作为一个整体进行考虑和处理。数据元素有时也被称为元素、结点、顶点、记录等。一个数据元素可由若干个数据项（Data Item）组成。数据项是不可分割的、含有独立意义的最小数据单位，数据项有时也被称为字段（Field）或域（Domain）。例如，在数据库信息处理系统中，数据表中的一条记录就是一个数据元素，这条记录中的学生学号、姓名、性别、籍贯、出生年月、成绩等字段就是数据项。

3. 数据对象（Data Object）

数据对象是性质相同的数据元素的集合，是数据的一个子集。例如，整数数据对象是{0, ± 1, ± 2, ± 3,…}，字符数据对象是{a,b,c,…}。

4. 数据类型（Data Type）

数据类型是高级程序设计语言中的概念，是数据的取值范围和对数据进行操作的总和。数据类型规定了程序中对象的特性。程序中的每个变量、常量或表达式的结果都应该属于某种确定的数据类型。例如，C 语言中的整型（int），它可以设定值的取值范围是 $[-2^{31}, 2^{31}-1]$，主要运算有 +、-、*、/、%（取模运算）等。

数据类型可分为两类，一类是非结构的原子类型，如 C 语言中的基本类型（整型、实型、字符型等）；另一类是结构类型，它的成分可以由多个结构类型组成，并可以分解。结构类型的成分可以是非结构的，也可以是结构的。例如，C 语言中结构体的成分可以是整型等基本类型，也可以是数组或其他结构类型。

5. 数据结构（Data Structure）

数据结构是相互之间存在一种或多种特定关系的数据元素及它们之间的关系的集合。在任何问题中，数据元素之间都不是孤立的，而是存在着一定的关系，这种关系称为结构（Structure）。根据数据元素之间关系的不同特性，通常有 4 类基本数据结构。

（1）集合（Set）：如图 1-3（a）所示，该结构中的数据元素除了存在“同属于一个集合”的关系外，不存在任何其他关系。

（2）线性结构（Linear Structure）：如图 1-3（b）所示，该结构中的数据元素存在着一对一的关系。

（3）树形结构（Tree Structure）：如图 1-3（c）所示，该结构中的数据元素存在着一对多的关系。

（4）图形结构（Graphic Structure）：如图 1-3（d）所示，该结构中的数据元素存在着多对多的关系。

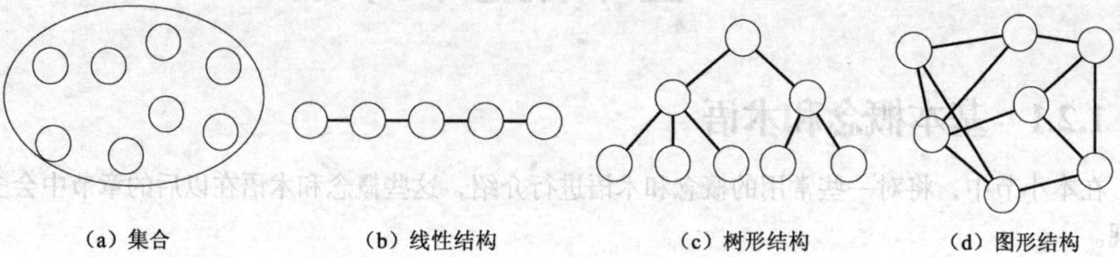

（a）集合　（b）线性结构　（c）树形结构　（d）图形结构

图 1-3　四类基本数据结构关系图

由于集合中的元素的关系极为松散，可用其他数据结构来表示，所以本书不做专门介绍。

从数据类型和数据结构的概念可知，二者的关系非常密切。数据类型可以看作是简单的数据结构，数据的取值范围可以看作是数据元素的有限集合，而对数据进行操作的集合可以看作是数据元素之间关系的集合。

1.2.2　数据结构的逻辑结构与物理结构

数据结构包括数据的逻辑结构和物理结构。数据的逻辑结构（Logic Structure）是从具体问题抽象出来的数学模型，与数据在计算机中的具体存储没有关系。数据的逻辑结构独立于计算机，是数据本身所固有的特性。从逻辑上可以把数据结构分为线性结构和非线性结构。上述数据结构的定义就是数据的逻辑结构（Logic Structure），主要包括：集合、线性、树形和图形结构，其中，集合、树形和图形结构都属于非线性结构。

【例 1-4】长整数表示。

如果以 3 个 4 位的十进制数表示一个含 12 位十进制数的“长整数”，则可用如下描述的数学模型表示。它是一个含 3 个数据元素$\{a_1,a_2,a_3\}$的集合，且在集合上存在下列次序关系：$\{<a_1,a_2>, <a_2,a_3>\}$，则长整数“321465879345”可用 a_1=3214，a_2=6587 和 a_3=9345 的集合表示。

而：3214，6587，9345 ≠ 6587，3214，9345

a_1　a_2　a_3　　a_2　a_1　a_3

注意　$<x,y>$意为 x 和 y 之间存在“x 领先于 y”的次序关系。而(x,y)表示 x 和 y 之间没有次序上的关系。

【例 1-5】某单位的管理关系如图 1-4 所示。假设单位工作由以下人员参与：总经理、部门经理、小组长、普通职工。人员的关系为：一个总经理管理若干部门经理，每个部门经理管理若干小组长，每个小组长管理若干职工。

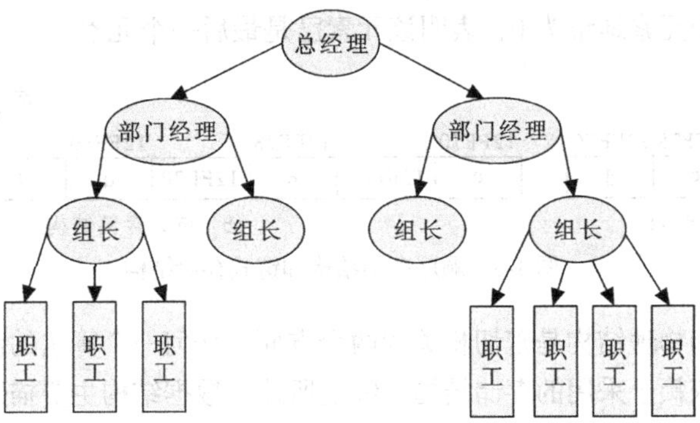

图 1-4 单位的管理关系

其各个数据元素之间的逻辑关系可以表示为{<总经理，部门经理 1>，……，<总经理，部门经理 *n*>，<部门经理 1，组长 1>，……，< 部门经理 *n*，组长 *m*>，<组长 1，职工 1>，……，<组长 *m*，职工 *q*>}。

上述数据结构的定义仅是对操作对象的一种数学描述，是从操作对象抽象出来的数学模型，结构定义的“关系”描述的是数据元素之间的逻辑关系，所以称为逻辑结构。

然而，讨论数据结构的目的是为了在计算机中实现对它的操作，因此还需要研究在计算机中如何表示和存储数据结构，即数据的物理结构（Physical Structure）。数据的物理结构又称为存储结构（Storage Structure），是数据在计算机中的表示（又叫映像）和存储，包括数据元素的表示和存储以及数据元素之间关系的表示和存储。存储结构是逻辑结构在计算机存储器中的映像，必须依赖于计算机。

数据元素之间的关系在计算机中的表示方法主要有两种：顺序映像和非顺序映像，分别对应两种数据的存储结构，包括顺序存储结构和链式存储结构。顺序存储结构（Sequence Storage Structure）通过数据元素在计算机存储器中的相对位置表示出数据元素的逻辑关系，一般把逻辑上相邻的数据元素存储在物理位置相邻的存储单元中。在 C 语言中用数组来实现顺序存储结构。因为数组所分配的存储空间是连续的，所以数组具有实现数据顺序存储结构的能力。链式存储结构（Linked Storage Structure）对逻辑上相邻的数据元素不要求其存储位置必须相邻。链式存储结构中的数据元素称为结点（Node），在结点中附设地址域（Address Domain）来存储与该结点相邻的结点的地址来实现结点间的逻辑关系。

【例 1-6】用顺序存储结构和链式存储结构分别存储线性结构 P。

```
P=(K,R)
其中 K={a,b,c,d},R={r}
r={<a,b>,<b,c>,<c,d>}
```

如图 1-5 所示，假设每一个元素占 4 个字节，当采用一组连续的地址空间依次存放从第 1 个到最后一个元素时，其逻辑的关系由位置间的先后顺序来表示，即其关系蕴含在存储地址中，如图 1-5（a）所示第 1 个元素 a 存储在地址为 12FF70 的空间中，则第 2 个元素 b 一定在 12FF74 中，12FF7C 一定存储第 4 个元素 d。当采用一段连续或不连续的地址空间存储这些元素时，由于存储的地址顺序和逻辑顺序并不一致，为了表示元素间的逻辑关系，在存储每个数据元素值本身外，还需存储下一个元素的地址（设每个地址值占 4 个字节）。如图 1-5（b）所示，第 1 个元素 a 存放在地址为 12FF84 的空间中，同时也存放了其下一个元素的存储地址 12FF78，由此，通过第 1 个元素就可以找到第 2 个元素，同样，通过第 2 个元素就可以找到第 3 个元素，依次类推，直到其中一个元素的下一个元素地址为 0，表明该元素已是最后一个元素。

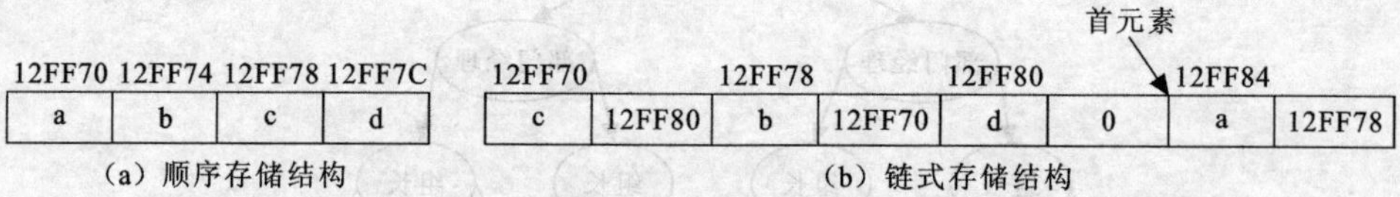

图 1-5　顺序存储结构和链式存储结构

数据的逻辑结构和物理结构是密切相关的两个方面，任何一个算法的设计取决于选定的逻辑结构，而算法的实现依赖于采用的存储结构。综上所述，数据结构主要描述的是数据元素之间的逻辑关系、数据在计算机系统中的存储方式和数据的运算 3 个方面的内容，即数据的逻辑结构、存储结构和数据的操作集合。

1.3　数据结构的表示

抽象数据类型（Abstract Data Type，ADT）是指基于一类逻辑关系的数据类型以及定义在这个类型上的一组操作。在软件设计中，抽象数据类型通常包含定义、表示和实现 3 部分。所以，一般而言，抽象数据类型可用以下三元组表示：

$$\text{ADT\_Type}=(D,S,P) \tag{1-1}$$

其中，D 是数据元素的有限集，即数据对象，S 是 D 上的关系集，P 是对 D 的基本操作集。本书一般采用以下格式定义抽象数据类型。

```
ADT 抽象数据类型名
{
    数据对象：<数据对象的定义>
    数据关系：<数据关系的定义>
    基本操作：<基本操作的定义>
} ADT 抽象数据类型名
```

例如，一个线性表的抽象数据类型可定义如下。

ADT Linear_List{

数据元素：$a_i \in$ 同一数据对象，i=1，2，…，n（$n \geqslant 0$）

逻辑结构：<a_i, a_{i+1}>| i=1，2，…，n（$n \geqslant 0$），a_1 无前驱，a_n 无后继

基本操作：设 L 为 Linera_List 类型的线性表，

InitList（L）：建立一个空的线性表。

Length（L）：求线性表 L 的长度。

GetElem（L,i）：取线性表 L 中的第 i 个元素。

Locate（L,x）：确定元素 x 在线性表 L 中位置。

Insert（L,i,x）：在线性表 L 中第 i 个元素之前（或之后）插入一个新元素 x。

Delete（L,i）：删除线性表 L 中的第 i 个元素。

} ADT Linera_List;

抽象数据类型的定义是软件设计者之间的接口，在软件设计中，凡是需要使用抽象数据类型的地方，就可以方便地根据抽象数据类型的定义来使用它。

【例 1-7】已知两个集合 A 和 B，现要求一个新的集合 A=A-B。

分析：假设用线性表 LA 和 LB 分别表示集合 A 和 B，只要将同在 LA 和 LB 中的元素从 LA 中删除即可。算法描述如下。

```
void Difference(Linera_List LA, Linera_List  LB)
{
   int i,n,loc;
   n=Length(LB);
   for(i=1;i<=n;i++){
      loc=Locate(LA,GetElem(LB,i)); //先取除 LB 中的第 i 个元素，然后确定该元素在 LA 中心位置
      if(loc!=0)Delete(LA,loc);      //如果该元素存在于 LA 中，删除同时存在于 LA 和 LB 中的元素
   }
}
```

在这个例子中，尚未涉及线性表的具体实现，仅通过线性表的抽象数据类型的操作，Length、GetElem、Locate 和 Delet 完成了求集合 A–B 的算法。可见，凭借数据类型的支持，可以有效地研究问题、设计算法和分析算法。

抽象数据类型的表示和实现可以通过某种程序设计语言功能来完成，即利用程序设计语言中已有的基本数据类型或用户已定义的数据类型来说明新的数据类型(存储结构)。组合新的操作时，本书采用 C 语言进行抽象数据类型的表示和实现。本书在用 C 语言描述时做如下的约定。

（1）数据元素的类型约定为 ElemType。具体的类型可以由用户在使用时定义。

```
typedef int ElemType  //定义所用数据类型为 int
```

（2）数据存储结构用类型定义（typedef）描述。

```
typedef struct{
    ElemType *elem;
    int length;
    int listsize;
}SqList;  //定义名为 SqList 的线性表采用顺序存储结构的类型定义
```

（3）算法以函数形式描述。

```
//算法说明
类型标识符  函数名（形式参数表）
{语句}
```

1.4 算法和算法分析

1.4.1 算法的基本概念

算法（Algorithm）是指在有限的时间范围内，为解决某一问题而采取的方法和步骤的准确完整的描述。它是一个有穷的规则序列，这些规则决定了解决某一特定问题的一系列运算。

算法是程序设计的精髓，程序设计的实质就是构造解决问题的算法。它与数据结构的关系密切，在算法设计时先要确定相应的数据结构，而在讨论数据结构时也必然会涉及到相应的算法。算法的设计取决于数据的逻辑结构，算法的实现取决于数据的物理结构。著名的瑞士计算机科学家 N.Wirth 所提出的公式“算法 + 数据结构 = 程序”就深刻揭示了算法和数据结构之间的关系。对实际问题选择了一种好的数据结构之后，还得有一个好的算法才可更好地求解问题。

一个算法应该具备以下特征。

1. 有穷性

一个算法应包含有限个操作步骤，即一个算法在执行若干个操作步骤之后应该能够结束，并且每一步都要在合理时间内完成。

2. 确定性

算法中的每一个步骤必须有确切的含义，无二义性，在任何情况下，对于相同的输入只能得出相同的输出。

3. 可行性

算法中的每一个步骤都应该能够通过已经实现的基本运算的有限次执行得以实现。

4. 输入

输入指的是在算法执行时，从外界取得必要的数据。一个算法可以有一个或一个以上的输入，也可以没有输入。

5. 输出

数据结构输出指的是算法对输入数据处理后的结果。一个算法可以有一个或一个以上的输出，没有输出的算法是无意义的。

算法的含义与程序非常相似，但又有区别。程序中的指令必须是机器可执行的，而算法中的指令则无此限制。算法代表了对问题的解，而程序则是算法在计算机上的特定实现。一个算法若用程序设计语言来描述，则成为一个程序。

1.4.2 算法效率的度量

对于一个特定的问题，采用的数据结构不同，其设计的算法一般也不同，即使在同一种数据结构下，也可以采用不同的算法。那么，对于解决同一问题的不同算法，选择哪一种算法比较合适，以及如何对现有的算法进行改进，从而设计出更适合于数据结构的算法，这就是算法效率的度量的问题。评价一个算法优劣的主要标准如下。

1. 正确性（Correctness）

算法的执行结果应当满足预先规定的功能和性能的要求，这是评价一个算法最重要的也是最基本的标准。算法的正确性还包括对输入、输出及处理的明确而无歧义的描述。

2. 可读性（Readability）

算法主要是为了人们阅读和交流，其次才是机器的执行。所以，一个算法应当思路清晰，层次分明，简单明了，易读易懂。即使算法已转变成机器可执行的程序，也需要考虑人们是否能较好地阅读理解。同时，一个可读性强的算法也有助于对算法中隐藏的错误排除和算法的移植。

3. 健壮性（Robustness）

一个算法应该具有很强的容错能力，当输入不合法的数据时，算法应当能做出适当的处理，而不至于引起严重的后果。健壮性要求表明算法要全面细致地考虑所有可能出现的边界情况和异常情况，并对这些边界情况和异常情况做出妥善的处理，尽可能使算法不发生意外的情况。

4. 运行时间（Running Time）

运行时间是指算法在计算机上运行所花费的时间，它等于算法中每条语句执行时间的总和。对于同一个问题，如果有多个算法可供选择，应尽可能选择执行时间短的算法。一般来说，执行时间越短，性能越好。

5. 占用空间（Storage Space）

占用空间是指算法在计算机上存储所占用的存储空间，包括存储算法本身所占用的存储空间、算法的输入及输出数据所占用的存储空间和算法在运行过程中临时占用的存储空间。算法占用的存储空间是指算法执行过程中所需要的最大存储空间，对于一个问题，如果有多个算法可供选择，应尽可能选择存储量需求低的算法。实际上，算法的时间效率和空间效率经常是一对矛盾，相互抵触。我们要根据问题的实际需要进行灵活的处理，有时需要牺牲空间来换取时间，有时需要牺牲时间来换取空间。

通过对算法的评价，一方面可以从解决同一问题的不同算法中区分相对优劣，选择较为合适的一种；另一方面也有助于设计人员考虑对现有算法进行改进或设计出新的算法。

另外，要将一个算法转换成程序并在计算机上执行，其运行所需要的时间还取决于下列因素。

① 计算机硬件的速度。

② 书写程序的高级语言。

③ 问题的规模。例如，求 10 的阶乘和求 1000 的阶乘所需要的执行时间当然是不同的。

显然，同一个算法用不同的语言实现，或者用不同的编译程序进行编译，或者在不同的计算机上运行，其效率均不相同。这说明使用绝对的时间单位衡量算法的效率是不合适的。撇开这些与计算机硬件、软件有关的因素，可以认为一个特定算法的运行工作量大小只依赖于问题的规模（通常用正整数 n 来表示），或者说它是问题规模的函数。

1.4.3 算法效率分析

评价一个算法优劣的重要依据是看这个算法执行需要占用多少机器资源。而在各种机器资源中，时间和空间是两个最主要的方面。因此，在进行算法评价时，人们最关心的就是该算法在运行时所要耗费的时间代价和算法中数据所占用的空间代价，在这里分别称为时间复杂度（所需运行时间）和空间复杂度（所占存储空间）。

1. 时间复杂度（Time Complexity）

一个程序的运行时间是指程序从开始到结束所需要的时间，但这并不好计算和度量。通常认为一个算法所需的运算时间通常与所解决问题的规模大小有关。通常，用 n 作为表示问题规模的量。例如，树的问题中 n 是树的顶点数；排序问题中 n 为所需排序元素的个数等。

把规模为 n 的算法的执行时间，称为时间复杂度（Time Complexity）。算法运行所需的时间 T 表示为 n 的函数，记为 $T(n)$。为了便于比较同一问题的不同算法，通常把算法中基本操作重复执行的次数（频度）作为算法的时间复杂度。记为：

$$T(n)=f(n) \tag{1-2}$$

其中，$f(n)$是规模为 n 的算法，重复执行基本操作的次数。大部分情况下，要准确地计算 $T(n)$是很困难的，一个算法的“运行工作量”通常是随问题规模的增长而增长的，因此，比较不同算法的优劣应该主要以其“增长的趋势”为准则。我们往往研究所谓的“渐进时间复杂度”，即当 n 逐渐增大时，$T(n)$的极限情况。一般把这种算法的渐进复杂度简称为时间复杂度。为了便于分析，时间复杂性常用数量级的形式来表示，记为：

$$T(n)=O(f(n)) \tag{1-3}$$

其中，大写字母 O 为 Order（数量级）的第一个字母，$f(n)$为函数形式，如$T(n)=O(n^2)$。一般用数量级的形式表示 $T(n)$，当 $T(n)$为多项式时，可只取其最高次幂，且其系数也可省略。如：$T(n)=8n^3+15n^2+3n+1$时，可以表示为$T(n)=O(n^2)$。

可以看出，时间复杂度往往不是精确的执行次数，而是估算的数量级，它着重体现的是随着问题规模 n 增大，算法执行时间的变化趋势。

下面举例来说明计算算法时间复杂度的方法。

【例 1-8】计算下列语句的时间复杂度。

（1）
```
x=x+1;
```

解：语句 $x=x+1$ 执行的频度是 1，该程序段的执行时间是一个与问题 n 无关的常数，因此，时间复杂度 $T(n)=O(1)$。

（2）
```
temp=i;
i=j;
j=temp;
```

解：以上 3 条语句均执行 1 次，该程序段的执行时间是一个与问题 n 无关的常数，因此，算法的时间复杂度 $T(n)=O(1)$。

（3）
```
for (i=1;i<=n;i++)
    x = x + 1;
```

解：其中 $i=1$,只执行 1 次；$i<=n$，循环变量 i 要增加到 $n+1$，故它执行 $n+1$ 次；i++执行 n 次，$x=x+1$ 作为循环体语句也要执行 n 次。所以，该程序段所有语句执行的次数为 $T(n)=3n+2$。故其数据复杂度为：$T(n)=O(n)$。实际上，在分析时间复杂度时，只需要关注随着问题规模 n 增大，语句执行次数变化最快的语句即可分析出，如本例中的 $x=x+1$ 就是这样的语句。

（4）
```
for(i=1;i<=n;i++)
    for (j=1;j<=n;j++)
        x=x+1;
```

解：这是二重循环的程序，外层 for 循环的循环次数是 n，内层 for 循环的循环次数为 n，所以，该程序段中语句 $x=x+1$ 是随着问题规模 n 增大，语句执行次数变化最快的语句，其频度为 n^2，则程序段的时间复杂度为 $T(n)=O(n^2)$。

（5）
```
i=1;
while (i<=n) i=5*i;
```

解：该程序段中语句 $i=5*i$ 是随着问题规模 n 增大，语句执行次数变化最快的语句。设执行次数为 x，可以列出下列公式：

执行次数	循环前 i 的值	循环条件	循环后 i 的值（$i=5*i$）
1	1	$1<=n$	5
2	5^1	$5^1<=n$	5^2
…	…	…	…
x	5^{x-1}	$5^{x-1}<=n$	5^x
$x+1$	5^x	$5^x>n$	/（循环结束）

$i=5^{x-1}$ 是最后一次循环，根据条件，可以列出下述公式：$5^{x-1}\leqslant n<5^x$，从而得到：$x-1\leqslant\log_5 n<x\Rightarrow x\approx\log_5 n$。则程序段的时间复杂度为 $T(n)=O(\log_5 n)$。

（6）
```
for(i=1;i<=n;i++){
    for(j=1;j<=n;j++){
        k=1;
        while(k<=n)k=5*k;
    }
}
```

解：这是三重循环的程序，外层 for 循环的循环次数是 n，第二层 for 循环的循环次数为 n，第三层循环的循环次数为 $\log_5 n$。该程序段中语句 $k=5*k$ 是随着问题规模 n 增大，语句执行次数变化最快的语句，其频度为 $n^2\log_5 n$，则程序段的时间复杂度为 $T(n)=O(n^2\log_5 n)$。

（7）
```
for(i=1;i<=n;i++)
    for(j=1;j<=i;j++)
        x=x+1;
```

解：该算法为一个二重循环，执行次数为内、外循环次数相乘，但内循环次数不固定，与外循环有关。基本操作 “$x=x+1;$” 的执行次数为：$1+2+3+\cdots+n=n(n+1)/2$。则程序段的时间复杂度为 $T(n)=O(n^2)$。

一些常见的时间复杂度的等级包括以下几个。

$O(1)$：常数阶。基本操作执行次数为常数。

$O(\log n)$：对数阶。

$O(n)$：线性阶。

$O(n\log n)$：线性对数阶。

$O(n^2)$：平方阶。

$O(n^k)$：K 方阶。

$O(x^n)$：指数阶。

不同数量级时间复杂度的形状如图 1-6 所示。

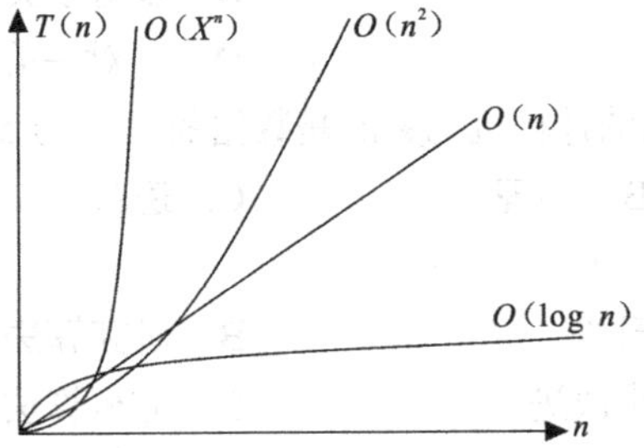

图 1-6 常见函数的时间复杂度增长率

一般地，对于足够大的 n，常用的时间复杂度存在如下顺序：

$$O(1)<O(\log n)<O(n)<O(n\log n)<O(n^2)<O(n^3)<\ldots\ldots<O(2^n)<O(3^n)<\ldots<O(n!)$$

2. 空间复杂度（Space Complexity）

空间是指执行算法所需要的存储空间，算法所对应程序运行所需存储空间包括固定部分和可变部分。固定部分所占空间与所处理数据的大小和数量无关，或者称与该问题的实例的特征无关，主要包括程序代码、常量、简单变量等所占的空间；可变部分所占空间与该算法在某次执行中处理的特定数据的大小和规模有关，例如 100 个数据元素的排序算法与 1000 个数据元素的排序算法所需的存储空间显然是不同的。

与算法的时间复杂度类似，可以把空间复杂度作为算法所需存储空间的量度，记作：

$$S(n)=O(f(n)) \qquad (1-4)$$

1.5 习题与解析

一、填空题

1. 数据的物理结构包括__________的表示和存储以及__________的表示和存储。

2. 对于给定的 n 个元素，可以构造出的逻辑结构有__________、__________、__________、__________4 种。

3. 一个算法具有 5 个特性：__________、__________、__________、有零个或多个输入、有一个或多个输出。

4. 抽象数据类型被形式地定义为（D，S，P），其中 D 是__________的有限集合，S 是 D 上的__________有限集合，P 是对 D 的__________集合。

5. 数据结构主要包括数据的__________、数据的__________和数据的__________这 3 个方面的内容。

6. 一个算法的效率可分为__________效率和__________效率。

二、单项选择题

1. 非线性结构是数据元素之间存在一种（ ）。

A. 一对多关系　　B. 多对多关系
C. 多对一关系　　D. 一对一关系

2. 数据结构中，与所使用的计算机无关的是数据的（ ）结构。

A. 存储　　B. 物理　　C. 逻辑　　D. 物理和存储

3. 算法分析的目的是（ ）。

A. 找出数据结构的合理性　　B. 研究算法中的输入和输出的关系
C. 分析算法的效率以求改进　　D. 分析算法的易懂性和文档性

4. 算法分析的两个主要方面是（ ）。

A. 空间复杂性和时间复杂性　　B. 正确性和简明性
C. 可读性和文档性　　D. 数据复杂性和程序复杂性

5. 计算机算法指的是（ ）。

A. 计算方法　　B. 排序方法
C. 解决问题的有限运算序列　　D. 调度方法

6. 从逻辑上可以把数据结构分为（ ）。

A. 动态结构和静态结构　　B. 紧凑结构和非紧凑结构
C. 线性结构和非线性结构　　D. 内部结构和外部结构

三、判断题

（ ）1. 数据元素是数据的最小单位。

（ ）2. 数据的逻辑结构是指数据的各数据项之间的逻辑关系。

（ ）3. 算法的优劣与算法描述语言无关，但与所用计算机有关。

四、名词解释

数据、数据元素、数据结构、逻辑结构、物理结构、算法、算法的时间复杂度

五、应用题

1. 计算机执行下面的语句时，语句 *s* 的执行次数为__________。

```
for(i=1; i<n-1; i++)
    for(j=n;j>=i;j--)
       s;
```

2. 在有 *n* 个选手参加的单循环赛中，总共将进行__________场比赛。

3. 试给出下面两个算法的时间复杂度。

(1)
```
for(i=1; i<=n; i++)
     x=x+1;
```

(2)
```
for(i=1; i<=n; i++)
    for(j=1; j<=n; j++)
       x=x+1
```

第2章 线性表

总体要求

- 掌握线性表的逻辑结构
- 掌握线性表的两类存储结构（顺序和链式存储结构）的表示方法，以及单链表、循环链表、双向链表的特点
- 掌握线性表在顺序存储结构及链式存储结构上实现基本操作（查找、插入、删除、合并等）的算法及分析
- 能够针对具体应用问题的要求和性质，选择合适的存储结构设计出有效算法，解决与线性表相关的实际问题

相关知识点

- 相关概念：线性表、顺序表、链表（单链表、循环链表、双向链表）、头指针、头结点、首元结点
- 顺序表的表示及基本操作
- 链表的表示及基本操作

学习重点

- 线性表的逻辑结构及两种不同的存储结构
- 链表的表示和实现

学习难点

- 链表的表示和实现

本章讨论线性结构，这种数据结构元素之间呈一对一的关系，即线性关系。有关线性结构的实例在日常生活中非常常见，例如，成绩单中依次排列的学生名称及成绩列表和电话号码簿中依次排列的单位名称或住宅用户及对应的电话号码序列等。这类例子的共同特点是：结构中存在一个唯一的头成员，其前面没有其他成员；存在一个唯一的尾成员，其后面没有其他成员；而中间的所有成员，其前面只存在一个唯一的成员与之直接相邻，其后面也只存在一个唯一的成员与之直接相邻。

由此可见，线性结构的特点是：在数据元素的非空有限集中，（1）存在唯一的一个被称作“第一个”的数据元素；（2）存在唯一的一个被称作“最后一个”的数据元素；（3）除第一个之外，集合中的每个数据元素均只有一个前驱；（4）除最后一个之外，集合中每个数据元素均只有一个后继。

2.1 线性表的逻辑结构

线性表是最简单且最常用的一种数据结构，它具备线性结构的特点，并且表中元素属于同一数据对象，元素之间存在一种序偶关系。

2.1.1 线性表的概念

线性表（Linear List）是 n 个数据元素的有限序列构成的一种线性结构，其元素可以是一个数、一个符号，也可以是由多个数据项组成的复合形式，甚至可以是一页书或其他更复杂的信息。例如，由 26 个大写英文字母组成的字母表：（A, B, C, …, X, Y, Z）就是一个线性表，表中的每个数据元素均是一个大写字母。再如，某党支部 2003 年以来拥有的党员数目：（48，64，77，93，112，136，167，…，235）也是一个线性表，表中的每个数据元素均是一个正整数。这两个线性表都是包含简单数据元素的例子。

线性表中的数据元素也可由多个**数据项**（Item）构成。例如表 2-1 所示的图书信息表，在该表中，每一行也是一个数据元素，代表一本图书的基本信息，它由图书分类号、书名、作者、出版社等数据项组成，称为一个**记录**（Record）。通常，把含有大量记录的线性表称为**文件**（File）。

表 2-1 图书信息表

图书分类号	书名	作者	出版社
C93	管理科学方法	鲍立威	浙江大学出版社
G206	传播学	邵培仁	高等教育出版社
H319.4	英汉妙语佳句赏析	青闫	中国城市出版社
H316	大学英语四级词汇用法词典	顾飞荣	世界图书出版公司
TN915	通信与网络技术概论	刘云	中国铁道出版社
TP312	计算机软件技术基础	王宇川	科学出版社
…	…	…	…

综上所述，线性表中的数据元素可以是多种形式的。但是，对于同一个线性表，其中的数据元素必须具有相同特性，也就是说，同一线性表中的数据元素必须属于同一种数据类型，表中相邻的数据元素之间存在一种序偶关系。

线性表可逻辑地表示为：

$$(a_1, a_2, \cdots, a_{i-1}, a_i, a_{i+1}, \cdots, a_n)$$

其中，a_1 为表中的第一个数据元素，a_n 为最后一个数据元素，a_{i-1} 领先于 a_i，a_i 领先于 a_{i+1}，称 a_{i-1} 是 a_i 的直接**前驱**元素，a_{i+1} 是 a_i 的直接**后继**元素。当 i=1，2，…，n-1 时，a_i 有且仅有一个直接后继，当 i=2，3，…，n 时，a_i 有且仅有一个直接前驱。

线性表中数据元素的个数 n（$n\geqslant 0$）定义为线性表的**长度**，特别地，当 n=0 时称该线性表为**空表**。线性表中的元素在位置上是有序的，表中代表任一数据元素的符号 a_i 的下标 i 的取值即指示该元素在表中的位置，i=1 时表示第一个数据元素，i=n 时表示最后一个数据元素，因此，称数据元素 a_i 的下标 i 为该元素在线性表中的**位序**。

在线性表中，数据元素之间的相对位置关系可以与数据元素的值有关，也可以无关。当数据元素的位置与它的值相关时，称为**有序线性表**，即表中的元素按照其值的某种顺序（递增、非递减、非递增、递减）进行排列，否则，称为**无序线性表**。

2.1.2 线性表的基本操作

线性表是一种比较灵活的数据结构，可以根据不同的需要对线性表进行多种操作，常见的基本操作有以下几种。

（1）初始化——构造一个空的线性表。

（2）销毁——销毁一个已存在的线性表。

（3）查找（或定位）——找出线性表中满足特定条件的元素的位置。

（4）存取——存取线性表中的第 i 个数据元素，检查或更新其中某个数据项的内容。

（5）插入——在线性表的第 i 个位置之前插入一个新元素。

（6）删除——删除线性表中的第 i 个数据元素。

（7）排序——按照某种需要重新排列线性表中的元素顺序。

（8）求长度——求出线性表中数据元素的个数。

（9）判空——判断当前线性表是否为空。

将上述基本操作进行组合，可以实现对线性表各种更复杂的操作，例如，第 1 章绪论中的例 1-7 使用线性表的 Length、GetElem、Locate 和 Delete 4 个基本操作实现了求两个集合 A 和 B 之差的操作。同样，利用上述基本操作也可实现其他更复杂的操作，如将两个或两个以上的线性表合并成一个线性表；把一个线性表拆开成两个或两个以上的线性表；重新复制一个线性表等。

2.1.3 线性表的抽象数据类型描述

抽象数据类型线性表的定义如下。

ADT List{

数据对象：D={ a_i | $a_i \in$ElemSet, i=1, 2, …, n, $n\geqslant 0$}

数据关系：R={< a_{i-1}, a_i >| a_{i-1}, a_i $\in$D, i=2, …, n }

基本操作：

InitList(&L)：初始化线性表，构造一个空的线性表 L。

DestroyList(&L)：销毁线性表，释放线性表 L 占用的内存空间。

ClearList(&L)：将 L 重置为空表。

ListEmpty(L)：判断线性表是否为空表，若 L 为空表，则返回 TRUE，否则返回 FALSE。

ListLength(L)：求线性表的长度，返回 L 中数据元素的个数。

GetElem(L, i, &e)：取得线性表中某个数据元素值，用 e 返回 L 中第 i（1≤i≤ListLength(L)）个数据元素的值。

LocateElem(L, e, compare( ))：按元素值查找，返回 L 中第 1 个与 e 满足关系 compare( )的数据元素的位序。若这样的数据元素不存在，则返回值 0。

PriorElem(L, cur_e, &pre_e)：若 cur_e 是 L 的数据元素，且不是第一个，则用 pre_e 返回它的前驱，否则操作失败，pre_e 无定义。

NextElem(L, cur_e, &next_e)：若 cur_e 是 L 的数据元素，且不是最后一个，则用 next_e 返回它的后继，否则操作失败，next_e 无定义。

ListInsert(&L, i, e)：插入数据元素，在 L 的第 i（1≤i≤ListLength(L)+1）个位置之前插入新的数据元素 e，L 的长度加 1。

`ListDelete(&L, i, &e)`：删除 L 的第 i 个数据元素，并用 e 返回其值，L 的长度减 1。

`ListTraverse(L, visit())`：遍历线性表，依次对 L 的每个数据元素调用函数 `visit()`。一旦 `visit()` 失败，则操作失败。

`}ADT List`

2.2 线性表的顺序表示和实现

2.2.1 线性表的顺序表示

线性表的顺序表示指的是用一组地址连续的存储单元依次存储线性表的数据元素。线性表的这种机内表示称作线性表的**顺序存储结构**或**顺序映像**（Sequential Mapping），通常，称这种存储结构的线性表为**顺序表**。采用顺序表表示的线性表，表中逻辑位置相邻的数据元素将存放到存储器中物理地址相邻的存储单元之中，换言之，以元素在计算机内“物理位置相邻”来表示线性表中数据元素之间的逻辑关系。

假设线性表的每个元素需占用 L 个存储单元，并以所占第一个单元的存储地址作为数据元素的存储位置。则线性表中第 i+1 个数据元素的存储位置 $LOC(a_{i+1})$和第 i 个数据元素的存储位置 $LOC(a_i)$之间满足下列关系：

$$LOC(a_{i+1})= LOC(a_i)+L$$

一般地，线性表的第 i 个数据元素 a_i 的存储位置为：

$$LOC(a_i)= LOC(a_1)+(i-1)\times L$$

式中，$LOC(a_1)$是线性表的第一个数据元素 a_1 的存储位置，通常称作线性表的起始位置或基地址。线性表的顺序存储结构示意图如图 2-1 所示。

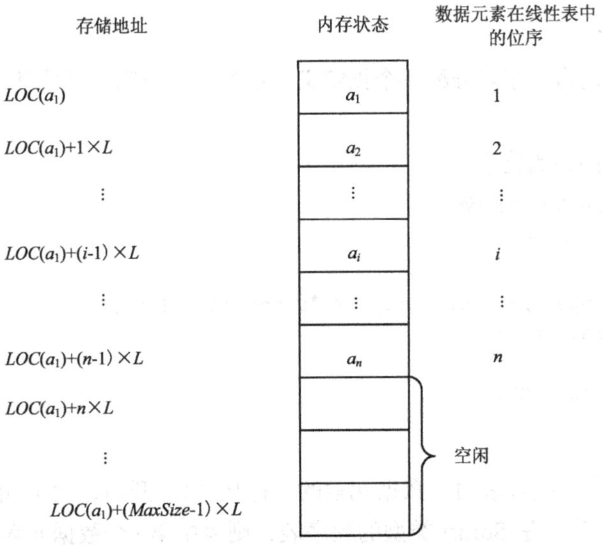

图 2-1 线性表的顺序存储结构示意图

由上可知，在顺序表中，任一数据元素的存放位置是从起始位置开始的，与该数据元素的位序成正比的对应存储位置，其存储地址可以借助上述存储地址计算公式确定。因此，可以根据顺序表中数据元素的位序，随机访问表中的任一元素，也就是说，顺序表是一种随机存取的存储结构。

2.2.2 顺序表的实现

在高级程序设计语言中，由于数组具有随机存取的特性，因此，通常都用数组来描述数据结构中的顺序存储结构。对于线性表，则可用一维数组来实现。

由于大多数高级程序设计语言（如C、C++、JAVA、C#等）中，数组的长度是不可变的，因而如果用数组类型来实现顺序表，则必须根据需要预先设置足够的长度。而在实际应用中，数组所需长度随问题的不同而不同，并且在操作过程中长度也会发生变化，因此，在C语言中通常采用动态分配的一维数组来实现顺序表，实现方式如下。

【线性表的顺序存储结构描述】

```
#define INIT_SIZE  100                //线性表存储空间的初始分配量
#define INCREMENT  10                 //线性表存储空间的分配增量
typedef  int ElemType;                //默认数据类型为 int
typedef  struct{
   ElemType  *elem;                   //存储空间的基地址
   int  length;                       //当前长度
   int  listsize;                     //当前分配的存储容量（以 sizeof(ElemType)为单位）
}SqList;
```

其定义的存储结构如图 2-2 所示。在上述存储结构的定义之上可实现对顺序表的各种操作，下面分别进行讨论。

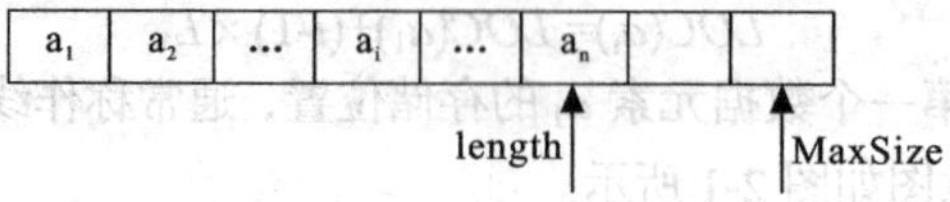

图 2-2　顺序存储结构定义

1. 顺序表的初始化

顺序表的初始化就是为顺序表分配一个预定义大小的数组空间，并将其当前长度设为“0”。初始化算法如下。

【算法 2-1：顺序表的初始化】

```
//初始化顺序表，成功返回 1，失败返回 0
int SqListInit(SqList *L)
{
    L->elem=(ElemType *)malloc(INIT_SIZE*sizeof(ElemType));
    if(!L->elem) return 0;
    L->length=0;
    L->listsize=INIT_SIZE;
    return 1;
}
```

需要注意的是，在定义线性表时，数据元素的下标从“1”开始，而C语言的数组元素的下标从“0”开始，因此，若L是SqList类型的顺序表，则表中第 i 个数据元素是 L.data[i-1]。

2. 顺序表的插入

顺序表的插入是指在第 $i(1\leq i\leq n+1)$ 个元素之前插入一个新的数据元素 x，使长度为 n 的线性表 $(a_1, \cdots, a_{i-1}, a_i, \cdots, a_n)$ 改变为长度为 $n+1$ 的线性表 $(a_1, \cdots, a_{i-1}, x, a_i, \cdots, a_n)$。此时，顺序表中插入

位置前后的元素之间的逻辑关系将发生变化，因此，除非 $i=n+1$，否则必须通过顺序移动数据元素的存储位置才能体现逻辑关系的变化。插入过程如图 2-3 所示。

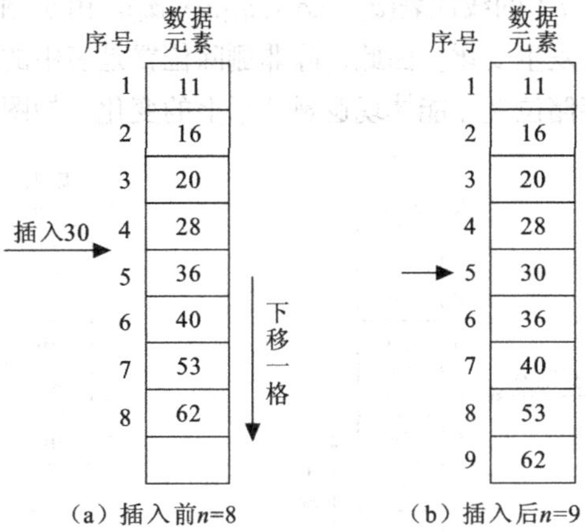

图 2-3 顺序表的插入过程

一般情况下，在第 i（$1 \leqslant i \leqslant n+1$）个元素之前插入一个元素时，需将第 n 至第 i（共 $n-i+1$）个元素向后移动一个位置，如算法 2-2 所示。

【算法 2-2：顺序表的插入】

```
//在顺序表 L 的第 i 个位置之前插入新的元素 e，成功返回 1，失败返回 0
int SqListInsert(SqList *L, int i, ElemType e)
{
   int j;
   ElemType *newbase;
   if(i<1 || i>L->length+1)   return 0;        //插入位置不合法
   if(L->length>=L->listsize)                  //当前存储空间已满，增加分配
   {
      newbase = (ElemType *)realloc(L->elem,
  (L->listsize +INCREMENT) *sizeof(ElemType));
      if(!newbase) return 0;                   //存储分配失败
      L->elem = newbase;
      L->listsize += INCREMENT;
   }
   for(j=L->length-1;j>=i-1;j--)
      L->elem[j+1] = L->elem[j];               //插入位置及之后的元素后移
   L->elem[i-1]=e;                             //插入 e
   ++L->length;                                //表长增 1
   return 1;
}
```

线性表的插入算法需注意以下几点。

（1）顺序表中数据区域有 MaxSize 个存储单元，所以在向顺序表中做插入时先检查表空间是否满了，在表满的情况下不能再做插入，否则产生溢出错误。

（2）要检验插入位置的有效性，这里 i 的有效范围是：$1 \leqslant i \leqslant n+1$，其中 n 为原表长。

（3）注意数据的移动方向，从最后一个元素开始到第 i 个元素为止，依次后移。

3. 顺序表的删除

顺序表的删除是指将顺序表中的第 i ($1 \leqslant i \leqslant n$)个数据元素删除掉，使长度为 n 的线性表($a_1, \cdots, a_{i-1}, a_i, \cdots, a_n$)改变为长度为 n-1 的线性表($a_1,\cdots,a_{i-1},a_{i+1},\cdots, a_n$)。由于删除操作也会导致被删除位置前后的元素之间的逻辑关系发生变化，因此，除非删除位置是表中的最后一个元素，否则也必须通过顺序移动数据元素的存储位置才能体现逻辑关系上的变化。如图 2-4 所示。

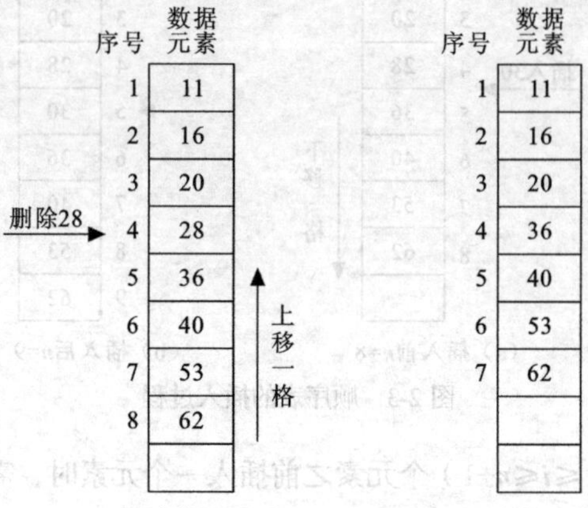

图 2-4　顺序表的删除过程

一般情况下，删除第 i（$1 \leqslant i \leqslant n$）个元素时，需将第 i+1 至第 n（共 n-i）个元素依次向前移动一个位置，如算法 2-3 所示。

【算法 2-3：顺序表的删除】

```
//在顺序表 L 中删除第 i 个元素，并用 e 返回其值，成功返回 1，失败返回 0
int SqListDelete(SqList *L, int i, ElemType *e)
{
    int j;
    if(i<1 || i>L->length)  return 0;      //删除位置不合法
    *e=L->elem[i-1];                       //被删除元素的值赋给 e
    for(j=i-1; j<L->length-1; j++)
        L->elem[j]=L->elem[j+1];           //被删元素之后的元素前移
    --L->length;
    return 1;
}
```

线性表的删除算法需注意以下几点。

（1）删除第 i 个元素，i 的取值为 $1 \leqslant i \leqslant n$，否则第 i 个元素不存在，因此，要检查删除位置的有效性。

（2）当表空（n=0）时不能做删除。

（3）删除 a_i 之后，该数据已不存在，如果需要，先取出 a_i，再做删除。

从算法 2-2 和算法 2-3 可见，当在顺序存储结构的线性表中的某个位置上插入或删除一个数据元素时，其时间主要耗费在移动元素上，换句话说，移动元素的操作作为预估算法时间复杂度的基本操作。对于以上两个算法而言，元素移动的次数不仅与表长 n 有关，而且与插入或删除的位置有关。

对于插入操作，在线性表 L 中共有 n+1 个可以插入元素的地方，假设 p_i 是在第 i 个位置前插

入一个元素的概率，则在长度为 n 的线性表中插入一个元素时，所需移动元素的平均次数为

$$E_{is}=\sum_{i=1}^{n+1}p_i(n-i+1) \tag{2-1}$$

对于删除操作，在线性表 L 中共有 n 个元素可以被删除，假设 q_i 是删除第 i 个元素的概率，则在长度为 n 的线性表中删除一个元素时，所需移动元素的平均次数为

$$E_{dl}=\sum_{i=1}^{n}q_i(n-i) \tag{2-2}$$

不失一般性，可以假定在线性表的任何位置上插入或删除元素都是等概率的，即

$$p_i=\frac{1}{n+1}，\quad q_i=\frac{1}{n}$$

则式（2-1）和式（2-2）可分别简化为

$$E_{is}=\sum_{i=1}^{n+1}\frac{1}{n+1}(n-i+1)=\frac{1}{n+1}\sum_{i=1}^{n+1}(n-i+1)=\frac{1}{n+1}\times\frac{n(n+1)}{2}=\frac{n}{2}$$

$$E_{dl}=\sum_{i=1}^{n}\frac{1}{n}(n-i)=\frac{1}{n}\sum_{i=1}^{n}(n-i)=\frac{1}{n}\times\frac{n(n-1)}{2}=\frac{n-1}{2}$$

由此可知，在顺序存储结构的线性表中插入或删除一个数据元素时，平均约移动表中一半元素，算法 Insert 和 Delete 的时间复杂度均为 $O(n)$。

4. 顺序表的查找

顺序表的查找是指在顺序表中查找某个等于给定值的元素位置。在顺序表中完成该运算最简单的方法是：从第一个元素 a_1 起，依次和 x 比较，直到找到一个与 x 相等的数据元素，返回它在顺序表中的存储下标或序号；如果查遍整个表都没有找到与 x 相等的元素，返回 0 或-1，如算法 2-4 所示。

【算法 2-4：顺序表的查找】

```
//在顺序线性表 L 中查找第 1 个与 e 相等的元素的位序，
//若找到，则返回其在 L 中的位序，否则返回 0
int SqListLocate(SqList L, ElemType e)
{
        int i=1;        //i 的初值为第一个元素的位序
        while(i<=L.length&&L.elem[i-1]!=e)  i++;
        if(i<=L.length)  return i;
        else return 0;
}
```

本算法的基本操作是“元素值比较”，若 L 中存在和 x 相同的元素，则比较次数为 i（$1\leqslant i\leqslant$ lennth），否则为 lennth，即算法 Locate 的时间复杂度为 0(lennth)。

线性表顺序表示的其他算法描述如下所示。

【主函数】

```
int main()
{
    int i,x,loc,e;
    SqList sq;                          //创建一个线性表
    SqListInit(&sq);                    //初始化线性表，算法 2-1
    for(i=0;i<5;i++)
    {
```

```
        printf("请输入第%d个元素的值:",i+1);
        scanf("%d",&x);
        SqListInsert(&sq,i+1,x);        //依次插入5个元素，算法2-2
    }
    printf("当前线性表中的元素依次为：\n");
    for(i=0;i<sq.length;i++)
        printf("%3d",sq.elem[i]);
    printf("\n请输入需要插入元素的位置和值：");
    scanf("%d%d",&loc,&x);
    SqListInsert(&sq,loc,x);            //在第loc个位置插入x，算法2-2
    printf("插入后线性表中的元素依次为：\n");
    for(i=0;i<sq.length;i++)
        printf("%3d",sq.elem[i]);
    printf("\n请输入需要删除元素的位置：");
    scanf("%d",&loc);
    SqListDelete(&sq,loc,&e);           //删除第loc个元素，算法2-3
    printf("删除%d后线性表中的元素依次为：\n",e);
    for(i=0;i<sq.length;i++)
        printf("%3d",sq.elem[i]);
    printf("\n请输入需要查找元素的值：");
    scanf("%d",&x);
    loc=SqListLocate(sq,x);             //查找值为x的元素位置，算法2-4
    if(loc>0)
        printf("找到了！%d是线性表中第%d个元素\n",x,loc);
    else
    return 0;
}
```

在上述主函数中先初始化一个顺序表，再对该顺序表进行插入、删除、查找操作，程序运行结果如图2-5所示。

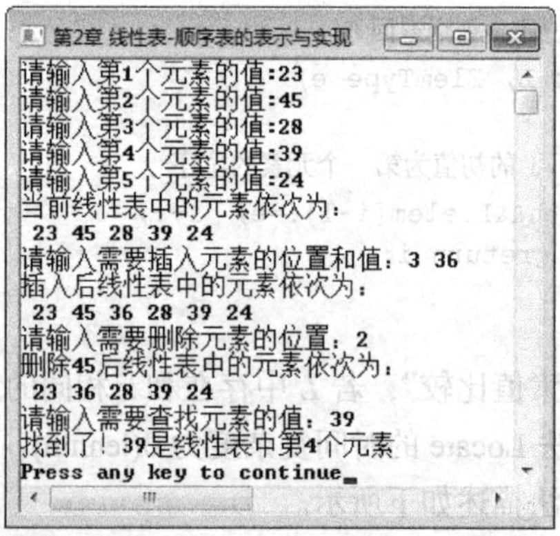

图2-5 顺序表的初始化、插入、删除、查找算法运行结果

2.2.3 顺序表的应用

【例2-1】有顺序表*LA*和*LB*，其元素均按从小到大的升序排列，编写一个算法将它们合并成一个顺序表*LC*，要求*LC*的元素也是从小到大的升序排列。

算法思路：依次扫描*LA*和*LB*的元素，比较线性表*LA*和*LB*当前元素的值，将较小值的元

素赋给 *LC*，如此直到一个线性表扫描完毕，然后将未完的那个顺序表中余下部分赋给 *LC* 即可。因此，线性表 *LC* 的容量应不小于线性表 *LA* 和 *LB* 长度之和。算法描述如下。

```
//已知顺序线性表 LA 和 LB 的元素按值非递减排列，归并 LA 和 LB 得到新的按值非递减序列 LC
void SqListMerge(SqList LA,SqList LB,SqList *LC)
{
    int i=0,j=0,k=0;
    int La_len,Lb_len;
    ElemType La_elem,Lb_elem;
    La_len=LA.length;                              //获得 LA 的元素个数
    Lb_len=LB.length;                              //获得 LB 的元素个数
    while(i<La_len&&j<Lb_len)
    {
        La_elem=LA.elem[i];                        //获得 LA 的第 i 个元素的值
        Lb_elem=LB.elem[j];                        //获得 LB 的第 j 个元素的值
        if(La_elem<=Lb_elem)                       //把 LA 的第 i 个元素的值插入到 LC 中
        {
            SqListInsert(LC,++k,La_elem);i++;      //算法 2-2
        }
        else //把 LB 的第 J 个元素的值插入到 LC 中
        {
            SqListInsert(LC,++k,Lb_elem);j++;
        }
    }
while(i<La_len)SqListInsert(LC,++k,LA.elem[i++]);  //插入剩余段
while(j<Lb_len)SqListInsert(LC,++k,LB.elem[j++]);;
}
```

本算法的基本操作为“元素赋值”，算法的时间复杂度为 $O(\text{LA.length}+\text{LB.length})$。

【例 2-2】 试设计一个算法，用尽可能少的辅助空间将顺序表中前 m 个元素和后 n 个元素进行互换，即将线性表$(a_1,a_2,\cdots,a_m,b_1,b_2,\cdots,b_n)$改变成$(b_1,b_2,\cdots,b_n, a_1,a_2,\cdots,a_m)$。

算法思路：

方法一：从表中第 m+1 个元素起依次插入到元素 a_1 之前。则首先需将该元素 $b_k(k=1,2,\ldots,n)$ 暂存在一个辅助变量中，然后将它之前的 m 个元素$(a_1,a_2,\ldots,a_m)$依次后移一个位置。显然，由于对每一个 b_k 都需要移动 m 个元素，因此算法的时间复杂度为 $O(m\times n)$。

方法二：对顺序表进行三次“逆置”，第一次是对整个顺序表进行逆置，之后分别对前 n 个和后 m 个元素进行逆置。由于每次逆置的时间复杂度为 $O(n)$，因此算法的时间复杂度为 $O(m+n)$。算法描述如下。

```
//算法将线型表中下标自 s 到 t 的元素逆置，即将
//（L.elem[s],L.elem[s+1],…,L.elem[t-1],L.elem[t]）改变为
//（L.elem[t],L.elem[t-1],…,L.elem[s+1],L.elem[s]）
void Invert(SqList *L,int s,int t )
{
    ElemType w;
    int k;
    for(k=s; k<=(s+t)/2; k++ )
    {
        w=L->elem[s];
        L->elem[s]=L->elem[t-k+s];
        L->elem[t-k+s]=w;
    }
}
```

```
//算法实现顺序表中前 m 个元素和后 n 个元素的互换
void Exchange (SqList *L,int m,int n )
{
    if(m>0&&n>0&&m+n== L->length)
    {
        Invert(L, 0, m+n-1 );
        Invert(L, 0, n-1 );
        Invert(L, n, m+n-1);
    }
}
```

2.3 线性表的链式表示和实现

2.3.1 线性表的链式表示

线性表的链式存储结构是用一组任意的存储单元来存放线性表的数据元素，这组存储单元可以是连续的，也可以是不连续的。

但是，对于某一元素，为了能方便地找到它的下一个元素的存放位置，对每个数据元素 a_i，除了存储其本身的信息之外，还需存储一个指示其直接后继存放位置的指针。这两部分信息组成数据元素 a_i 的存储映像，称为**结点**（Node），如图 2-6 所示，它包括两个域，其中存储数据元素信息的域称为**数据域**；存储直接后继存放位置的域称为**指针域**。

这样 n 个元素的线性表通过每个结点的指针域链接成一个**链表**，如图 2-7 所示。由于此链表的每个结点中只有一个指向后继的指针，所以称其为**单链表或线性链表**。

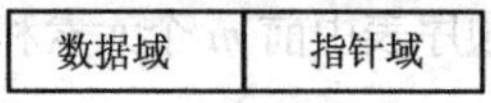

图 2-6　单链表结点结构

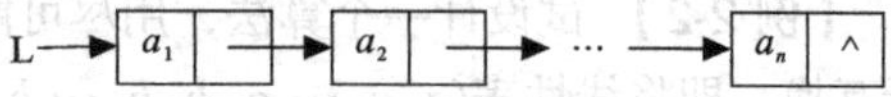

图 2-7　链表示意图

其中，头指针 L 指向链表的第一个结点，各元素结点的指针指向下一个结点，而最后一个结点的指针为“空”（NULL）。由于从头指针开始便可沿着链找到链表各个元素，因此，可用头指针来表示一个单链表。

假设有一个线性表为（$a_1, a_2, a_3, a_4, a_5, a_6$），则其对应的链表表示及存储结构如图 2-8 所示（假设第一个元素的存储位置为 1000H）。

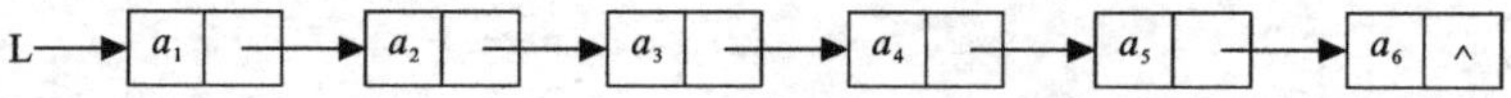

头指针 L=1000H

存储地址	数据域	指针域
0FF2H	a_5	2004H
⋮	⋮	⋮
0FFCH	a_2	2000H
1000H	a_1	0FFCH
⋮	⋮	⋮
2000H	a_3	2008H
2004H	a_6	NULL
2008H	a_4	0FF2H

图 2-8　线性表（$a_1, a_2, a_3, a_4, a_5, a_6$）的链式存储结构示意图

2.3.2　单链表的实现

由于单链表可由头指针唯一确定，在 C 语言中可用“结构指针”来描述。

【线性表的单链表存储结构描述】

```
typedef  int ElemType;   //默认数据类型为 int
//线性表的单链表存储结构描述
typedef struct LNode{
   ElemType   data;
   struct  LNode   *next;
}LNode, *LinkList;
```

上面定义的 LNode 是结点的类型，LinkList 是指向 LNode 结点类型的指针类型。可定义一个 LinkList 类型的变量 L，如 LinkList L，作为单链表的头指针，表示一个单链表。若 L 为“空”（L==NULL），则所表示的线性表为“空”表，其长度 *n* 为“零”。

若以下语句：

```
LNode  *p;  或  LinkList  p;
```

定义一个指向 LNode 类型结点的指针，语句 p=(LNode *)malloc(sizeof(LNode))表示申请一个 LNode 型结点的存储空间，并将其地址赋值给指针变量 p，p 所指结点为*p，*p 的类型为 LNode 型，所以该结点的数据域为(*p).data 或 p->data，指针域为(*p).next 或 p->next，而语句 free(p)则表示释放该结点所占用的存储空间。

有时，也可以根据需要在单链表的第一个结点之前附设一个结点，称为**头结点**。在头结点的数据域中存放诸如线性表长度等附加信息，也可以不存放任何信息。头结点的指针域指向第一个元素结点（首元结点）。此时，头指针应指向头结点。带头结点的单链表为空的条件为头结点的指针域为“空”，即 L->next==NULL。带头结点的单链表示意图如图 2-9 所示。

（a）非空表　　（b）空表

图 2-9　带头结点的单链表

在上述存储结构的定义之上可实现对单链表的各种操作，下面分别进行讨论。

1. 单链表的初始化

【算法 2-5：单链表的初始化】

```
//初始化一个单链表，成功返回头指针，失败返回 NULL
LNode * LinkListInit()
{
    LNode *L;
    L=(LNode *)malloc(sizeof(LNode));           //申请一个头结点
    if(L==NULL)  return NULL;                   //申请失败
    L->next = NULL;                             //头结点的指针域为空
    return L;
}
```

2. 获取第 *i* 个元素的值

和顺序表不一样，在链表中无法随机获得第 *i* 个元素的值，需要从第 1 个元素开始依次后移，

直到第 *i* 个元素为止。

【算法 2-6：获取第 *i* 个元素的值】

```
//在带头结点的单链表 L 中,返回第 i 个元素的值, 返回 0 表示错误
ElemType LinkListGetElem(LNode L,int i)
{

    LNode * p;
    int  j;                          //j 表示当前是第几个元素
    if (i<1) return 0;
    p=L.next;j=1;                    //指向第 1 个元素
    while (p!=NULL && j<i)
    {
        j++;p=p->next;               //指向下一个元素
    }
    if (p!=NULL) return 0;
    return p->data;
}
```

该算法的时间复杂度为 $O(n)$。

3. 单链表的查找

单链表的查找是指从链表的第一个结点开始，依次查找是否存在与给定值相同的元素，如果存在，则返回位置，否则返回 0。

【算法 2-7：单链表的查找】

```
//在带头结点的单链表 L 中,查找是否存在与给定值相同的元素
//如果存在, 则返回位置, 否则返回 0
int LinkListLocate(LNode L, ElemType e)
{
    int i=1;
    LNode *p=L.next;                     //指向第 1 个元素
    while (p!=NULL&& p->data!=e)
    {
        p=p->next;                       //指向下一个元素
        i++;
    }
    if(p==NULL)return 0;                 //没有待查找的元素
    return i;                            //找到了, 返回该元素的位序
}
```

该算法的时间复杂度为 $O(n)$。

4. 单链表的插入

要实现结点的插入，需修改插入位置之前的结点和当前插入结点的指针指向，因此，应先找到插入位置之前的结点，设指针 p 指向该结点，则插入新结点的过程如图 2-10 所示。

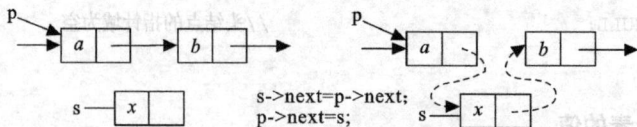

图 2-10 在 p 所指结点之后插入新结点 s

【算法 2-8：单链表的插入】

```
//在带头结点的单链表 L 中第 i 个位置之前插入元素 e，成功返回 1，失败返回 0
int LinkListInsert(LNode *L, int i, ElemType e)
{
    LNode  *p, *s;
    int  j;
    p=L;   j=0;
    while(p!=NULL&&j<i-1){p=p->next;  ++j;}        //寻找第 i-1 个结点
    if(p==NULL||j>i-1)return 0;                    //插入位置不合法
    s=(LNode *)malloc(sizeof(LNode));              //生成新结点
    s->data=e;
    s->next=p->next;p->next=s;                     //实现插入
    return 1;
}
```

该算法的时间复杂度为 $O(n)$。

5. 单链表的删除

单链表的删除是指删除单链表的第 i 个结点，要实现该结点的删除，可将删除位置之前的结点（即第 i–1 个结点）的指针指向第 i+1 个结点，然后释放掉该结点所占用的存储空间。删除过程如图 2-11 所示。

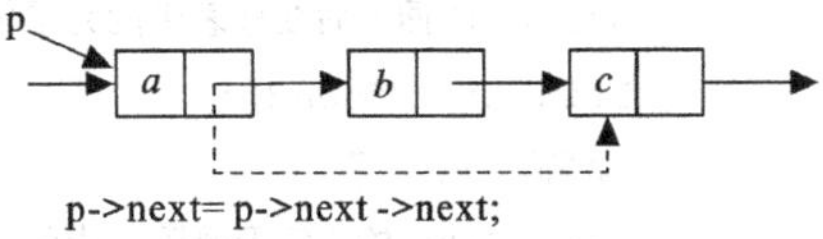

图 2-11　删除 p 所指结点之后的结点

【算法 2-9：单链表的删除】

```
//在带头结点的单链表 L 中，删除第 i 个元素，并由 e 返回其值
//成功返回 1，失败返回 0
int LinkListDelete(LNode *L, int i, ElemType *e)
{
    LNode *p, *q;
    int j;
    p=L;   j=0;
    while(p->next!=NULL&&j<i-1)                    //寻找第 i 个结点，并令 p 指向其前驱
    {
        p=p->next;++j;
    }
    if(!(p->next)||j>i-1)  return 0;               //删除位置不合理
    q=p->next;
    *e=q->data;                                    //用 e 返回被删结点数据域的值
    p->next=q->next;free(q);                       //删除并释放结点
    return 1;
}
```

该算法的时间复杂度为 $O(n)$。

【主函数】

```
int main()
{
    LNode *head;
    int x,loc;
    int i=0;
    head=LinkListInit();                           //初始化一个线性链表,算法 2-5
    if(head==NULL)
    {
```

```
        printf("初始化链表失败! \n");return 0;
    }
    //依次插入元素，以 0 做为结束标志
    do{
        printf("请输入第%d 个元素的值(结束输入请输 0）:",i+1);
        scanf("%d",&x);
        if(x!=0)
        {
            LinkListInsert(head,++i,x);                   //依次插入元素,算法 2-8
        }
    }while(x!=0);
    printf("当前线性表中的元素依次为: \n");
    PrintList(*head);                                     //算法 2-10
    //插入一个元素
    printf("请输入需要插入元素的位置和值: ");
    scanf("%d%d",&loc,&x);
    LinkListInsert(head,loc,x);                           //在第 loc 个位置插入 x,算法 2-8
    printf("插入后线性表中的元素依次为: \n");
    PrintList(*head);                                     //算法 2-10
    //删除一个元素
    printf("请输入需要删除元素的位置: ");
    scanf("%d",&loc);
    LinkListDelete(head,loc,&x);                          //删除第 loc 个元素,算法 2-9
    printf("删除%d 后线性表中的元素依次为: \n",x);
    PrintList(*head);                                     //算法 2-10
    //查找元素
    printf("请输入需要查找元素的值: ");
    scanf("%d",&x);
    loc=LinkListLocate(*head, x);                         //查找值为 x 的元素位置,算法 2-7
    if(loc>0)
        printf("找到了! %d 是线性表中第%d 个元素\n",x,loc);
    else
        printf("在线性表中没有找到值为%d 的元素\n",x);
    return 0;
}
```

在上述主函数中建立了一个单链表，再对该单链表进行插入、删除、查找操作，程序运行结果如图 2-12 所示。

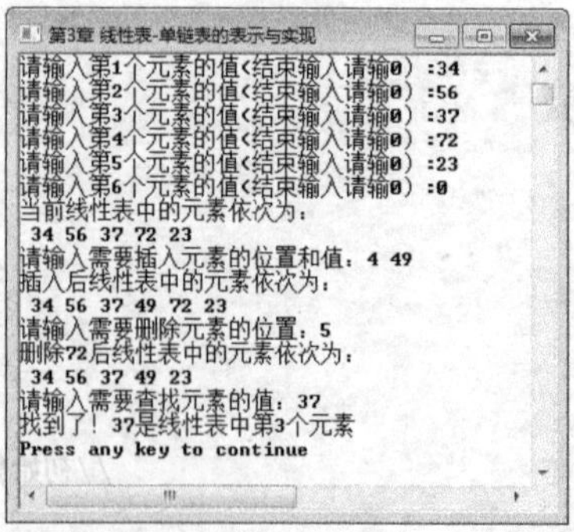

图 2-12　单链表的建立、插入、删除、查找算法运行结果

其中，PrintList ( )函数定义如下。

【算法 2-10：依次显示每一个元素的值】

```
//在带头结点的单链表 L 中,依次显示每一个元素的值
void PrintList(LNode L)
{
    LNode *p;
    p=L.next;                    //指第一个元素
    while(p!=NULL)
    {
        printf("%3d",p->data);
        p=p->next;               //指向下一个元素
    }
    printf("\n");
}
```

2.3.3　循环链表

循环链表是另一种形式的链表，它的特点是表中最后一个结点的指针域不再为空，而是指向表头结点，整个链表形成一个环。由此，从表中任一结点出发均可找到链表中其他结点，如图 2-13 所示。

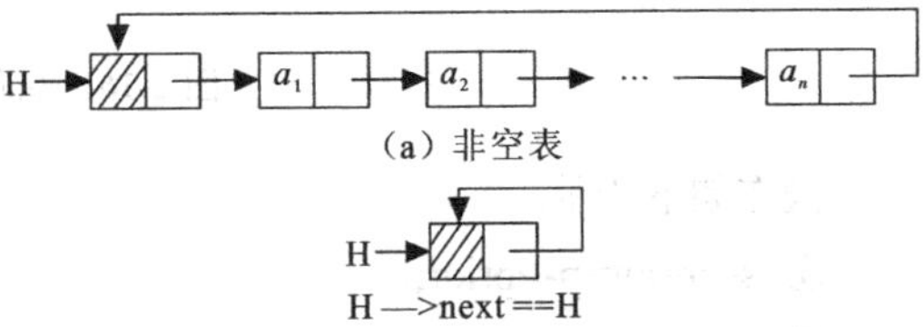

（a）非空表　（b）空表

图 2-13　单循环链表示例

循环链表的操作与单链表基本一致，差别仅在于算法中判断到达表尾的条件不是 p 或 p->next 是否为空，而是它们是否等于头指针。

2.3.4　双向链表

以上讨论的链表结点中只有一个指向其后继结点的指针域 next，若已知某个结点，要找其前驱结点，则只能从表头指针出发。也就是说，找后继的时间复杂度为 $O(1)$，而找前驱的时间复杂度为 $O(n)$。如果希望找前驱的时间复杂度也为 $O(1)$，则需付出空间的代价，在每个结点中再设一个指向前驱的指针域，结点结构如图 2-14 所示，由这种结点组成的链表称为**双向链表**。

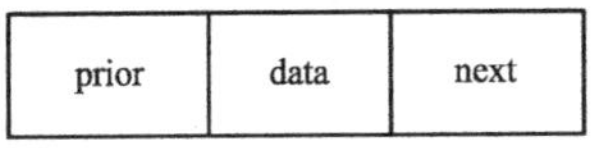

图 2-14　双向链表的结点结构

【双向链表的存储结构描述】

```
typedef  int ElemType;          //默认数据类型为 int
typedef struct DuLNode{
    ElemType    data;
    struct  DuLNode    *prior;
    struct  DuLNode    *next;
}
```

和单链表类似，双向链表也可以有循环表，如图 2-15 所示。

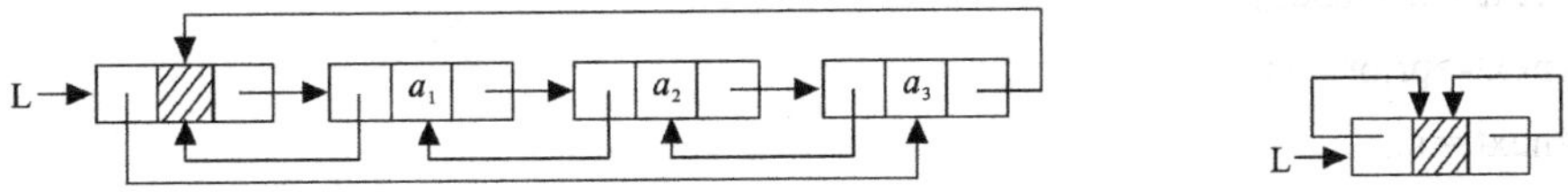

（a）非空的双向循环链表　（b）空的双向循环链表

图 2-15　双向循环链表示例

在双向链表中，若 p 为指向表中某一结点的指针，则显然有：

p->next->prior == p->prior->next == p

在双向链表中，有些操作如 Length、Get 和 Locate 等仅需涉及一个方向的指针，它们的算法描述和单链表的操作相同。但在插入、删除时，在双向链表中需同时修改两个方向上的指针，下面是插入和删除操作的过程。

1. 双向链表中结点的插入

设 p 指向双向链表中某结点，s 指向待插入的值为 x 的新结点，将*s 插入到*p 的前面，其插入过程如图 2-16 所示。

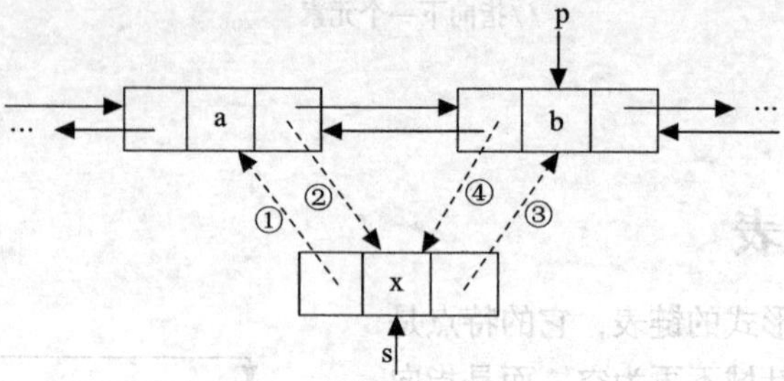

图 2-16 双向链表中结点的插入

操作如下所示。

① s->prior=p->prior;。

② p->prior-next=s;。

③ s->next=p;。

④ p->prior=s;。

指针操作的顺序不是唯一的，但也不是任意的，因为结点 a 是通过 p->prior 指向的，所以，对 p->prior 的修改必须在对 p->prior 的使用之后，即操作①、②必须要放到操作④的前面完成，否则*p 的前驱结点的指针就丢失了。

也可令 p 指向插入位置之前的结点，则其插入过程如图 2-17 所示。

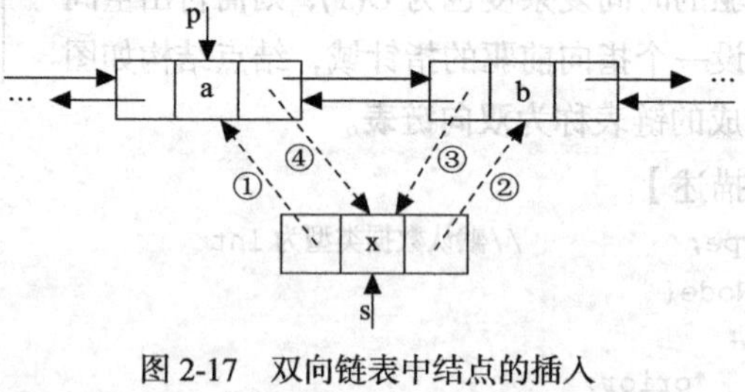

图 2-17 双向链表中结点的插入

操作如下所示。

① s->prior = p;。

② s->next = p->next;。

③ p->next->prior = s;。

④ p->next = s;。

同样，指针操作的顺序也不是唯一的，但结点 b 是通过 p->next 指向的，所以，对 p->next 的修改必须在对 p->next 的使用之后，即操作②、③必须要放到操作④的前面完成，否则*p 的前驱结点的指针就丢失了。

2. 双向链表中结点的删除

设 p 指向双向链表中某结点，删除*p，其删除过程如图 2-18 所示。

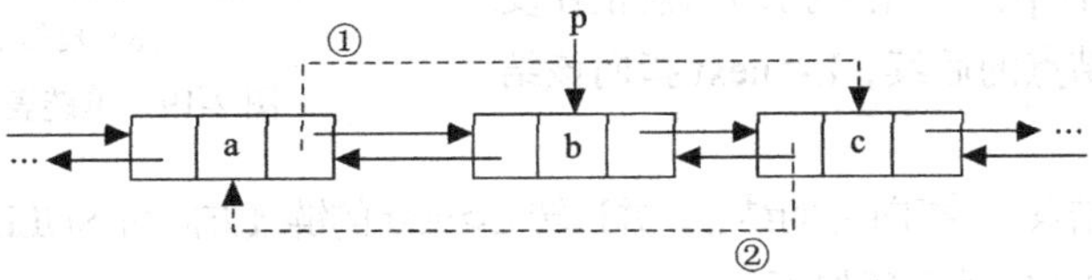

图 2-18　双向链表中结点的删除

操作如下所示。

① p->prior->next=p->next;

② p->next->prior =p->prior;

③ free(p);

2.3.5　链表的应用

【**例 2-3**】将两个递增有序链表 La 和 Lb 合并为一个递增有序链表。

算法思路：设合并后的链表为 Lc，则无需为 Lc 分配新的存储空间，可直接利用两个链表中原有的结点来链接成一个新表即可。

设立 3 个指针 pa、pb 和 pc，其中 pa 和 pb 分别指向 La 和 Lb 中当前待比较插入的结点，而 pc 指向 Lc 表中当前最后一个结点。若 pa->data≤pb->data，则将 pa 所指结点链接到 pc 所指结点之后，否则将 pb 所指结点链接到 pc 所指结点之后。

对两个链表的结点进行逐次比较时，可将循环条件设为 pa 和 pb 皆非空，当其中一个为空时，说明有一个表的元素已归并完，则只需要将另一个表的剩余段链接在 pc 所指结点之后即可。算法描述如下。

```
//已知单链表 La 和 Lb 的元素按值非递减排列
//归并 La 和 Lb 得到新的单链表 Lc，Lc 的元素也按值非递减排列
void LinkListMerge(LNode *La, LNode *Lb)
{
    LNode* pa = La->next;          //pa 指向 La 中的第 1 个结点
    LNode* pb = Lb->next;          //pb 指向 Lb 中的第 1 个结点
    LNode* pc=La;                  //pc 表示新形成的链表中的最后一个结点
    while (pa!=NULL && pb!=NULL)
    {
        if ( pa->data <= pb->data){ // 将 *pa 插入 Lc 表，指针 pa 后移
            pc->next = pa; pc = pa; pa = pa->next;
        }
        else{ // 将 *pb 插入 Lc 表，指针 pb 后移
            pc->next = pb; pc = pb; pb = pb->next;
        }
    }
    pc->next = pa!=NULL ? pa : pb; // 插入剩余段
    free(Lb);
}
```

该算法的基本操作执行次数与循环次数有关。假设 La 有 m 个数据元素，Lb 有 n 个数据元素，则 $T(m, n) = O(m + n)$

【**例 2-4**】已知一个单链表如图所示，编写一个函数将链表中所有元素依次反转。反转前的单

链表如图 2-19（a）所示，反转后的链表如图 2-19（b）所示。

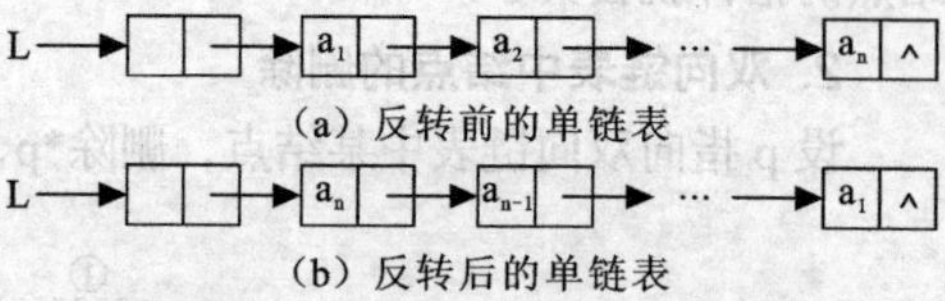

图 2-19　单链表反转前后示意图

算法思路如下。

可以定义两个指针 p、q，用 p 指向当前正在反转的结点，q 指向该结点的后续，L->next 指向该结点的前驱。

（1）让 p 指向 a_1 结点，q 指向 a_2 的结点，并逆转 L->next 的链接方向为 NULL，如图 2-20（a）所示。

（2）当 p 不为 NULL 时循环如下。

（a）结点*p 的 next 逆向：p->next 指向其前驱（L->next），L->next 指向 p，第 1 次逆转如图 2-20（b）所示，第 2 次逆转如图 2-20（c）所示。

b) p 指向其后继一结点(q)，q 指向其后继结点。

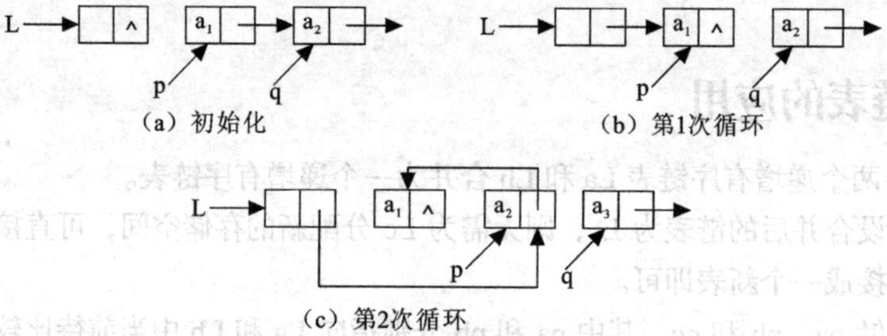

图 2-20　单链表反转算法示意图

算法描述如下。

```
//将在带头结点的单链表反转
void LinkListInvert(LNode *L)
{
    LNode *p,*q;
    p=L->next;              //p 指向 a1 结点
    q=p->next;              //q 指向 a2 结点
    L->next=NULL;           //设当前链表为空
    while(p!=NULL)          //*p 不是空循环
    {
        p->next=L->next;
        L->next=p;          //结点*p 的 next 逆向
        p=q;
        if(p!=NULL)q=p->next;
    }
}
```

2.4　项　目　实　例

2.4.1　项目说明

1. 基本要求

设计一个实用的通讯录管理系统，并能以简便高效的方式对通讯录进行管理和检索，具体要求如下。

（1）添加：录入联系人信息。

（2）浏览：按录入先后顺序进行通讯录信息浏览。

（3）查询：能实现指定联系人姓名查询或指定电话号码查询功能。

（4）修改：能修改联系人信息。

（5）删除：能将指定联系人信息删除。

（6）排序：对记录按指定关键字排序。

（7）系统以菜单方式工作，界面友好，易于操作，容错性好。

2. 信息描述

联系人信息包括联系人 ID（联系人 ID 不能重复）、姓名、昵称、E-mail、QQ 号、手机、家庭地址、住宅电话、工作单位、单位电话、分组等。

3. 功能描述

为实现系统功能，本程序主要分为 7 个模块。它们分别为：录入联系人信息、浏览所有联系人、查找联系人、修改联系人、删除联系人、联系人排序和退出系统。程序功能结构图如图 2-21 所示。

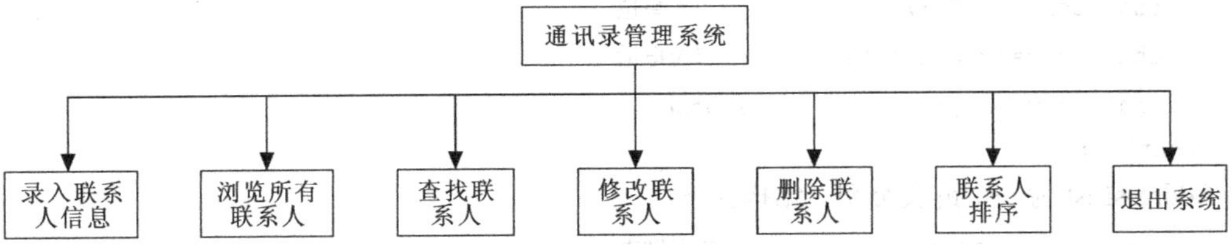

图 2-21 程序功能结构图

（1）在程序的主界面，显示系统的所有功能，包括：录入联系人信息、浏览所有联系人、查找联系人、修改联系人、删除联系人和退出系统。系统应提示用户如何选择相应功能。

（2）当用户选择录入联系人信息后，系统进入录入联系人信息界面，在该界面应提示用户输入相应信息，当用户正确录入联系人信息后，自动生成一个不重复的联系人 ID 号，并将该联系人的信息以链表形式存放，并以文件形式存放在通讯录文件的最后，并给出录入成功的提示，提示用户是否需要继续录入，根据用户的选择做出相应的处理。

（3）当用户选择浏览所有联系人后，系统进入浏览所有联系人界面，在该界面中显示所有联系人的主要信息（所显示信息由用户确定）。

（4）当用户选择查找联系人后，系统提示用户选择查询的关键字（可按联系人姓名、电话号码进行查询）。当用户选择查询关键字，并按提示输入其值后，系统显示查询后的结果（如果有该联系人，则显示该联系人的详细信息，否则给出适当提示）。

（5）当用户选择修改联系人后，提示用户输入需修改的联系人 ID，根据该 ID 查询到相应的联系人信息并显示，用户按提示输入更改后的联系人信息，系统更新相应的联系人信息并提示用户。

（6）当用户选择删除联系人后，需提示用户输入需删除的联系人 ID，根据该 ID 查询到相应的联系人信息并显示，用户确认后，系统删除相应的联系人信息并提示用户。

（7）当用户选择联系人排序后，系统提示用户选择排序的关键字（可按联系人姓名、电话号码进行排序），同时用户指定是升序还是降序排序。然后系统排序并显示排序后的结果。

（8）当用户选择退出系统后，退出程序。

2.4.2 系统结构设计

由于联系人的人数未知，且需要经常对通讯录中的联系人进行添加或删除，因此，该系统采用单链表的形式进行数据处理。

结构 contact 用于表示一个联系人的信息，结构如下。

```
typedef struct                    //定义联系人结构体
{
    int id;                       //联系人 ID
    char name[20];                //姓名
    char nickname[20];            //昵称
    char email[30];               //E-mail
    char qq[20];                  //QQ 号
    char phone[20];               //手机
    char address[50];             //家庭地址
    char homePhone[20];           //住宅电话
    char company[50];             //工作单位
    char companyPhone[20];        //单位电话
    char group[10];               //分组
}contact;
```

AddressList 为一个链表类型，结构如下。

```
typedef struct List               //定义链表
{
    contact contactPerson;        //联系人
    struct List *next;            //指向下一联系人的指针
}AddressList;
```

系统采用 maxId 保存添加联系人时分配的最大 ID 值。

```
int maxId;
```

系统中一共采用 10 个函数来完成系统功能。函数名及功能说明如下。

（1）系统主菜单：menu_select()。

（2）初始时加载数据：void LoadData(AddressList *);。

（3）录入联系人信息：void Input(AddressList *);。

（4）浏览所有联系人信息：void Display(AddressList *);。

（5）查找联系人：void Search(AddressList *);。

（6）修改联系人：void Modify(AddressList *);。

（7）删除联系人：void Delete(AddressList *);。

（8）保存联系人：void Save(AddressList *);。

（9）联系人排序：void Sort(AddressList *);。

（10）显示某一个联系人的所有信息：void DisplayDetails(AddressList *);。

函数间的调用关系如图 2-22 所示。

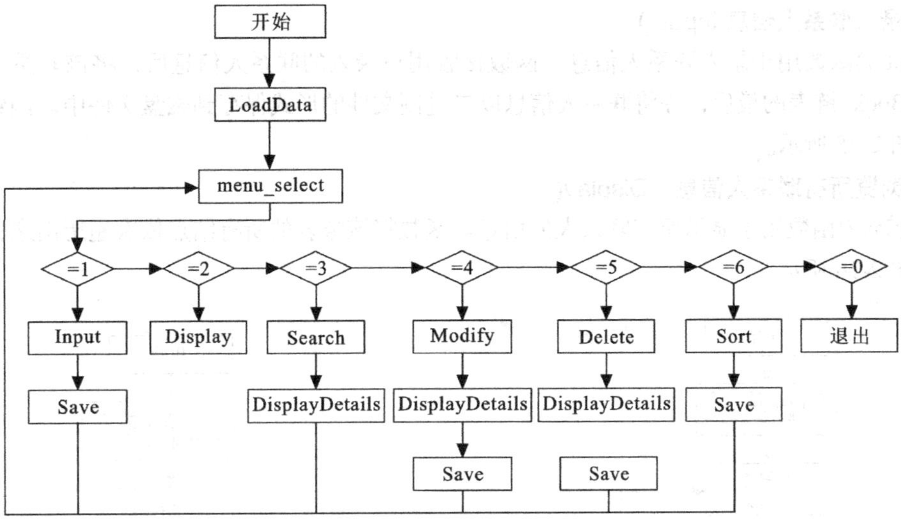

图 2-22　函数调用关系图

2.4.3　系统功能设计

本章只实现通讯录中联系人信息的录入、保存、加载和显示功能。而联系人信息的查找、删除和修改功能将在第 7 章中实现，排序功能将在第 8 章中实现。

1. 加载所有联系人信息 LoadData()

LoadData()函数用于加载所有联系人信息。函数将所有联系人信息读出，并以链表的形式加入到该 AddressBook 的链表中，同时，在加载过程中获取最大的联系人编号，以便在添加新联系人时分配唯一的 ID。函数算法流程图如图 2-23 所示。

2. 保存联系人 Save()

Save()函数用于将修改后的联系人信息以二进制文件的形式保存到磁盘文件中。算法流程图如图 2-24 所示。

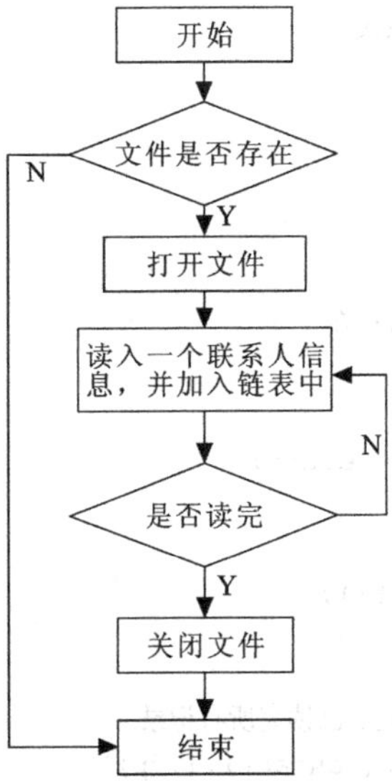

图 2-23　加载所有联系人信息流程图

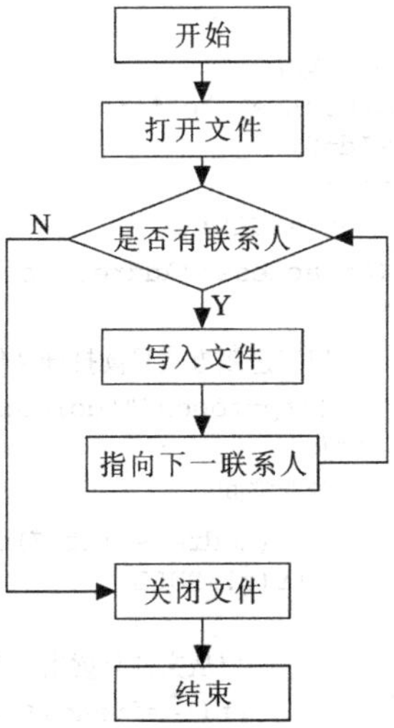

图 2-24　保存联系人流程图

3. 录入联系人信息 Input ()

Input ()函数用于录入联系人信息。函数接收用户录入的联系人信息后，将该联系人插入到 AddressBook 链表的最后，并将联系人信息以二进制文件的形式保存到磁盘文件中。函数算法流程图如图 2-25 所示。

4. 浏览所有联系人信息：Display()

Display ()函数用于显示所有联系人的信息。函数将该链表的所有结点依次遍历出来，算法流程图如图 2-26 所示。

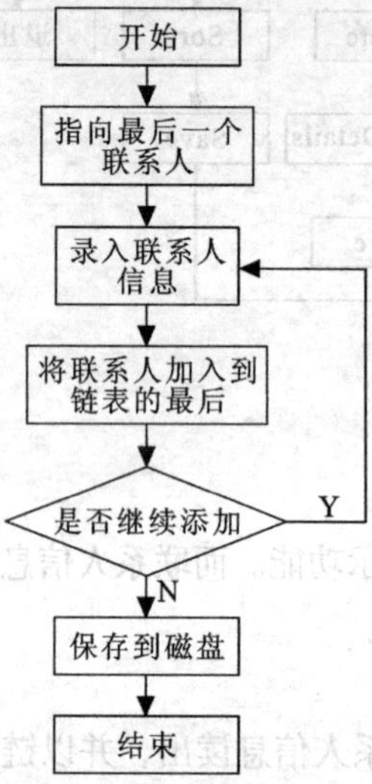

图 2-25　录入联系人信息

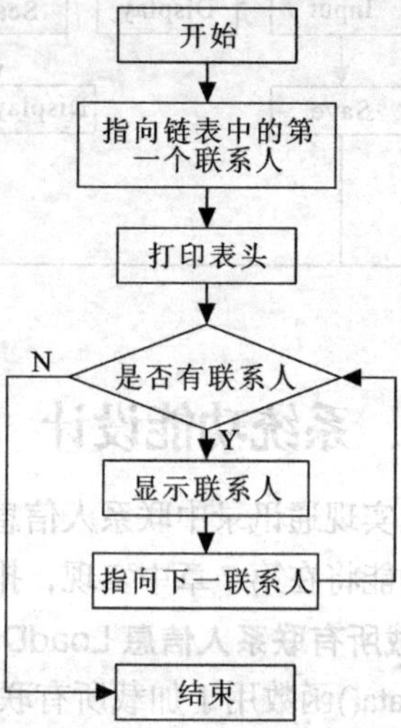

图 2-26　Display 函数流程图

2.4.4　系统功能实现

1. 加载联系人

程序运行后，首先从文件 AddressBook.bak 中加载所有的联系人信息，代码如下所示。

```
void LoadData(AddressList *pal)          //加载所有联系人
{
    FILE *fp;
    AddressList *p,*q;
    maxId=0;
    p=pal;
    p->next=NULL;
    if(0==access("AddressBook.bak",0))  //判断文件是否存在
    {
        //以二进制方式只读打开文件
        if((fp=fopen("AddressBook.bak","rb"))==NULL) return;
        do{
        //分配空间
            q=(AddressList *)malloc(sizeof(AddressList));
            if(q!=NULL)
            {
                //从文件只读出一个记录，如返回的值不为 1，则说明已读完所有记录
                if(1==fread(&(q->contactPerson),sizeof(contact),1,fp))
                {
                    if(q->contactPerson.id>maxId)
```

```
                maxId=q->contactPerson.id; //获取 Id 最大的值
                //将读出的联系人添加到链表的最后
                p->next=q; p=p->next; p->next=NULL;
            }
            else q=NULL;
            }
        }while(q);
        fclose(fp);
    }
}
```

2. 系统主界面

系统主界面由 menu_select()函数完成，main 调用 menu_select()显示系统主菜单，根据 menu_select()函数的返回结果调用相应的功能模板。主界面运行效果如图 2-27 所示。

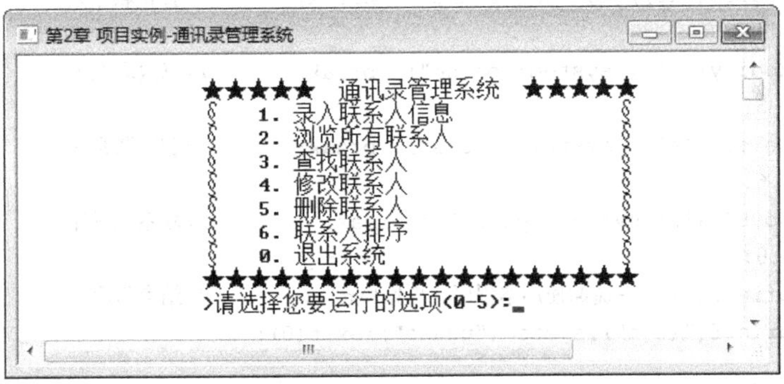

图 2-27 主界面运行效果

代码如下。

```
int menu_select()                                    //菜单函数
{
    char c;
    do{
        system("cls");                               /*运行前清屏*/
        printf("\n\t\t★★★★★ 通讯录管理系统 ★★★★★\n");
        printf("\t\t§   1. 录入联系人信息\t\t   §\n");
        printf("\t\t§   2. 浏览所有联系人\t\t   §\n");
        printf("\t\t§   3. 查找联系人\t\t       §\n");
        printf("\t\t§   4. 修改联系人\t\t       §\n");
        printf("\t\t§   5. 删除联系人\t\t       §\n");
        printf("\t\t§   6. 联系人排序\t\t       §\n");
        printf("\t\t§   0. 退出系统\t\t         §\n");
        printf("\t\t★★★★★★★★★★★★★★★★★★★★\n");
        printf("\t\t>请选择您要运行的选项(0-5):");
        fflush(stdin);                               //清空标准输入缓冲区
        c=getchar();                                 //读入选择
    }while(c<'0'||c>'5');
    return(c-'0');                                   //返回选择
}
void main()                                          //主函数
```

```
{
    int n=0;
    AddressList al;
    al.next=NULL;
    LoadData(&al);
    while(1)
    {
        switch(menu_select())                           //选择判断
        {
        case 1:
            Input(&al); break;//录入新的联系人
        case 2:
            Display(&al); system("pause"); break;       //显示所有联系人
        case 3:
            Search(&al); system("pause"); break;        //查找联系人
        case 4:
            Modify(&al); system("pause"); break;        //修改联系人
        case 5:
            Delete(&al); system("pause"); break;        //删除联系人
        case 6:
            Sort(&al); system("pause"); break;          //联系人排序
        case 0:
            printf("\t\t-谢谢使用本程序，再见!\n");       //结束程序
            printf("\t\t");system("pause");exit(0);
        }
    }
}
```

3. 录入联系人信息

当在“请选择您要运行的选项（0-6）:”后输入 1 时，main 函数调用 Input（）函数，系统进行“录入联系人信息”界面。在该界面用户按系统提示输入联系人的信息后，系统将该联系人信息添加到链表的最后，并提示用户是否需要继续录入。如果用户选择“Y”，则继续录入新的联系；否则保存录入的联系人信息到磁盘文件中，并返回到主界面。录入联系人信息运行效果如图 2-28 所示。

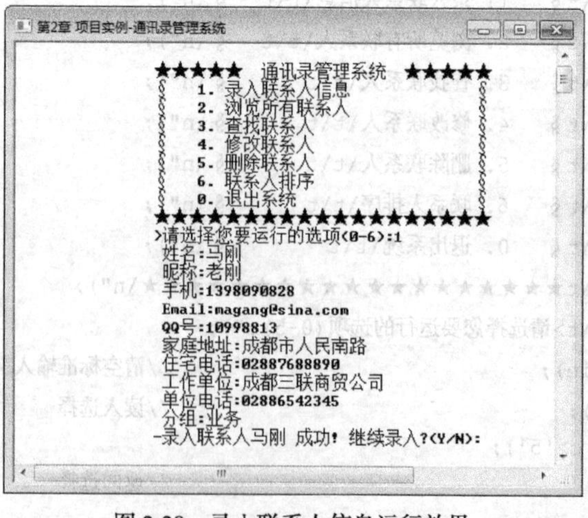

图 2-28　录入联系人信息运行效果

代码如下。

```
void Input(AddressList *pal)                            //添加一个新联系人到最后
{
    AddressList *p,*q;
    char c;
    p=pal;
    while(p->next!=NULL)p=p->next;                      //指针 p 指向最后一个联系人
    do
    {
        q=(AddressList *)malloc(sizeof(AddressList)); //分配空间
        if(q==NULL)return;
        fflush(stdin);                                  //清空标准输入缓冲区
        //录入联系人信息
        printf("\t\t 姓名:"); gets(q->contactPerson.name);
        printf("\t\t 昵称:"); gets(q->contactPerson.nickname);
        printf("\t\t 手机:"); gets(q->contactPerson.phone);
        printf("\t\t Email:"); gets(q->contactPerson.email);
        printf("\t\t QQ 号:"); gets(q->contactPerson.qq);
        printf("\t\t 家庭地址:"); gets(q->contactPerson.address);
        printf("\t\t 住宅电话:");
        gets(q->contactPerson.homePhone);
        printf("\t\t 工作单位:"); gets(q->contactPerson.company);
        printf("\t\t 单位电话:");
        gets(q->contactPerson.companyPhone);
        printf("\t\t 分组:"); gets(q->contactPerson.group);
        q->contactPerson.id=++maxId;                    //分配 Id
        q->next=NULL;
        p->next=q;
        p=p->next;                                      //将联系人加入到链表的最后
        printf("\t\t-录入联系人%s 成功!继续录入?(Y/N):"
               ,q->contactPerson.name);
        fflush(stdin);                                  //清空标准输入缓冲区
        c=getchar();                                    //读入选择
    }while(c!='N'&&c!='n');
    Save(pal);                                          //保存到文件
}
```

4. 保存联系人信息

保存联系人代码如下。

```
void Save(AddressList *pal)                             //将链表保存到文件中
{
    FILE *fp;
    AddressList *p;
    //以只写的方式打开二进制文件
    if((fp=fopen("AddressBook.bak","wb"))==NULL)
    {
        printf("\t\t-通讯录文件无法创建，请重试! :");
        return;
    }
```

```
    p=pal->next;                                    //指向第一个联系人
    while(p!=NULL)
    {
        //把联系人信息写入到文件
        if(fwrite(&p->contactPerson,sizeof(contact),1,fp)!=1)            {
            printf("\t\t-文件写入错误!\n");return;
        }
        p=p->next;                                  //指向下一个联系人
    }
    printf("\t\t-文件保存成功!\n");fclose(fp);
}
```

5. 浏览所有联系人信息

当在“请选择您要运行的选项（0-6）:”后输入 2 时，main 函数调用 Display（）函数，系统进行“浏览所有联系人”界面。在该界面中将显示所有联系人的主要信息。浏览所有联系人信息运行效果如图 2-29 所示。

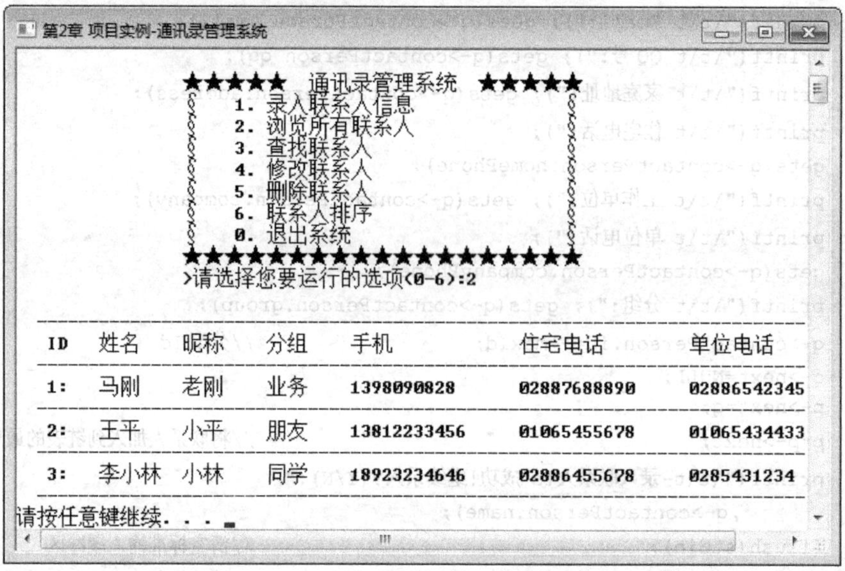

图 2-29　浏览所有联系人信息运行效果

代码如下。

```
void Display(AddressList *pal)                  //显示所有联系人
{
    AddressList *p;
    p=pal->next;                                //指向链表中的第一个联系人
    printf("\n  -----------------------------------------");
    printf("\nID\t姓名\t昵称\t分组\t手机\t住宅电话\t单位电话");
    printf("\n  -----------------------------------------");
    while(p!=NULL)
    {

        printf("\n%4d:",p->contactPerson.id);
        printf("\t%s",p->contactPerson.name);
        printf("\t%s",p->contactPerson.nickname);
```

```
        printf("\t%s",p->contactPerson.group);
        printf("\t%-10s",p->contactPerson.phone);
        printf("\t%-10s",p->contactPerson.homePhone);
        printf("\t%s",p->contactPerson.companyPhone);
    printf("\n  ----------------------------------------");
        p=p->next;//指向下一联系人
    }
    printf("\n");
}
```

2.5 小　　结

2.5.1 线性表小结

本章所讨论线性表的各种表示方法之间的关系如下所示。

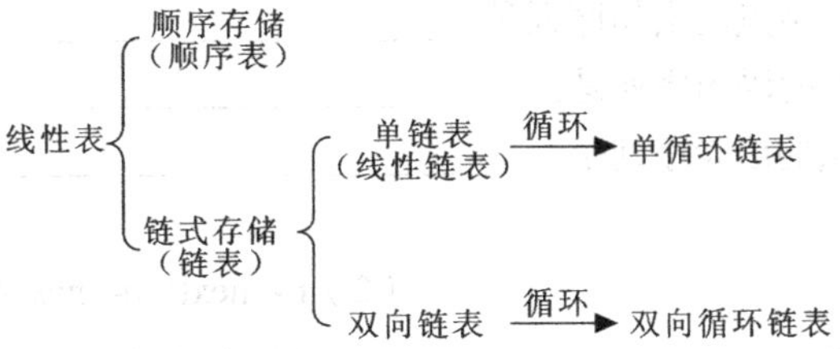

2.5.2 顺序表和链表的比较

顺序表和链表作为线性表的两种存储结构，各有其优缺点。

（1）顺序存储结构逻辑相邻、物理相邻、存储空间使用紧凑，可以实现对表中元素的随机存取，但在进行插入或删除操作时，需要移动大量元素。另外，顺序存储结构表容量难以扩充，预先分配空间需按最大空间分配，利用不充分。

（2）链表在存储空间的合理利用以及插入、删除操作不需要移动大量元素方面优于顺序表，但链表不能像顺序表那样实现元素的随机存取。

因此，在实际应用中，应根据线性表所要执行的主要操作来选择存储方式，取得更优的时空性能。但由于链表在空间的合理利用以及插入、删除时不需要移动等优点，因此在很多场合下，它是线性表的首选存储结构。

2.6 习题与解析

一、填空题

1. 线性表的两种存储结构分别为__________和__________。

2. 顺序表中，逻辑上相邻的元素，其物理位置__________相邻。在单链表中，逻辑上相邻的元素，其物理位置__________相邻。

3. 若经常需要对线性表进行插入和删除操作，则最好采用__________存储结构。若线性表的元素总数基本稳定，且很少进行插入和删除操作，但要求以最快的速度存取线性表中的元素，则最好采用__________存储结构。

4. 在一个长度为 n 的顺序表的第 i 个位置插入一个元素，需要移动__________元素，删除第 i 个元素，需要移动__________元素。

5. 顺序表中访问任意一个结点的时间复杂度均为__________。

6. 链表相对于顺序表的优点是__________；缺点是存储密度__________。

7. 在带头结点的非空单链表中，头结点的存储位置由__________指示，首元素结点的存储位置由__________指示，除首元素结点外，其他任一元素结点的存储位置由__________指示。

8. 在单链表中设置头结点的作用是________。

9. 在双向循环链表中,向 p 所指的结点之后插入指针 f 所指的结点，其操作是__________、__________、__________、__________。

10. 已知 L 是带头结点的单链表，且 p 结点既不是首元素结点，也不是尾元素结点。按要求从下列语句中选择合适的语句序列。

a. 在 p 结点后插入 s 结点的语句序列是：______________________________。

b. 在 p 结点前插入 s 结点的语句序列是：______________________________。

c. 在表首插入 s 结点的语句序列是：________________________________。

d. 在表尾插入 s 结点的语句序列是：________________________________。

供选择的语句有：

（1）p->next=s;	（2）p->next= p->next->next;
（3）p->next= s->next;	（4）s->next= p->next;
（5）s->next= L->next;	（6）s->next= p;
（7）s->next= NULL;	（8）q= p;
（9）while(p->next!=q)　p=p->next;	（10）while(p->next!=NULL)　p=p->next;
（11）p= q;	（12）p= L;
（13）L->next= s;	（14）L= p;

二、单项选择题

1. 线性表是（　　）。

A. 一个有限序列，可以为空　　B. 一个有限序列，不能为空

C. 一个无限序列，可以为空　　D. 一个无限序列，不能为空

2. 向一个有 127 个元素的顺序表中插入一个新元素并保持原来顺序不变，平均要移动（　　）个元素。

A. 8　　B. 63.5　　C. 63　　D. 7

3. 链接存储的存储结构所占存储空间（　　）

A. 分两部分，一部分存放结点值，另一部分存放表示结点间关系的指针

B. 只有一部分，存放结点值

C. 只有一部分，存储表示结点间关系的指针

D. 分两部分，一部分存放结点值，另一部分存放结点所占单元数

4. 线性表 L 在（　　）情况下适用于使用链式结构实现。

A. 需经常修改 L 中的结点值　　B. 需不断对 L 进行删除插入

C. L 中含有大量的结点　　D. L 中结点结构复杂

5. 设 a_1，a_2，a_3 为 3 个结点，整数 0，3，4 代表地址，则如下的链式存储结构称为（　　）。

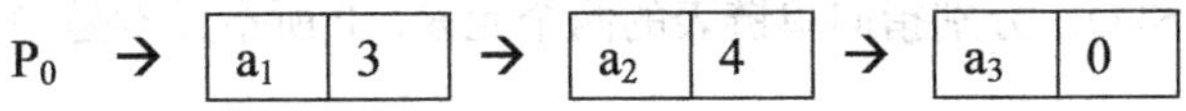

A. 循环链表　　B. 单链表　　C. 双向循环链表　　D. 双向链表

6. 下述哪一条是顺序存储结构的优点？（　　）

A. 存储密度大　　B. 插入运算方便

C. 删除运算方便　　D. 可方便地用于各种逻辑结构的存储表示

7. 下面关于线性表的叙述中，错误的是哪一个？（　　）

A. 线性表采用顺序存储，必须占用一片连续的存储单元

B. 线性表采用顺序存储，便于进行插入和删除操作

C. 线性表采用链接存储，不必占用一片连续的存储单元

D. 线性表采用链接存储，便于插入和删除操作

8. 若某线性表最常用的操作是存取任一指定序号的元素和在最后进行插入和删除运算，则利用（　　）存储方式最节省时间。

A. 顺序表　　B. 双链表

C. 带头结点的双循环链表　　D. 单循环链表

9. 设一个链表最常用的操作是在末尾插入结点和删除尾结点，则选用（　　）最节省时间。

A. 单链表　　B. 单循环链表

C. 带尾指针的单循环链表　　D. 带头结点的双循环链表

10. 链表不具有的特点是（　　）。

A. 插入、删除不需要移动元素　　B. 可随机访问任一元素

C. 不必事先估计存储空间　　D. 所需空间与线性长度成正比

11. 若长度为 n 的线性表采用顺序存储结构，在其第 i 个位置插入一个新元素的算法的时间复杂度为（　　）($1<=i<=n+1$)

A. $O(0)$　　B. $O(1)$　　C. $O(n)$　　D. $O(n^2)$

12. 对于顺序存储的线性表，访问结点和增加、删除结点的时间复杂度为（　　）。

A. $O(n)$ $O(n)$　　B. $O(n)$ $O(1)$　　C. $O(1)$ $O(n)$　　D. $O(1)$ $O(1)$

13. 线性表（$a_1,a_2,\cdots,a_n$）以链接方式存储时，访问第 i 位置元素的时间复杂性为（　　）。

A. $O(i)$　　B. $O(1)$　　C. $O(n)$　　D. $O(i-1)$

14. 非空的循环单链表 head 的尾结点 p 满足（　　）。

A. p->next==head　　B. p->next ==NULL

C. p==NULL　　D. p==head

15. 对于一个头指针为 head 的带头结点的单链表，判定该表为空表的条件是（　　）。

A. head==NULL　　B. head->next==NULL

C. head->next==head　　D. head!=NULL

16. 在单链表指针为 p 的结点之后插入指针为 s 的结点，正确的操作是（　　）。

A. p->next=s;s->next=p->next;　　B. s->next=p->next;p->next=s;

C. p->next=s;p->next=s->next;　　D. p->next=s->next;p->next=s;

17. 在具有 n 个结点的单链表中，实现（　　）的操作，其算法的时间复杂度都是 $O(n)$。

A. 遍历链表或求链表的第 i 个结点　　B. 在地址为 P 的结点之后插入一个结点

C. 删除开始结点　　D. 删除地址为 P 的结点的后继结点

18. 两个指针 P 和 Q，分别指向单链表的两个元素，P 所指元素是 Q 所指元素前驱的条件是（　）。

A. P->next==Q->next　　B. P->next== Q

C. Q->next== P　　D. P== Q

19. 设 p 为指向单循环链表上某结点的指针，则*p 的直接前驱（　）。

A. 找不到　　B. 查找时间复杂度为 $O(1)$

C. 查找时间复杂度为 $O(n)$　　D. 查找结点的次数约为 n

20. 在下列链表中不能从当前结点出发访问到其余各结点的是（　）。

A. 双向链表　　B. 单循环链表　　C. 单链表　　D. 双向循环链表

三、判断题

（　）1. 线性表的链式存储结构优于顺序存储。

（　）2. 链表的每个结点都恰好包含一个指针域。

（　）3. 在线性表的链式存储结构中，逻辑上相邻的两个元素在物理位置上并不一定紧邻。

（　）4. 顺序存储方式的优点是存储密度大以及插入、删除效率高。

（　）5. 线性链表的删除算法简单，因为当删除链中某个结点后，计算机会自动地将后续的各个单元向前移动。

（　）6. 顺序表的每个结点只能是一个简单类型，而链表的每个结点可以是一个复杂类型。

（　）7. 线性表链式存储的特点是可以用一组任意的存储单元存储表中的数据元素。

（　）8. 线性表采用顺序存储，必须占用一片连续的存储单元。

（　）9. 顺序表结构适用于进行顺序存取，而链表适用于进行随机存取。

（　）10. 插入和删除操作是数据结构中最基本的两种操作，所以这两种操作在数组中也经常使用。

四、综合题

1. 试比较线性表的两种存储结构各自的优缺点，在什么情况下用顺序表比链表好?

2. 描述以下 3 个概念的区别：头指针、头结点、首元结点（第一个元素结点）。

3. 线性表具有两种存储方式，即顺序方式和链接方式。现有一个具有 5 个元素的线性表 L={23，17，47，05，31}，若它以单链表方式存储在下列 100～119 号地址空间中，每个结点由数据（占 2 个字节）和指针（占 2 个字节）组成，如下所示：

05	U	17	X	23	V	31	Y	47	Z

100　　　　　　　　　　　　　　　　120

其中指针 X、Y、Z 的值分别为多少？该线性表的首结点起始地址为多少？末结点的起始地址为多少？

4. 设线性表存于数组 a[0.. n-1]的前 R 个分量中，且递增有序，试写一算法，将 x 插入到线性表的适当位置上，以保持线性表的有序性。

5. 试分别以不同的存储结构实现线性表的就地逆置算法，即在原表的存储空间将线性表（a_1, a_2, ⋯, a_n）逆置为（a_n, a_{n-1}, ⋯, a_1）。

6. 试编写在带头结点的单链表中删除一个最小值结点的算法。

7. 设有一个双链表，每个结点中除有 prior、data 和 next 3 个域外，还有一个访问频度域 freq，在链表被起用之前，其值均初始化为零。每当对链表进行一次 LocateNode(L, x)运算，便令元素值为 x 的结点的 freq 域的值加 1，并调整表中结点的次序，使其按访问频度的递减序排列，以便使频繁访问的结点总是靠近表头。试写一个符合上述要求的算法 LocateNode(L, x)。

2.7 实　　训

一、实训目的

1. 熟悉线性表的两种存储结构。

2. 掌握线性表的基本操作算法并能用 C 语言实现。

二、实训内容

1. 顺序表的表示及基本操作

编写一个程序 SqList.c，实现线性结构上的顺序表的产生以及元素的查找、插入与删除。具体实现要求如下。

（1）从键盘输入 10 个整数，产生顺序表，并输入结点值。

（2）从键盘输入 1 个整数，在顺序表中查找该结点的位置。若找到，输出结点的位置；若找不到，则显示“找不到”。

（3）从键盘输入 2 个整数，一个表示欲插入的位置 i，另一个表示欲插入的数值 x，将 x 插入到对应位置上，输出顺序表所有结点值，观察输出结果。

（4）从键盘输入 1 个整数，表示欲删除结点的位置，输出顺序表所有结点值，观察输出结果。

2. 单链表的表示及基本操作

编写一个程序 LinkList.c，实现线性结构上的单链表的产生以及元素的查找、插入与删除。具体实现要求如下。

（1）从键盘输入一系列整数，当输入值为 0 时，停止输入，产生带表头的单链表，并输入结点值。

（2）从键盘输入 1 个整数，在单链表中查找该结点的位置。若找到，则显示“找到了”；否则，显示“找不到”。

（3）从键盘输入 2 个整数，一个表示欲插入的位置 i，另一个表示欲插入的数值 x，将 x 插入到对应位置上，输出单链表所有结点值，观察输出结果。

（4）从键盘输入 1 个整数，表示欲删除结点的位置，输出单链表所有结点值，观察输出结果。

（5）将单链表中值重复的结点删除，使所得的结果表中各结点值均不相同，输出单链表所有结点值，观察输出结果。

（6）删除其中所有数据值为偶数的结点，输出单链表所有结点值，观察输出结果。

（7）查找单链表中最大的元素和最小的元素，并输出。

（8）将单链表反转，即第 1 个元素变成最后 1 个元素，第 2 个元素变成倒数第 2 个元素，依次类推，并输出结果。

（9）把单链表变成带表头结点的循环链表，输出循环单链表所有结点值，观察输出结果。

【解析】实训任务 1 可以参考算法 2-1 ~ 算法 2-4 来实现。

实训任务 2 中的（1）~（4）可以参照算法 2-5 ~ 算法 2-10 来实现。

实训任务 2 中的（5）可以参考下面算法来实现。

```
//将单链表中值重复的结点删除，使所得的结果表中各结点值均不相同
void DeleteRepeat(LNode *L *head)
{
    ElemType elem;
    LNode *p,*q,*r;
    p=head->next;
    while(p!=NULL&&p->next!=NULL)
    {
        //查找有没有和 p->data 相同的元素
        elem=p->data;
        r=p;                        //r 始终指向 q 结点的前驱
        q=r->next;                  //为当前结点，用于比较是否和 p->data 相同
        while(q!=NULL)
        {
            //q->data 和 p->data 相同，删除 q 指向的结点，并使 q 指向下一个元素，继续查找
            if(q->data==elem)
            {
                r->next=q->next;
                free(q);
                q=r->next;
            }
            //如果 q->data 和 p->data 不相同，将 q 指向下一个元素，继续查找
            else
            {
                r=q;
                q=q->next;
            }
        }
        p=p->next;
    }
}
```

实训任务 2 中的（6）可以参考下面算法来实现。

```
//删除偶数节点
void  DeleteEven(LNode *head)
{
    LNode *p,*q;                    //p 为当前结点，q 为前驱
    p=head->next;
    q=head;
    while(p!=NULL)
    {
        if(p->data%2==0)            //偶数，删除，并把 p 指向下一个元素，q 不变
        {
            q->next=p->next;
            free(p);
            p=q->next;
        }
        Else                        //非偶数，p 指向下一个元素，q 指向其前驱。
        {
            q=p;
            p=p->next;
        }
    }
}
```

实训任务 2 中的（7）可以参考下面算法来实现。

```
//查找单链表中最大的元素和最小的元素
void GetMaxAndMin(LNode *head)
{
    LNode *p,*pMin,*pMax;
    pMin=pMax=p=head->next;
    while(p!=NULL)
    {
        if(p->data<pMin->data)pMin=p;
        if(p->data<pMax->data)pMax=p;
        p=p->next;
    }
}
```

实训任务 2 中的（8）可以参考例 2-4 实现。实训任务 2 中的（9）可以参考下面算法来实现。

```
void SingleToCycle(LNode *head)        //把单链表变成循环链表
{
    LNode *p;
    p=head;
    while(p->next!=NULL)
    {
        p=p->next;
    }
    p->next=head;                      //把原来单链表的尾结点的 next 指针指向头结点
}
void DisplayCycle(LNode *head)         //显示循环链表
{
    LNode *p=head->next;
    printf("\n 当前循环链表中所有元素为：\n");
    while(p!=head)
    {
        printf("%4d",p->data);
        p=p->next;
    }
    printf("\n");
}
```

第3章 栈和队列

总体要求

- 掌握栈的特点、表示和实现
- 熟悉栈的典型应用并编程实现（如：语法检查、回朔算法、递归算法、表达式求值）
- 掌握队列的特点、表示和实现

相关知识点

- 相关术语：栈、队列
- 物理结构：顺序栈、链栈、顺序队列、链队列

学习重点

- 栈的逻辑结构、存储结构及其相关算法
- 队列的逻辑结构、存储结构及其相关算法

学习难点

- 栈的定义和应用算法：递归

栈和队列是两种重要的线性结构，从数据结构角度看，栈和队列也是线性表，其特性在于栈和队列的基本操作是线性表操作的子集，它们是操作受限的线性表，因此可称为限定性的数据结构。但从数据类型角度看，栈和队列是和线性表大不相同的两类重要的抽象数据类型。由于它们广泛应用在各种软件系统中，因此在程序设计中，它们是常用的数据类型。

3.1 栈

3.1.1 栈的定义及基本运算

大家应该见过独木桥，在独木桥上，只能一个人一个人过，当后面有人时，前面的人不能转身返回，只能走到底。那么设想这样一种情况，在独木桥上有几个人依次前进，当第一个人走到桥的另一端时，发现不能通过，只能原路返回，那么这一行人返回的话，只能是走在最后的人先返回，然后是倒数第二个，直到最后是第一个人返回。对于这样的一个过程，可以把它进行一下替换，过桥的人就设为元素，元素属于同一数据对象，并且元素之间存在一种序偶关系，那么这个过程就理解为一个线性表，只是这个线性表是先进入的元素最后出来，最后进入的元素最先出来，我们把这样的一类线性表称为栈。

1. 栈的定义

栈是限定仅在表尾进行插入和删除操作的线性表。允许插入、删除的一端称为**栈顶**(top),另一端称为**栈底**(bottom)，不含任何数据元素的栈称为**空栈**。

假设栈 S =（a_1，a_2，⋯，a_n)，则称 a_1 为栈底元素，a_n 为栈顶元素。栈中元素按 a_1，a_2，⋯，a_n 的顺序进栈，出栈从栈顶元素开始依次出栈。所以，栈的修改是按后进先出的原则进行的。因此，栈又称为后进先出（LIFO：Last In First Out）的线性表。

在图 3-1 中表明了元素的进栈和出栈过程。

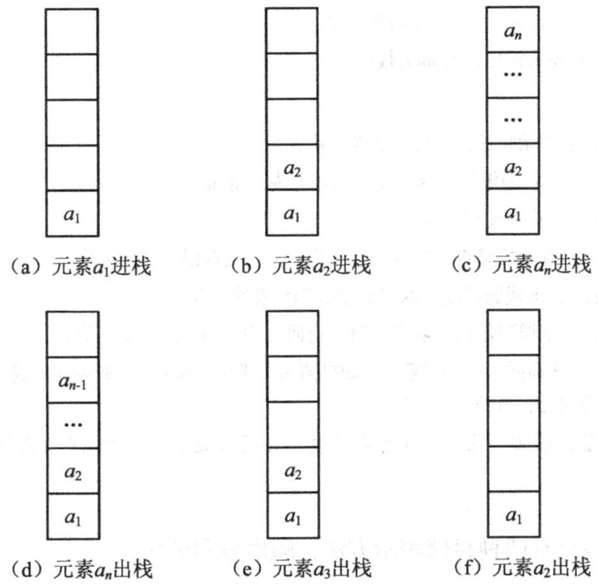

图 3-1　元素进栈和出栈过程

例如，食堂里的一叠盘子，如果每次只允许一个一个地往上堆，取下来时也仅允许一个一个地往下取，那么取、放盘子的过程就是对栈进行操作的一个生动形象的模拟。

下面两个例子说明了栈操作的逻辑特点。

【例 3-1】一个栈的输入序列是 12345，若在进栈的过程中允许出栈，则栈的输出序列 43512 可能实现吗？12345 的输出呢？

答：43512 不可能实现，主要是其中的 12 顺序不能实现。

12345 的输出可以实现，只需压入一个立即弹出一个即可。

【例 3-2】一个栈的输入序列为 123，若在进栈的过程中允许出栈，则可能得到的出栈序列是什么？

答：可以通过穷举所有可能性来求解。

① 1 入 1 出，2 入 2 出，3 入 3 出，即 123。

② 1 入 1 出，2、3 入 3、2 出，即 132。

③ 1、2 入 2 出，3 入 3 出，1 出，即 231。

④ 1、2 入 2、1 出，3 入 3 出，即 213。

⑤ 1、2、3 入 3、2、1 出，即 321。

合计有 5 种可能性。

进栈和出栈是栈的两个主要操作，每一次进栈的结点总是成为当前的栈顶结点，而每一次出栈的结点总是当前的栈顶结点。所以栈顶的位置随结点的插入和删除而变化，为此需要一个称为**栈顶指针**的位置指示器来表示栈顶的当前位置，如图 3-2 所示。

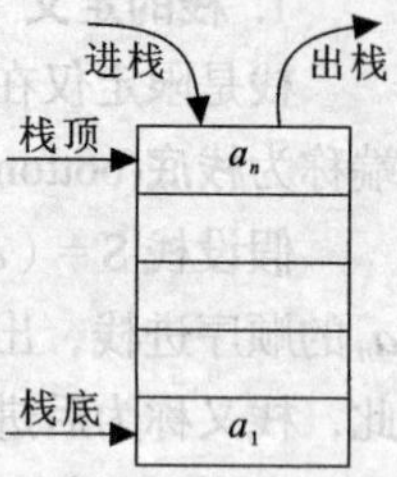

图 3-2　栈的示意图

2. 栈的抽象数据类型定义

抽象数据类型栈的定义如下。

ADT Stack {

数据对象：$D=\{a_i \mid a_i \in ElemSet, i=1,2,\cdots,n, n\geq 0\}$

数据关系：$D=\{<a_{i-1},a_i> \mid a_{i-1},a_i \in D, i=1,2,\cdots,n\}$

约定 a_i 端为栈顶，a_1 端为栈底

基本操作：

InitStack(&S)：初始化栈，构造一个空的栈 S。

DestroyStack(&S)：销毁栈，释放栈 S 占用的内存空间。

ClearStack(&S)：将 S 重置为空栈。

StackEmpty(S)：判断栈是否为空栈，若 S 为空栈，则返回 1，否则返回 0。

StackLength(S)：求栈的长度，返回 S 中数据元素的个数。

GetTop(S, &e)：求栈顶数据元素值，用 e 返回 S 中栈顶数据元素的值。

Push(&S, e)：在栈顶插入一个元素 e，如果插入不成功，返回 0；如果插入成功，则栈顶增加了一个元素，e 为新的栈顶元素。S 的长度加 1，返回 1。

Pop(&S, e)：删除栈顶元素，如果删除成功，则栈顶减少了一个元素，并用 e 返回其值；否则，抛出异常。

} ADT Stack

和线性表类似，栈也有两种存储表示方法：顺序栈和链栈。

3.1.2　顺序栈

栈的顺序存储结构简称为顺序栈，它实际上是利用一组地址连续的存储单元依次存放从栈底到栈顶的结点，为了指示栈中元素的位置，可以定义变量 top 来指示栈顶元素在顺序栈中的位置。对于 top 的设定可以分成两种情况来考虑：（1）定义 top 为指针；（2）定义 top 为整型（表示栈顶元素的序号）。

1. top 为指针，top 指向栈顶元素的下一个位置

当定义 top 为指针时，附加设定指针 base 指示顺序栈的栈底位置，top 的初始值指向栈底，即 top==base。而这个 top==base 也可作为栈空的标志，每当插入一个新的栈顶元素时，指针 top 增加 1；删除栈顶元素时，指针 top 减去 1。

图 3-3 所示为顺序栈中数据元素和栈顶指针之间的对应关系。有 A、B、C、D、E 5 个元素要进入栈 S，进栈前，S 是空栈，所以指针 top 和指针 base 同时指向栈底，即 top==base。如果元素 A 进栈，则指针 top 增加 1，指针 base 保持不变指向栈底。随着元素 B、C、D、E 的进栈，指针 top 每插入一个新栈顶元素就增加 1，指针 base 一直保持不变指向栈底。出栈时，每删除一个栈顶元素，指针 top 减去 1。因此，非空栈中的栈顶指针 top 始终在栈顶元素的下一个位置上，指针 base 保持不变指向栈底。

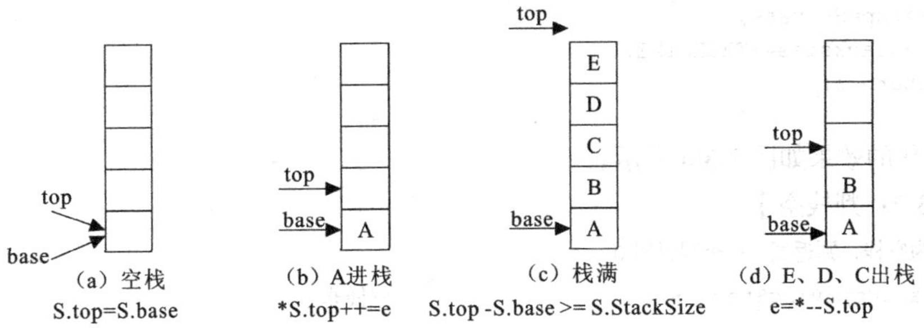

图 3-3　顺序栈中栈顶指针 top 指向栈顶元素的下一位置时对应的元素出栈进栈关系

2. top 为指针，top 指向栈顶元素所在的位置

当定义 top 为指针时，除了 top 指向栈顶元素的下一个位置的情况以外，也可以设定指针 top 指向栈顶元素所在的位置。在这种情况下，要注意指针 top 在元素进栈和出栈时的变化，其和第一种情况是不同的。当元素进栈时，应先把指针 top 增加 1，元素插入指针所指向的位置；元素出栈时，先删除栈顶元素，然后指针 top 减去 1。因此，非空栈中的栈顶指针 top 就始终指向栈顶的当前位置。图 3-4 所示为顺序栈中栈顶指针 top 指向栈顶元素时对应的元素出栈进栈的关系。

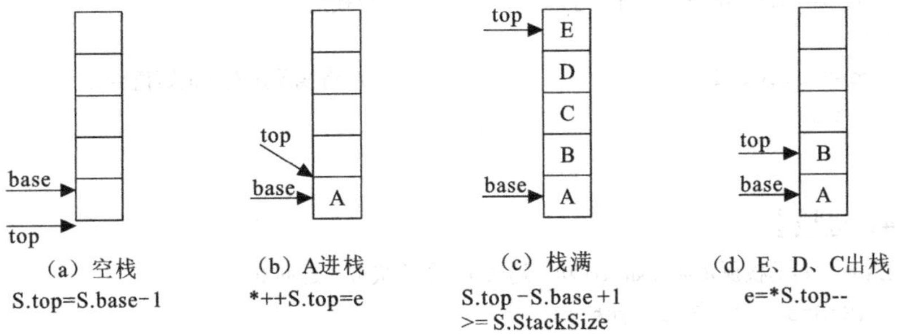

图 3-4　顺序栈中栈顶指针 top 指向栈顶元素时对应的元素出栈进栈关系

3. 顺序栈的基本操作实现

下面以 top 为指针，以 top 指向栈顶元素的下一个位置为例来说明顺序栈的相关操作的实现。

【栈的顺序存储结构描述-top 为指针】

```
#define STACKSIZE 100              //栈允许的最大长度
#define STACKINCREMENT 20          //存储空间分配增量
typedef int ElemType;              //栈的存储类型
typedef struct  SqStack
{
    ElemType *base;                //栈底指针
    int *top;                      //栈底指针
    int stacksize;                 //栈表允许的最大长度
}SqStack;                          // 顺序栈
```

【算法 3-1：栈的初始化】

```
//构造空栈，如果成功，返回 1；如果失败，返回 0
int InitStack(SqStack *S)
{
    S->base=(ElemType *)malloc(STACKSIZE*sizeof(ElemType));
    if (S->base==NULL)return 0;     // 存储分配失败
```

```
    S->top=S->base;
    S->stacksize=STACKSIZE;
    return 1;
}
```

栈初始化的效果如图 3-3(a)所示。

【算法 3-2：判栈空】

```
//若栈为空栈，则返回 1；否则返回 0
int StackEmpty(SqStack S)                          //栈非空
{
    if(S.top==S.base)return 1;                     //栈空
    else return 0;                                 //栈非空
}
```

栈空的效果如图 3-3(a)所示。

【算法 3-3：获取栈顶元素】

```
//若栈不空，则用 e 返回栈顶元素，并返回 1；否则返回 0
int GetTop(SqStack S,ElemType *e)
{
    if(S.top==S.base)return 0;                     //栈空
    else{
        *e=*(S.top-1);                             // 将栈顶元素的值赋值给 e
        return 1;
    }
}
```

【算法 3-4：进栈】

```
// 插入元素 e 为新的栈顶元素 ，如果成功，返回 1；如果失败，返回 0
int Push (SqStack *S,ElemType e)
{
    if(S->top-S->base>=S->stacksize)               //栈满，追加存储空间
    {
        S->base= (ElemType*) realloc (S->base,
            (S->stacksize+STACKINCREMENT)*sizeof (ElemType));
        if(S->base==NULL)return 0;                 //存储分配失败
        S->top=S->base+S->stacksize;
        S->stacksize+=STACKINCREMENT;
    }
    *S->top++=e;                                   // 先插入元素，然后将栈顶指针上移一位
    return 1;
}
```

进栈的效果如图 3-3(b)所示，栈满的效果如图 3-3(c)所示。

【算法 3-5：出栈】

```
//若栈不空，则删除栈顶元素，用 e 返回其值，并返回 1，否则返回 0
int Pop(SqStack *S,ElemType *e)
{
    if(S->top==S->base)return 0;                   //栈空
    *e=*--S->top;                                  // 先将栈顶指针下移一位，然后取出元素值赋值给 e
    return 1;
}
```

出栈的效果如图 3-3(d)所示。

【算法 3-6：获取栈中的元素个数】

```
//返回栈的元素个数，即栈的长度
int StackLength(SqStack S)
{
    return S.top-S.base;
}
```

【主函数】

```
int main()
{
    int i,n;
    ElemType e;
    SqStack s;                                          //声明一个栈
    InitStack(&s);                                      //初始化栈
    Push(&s,3);Push(&s,4);Push(&s,5);Push(&s,6);        //3、4、5、6 进栈
    Pop(&s,&e);printf("出栈的元素为%d\n",e);            //出栈并打印栈顶元素
    Push(&s,7);                                         //7 进栈
    Pop(&s,&e);                                         //出栈
    Push(&s,8);                                         //8 进栈
    n=StackLength(s);                                   //获取栈的长度
    printf("栈中元素依次出栈:");
    for(i=0;i<n;i++)                                    //栈中元素依次出栈并打印
    {
        Pop(&s,&e);
        printf("%3d",e);
    }
    printf("\n");
    return 0;
}
```

程序中，元素 3、4、5、6 进栈后，栈顶元素是 6，出栈打印的元素即为 6，然后 7 进栈后出栈，栈顶元素是 5，接下来 8 进栈，栈顶元素为 8，最后依次出栈，按后进先出的顺序为：8、5、4、3。执行后结果如图 3-5 所示。

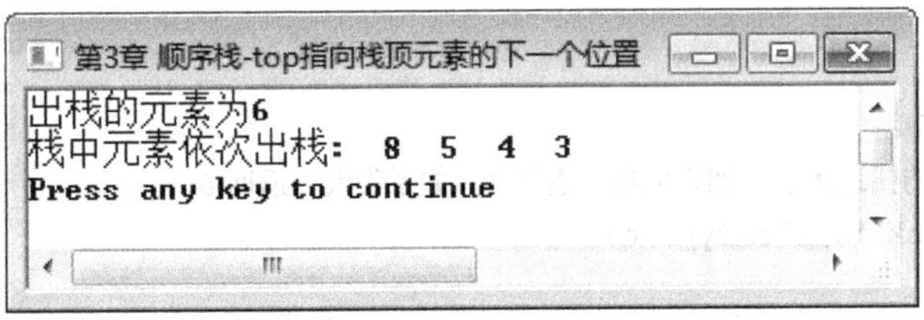

图 3-5　栈操作运行后结果

4. top 为整数

当定义 top 为整数时，可以用指针 data 表示一段连续空间的首地址，用 top 来表示栈中元素的下标，如果下标为 0 的位置表示栈底，这时，也可以定义 top 表示当前栈顶元素的下一位置（初始时 top=0），或者 top 表示当前栈顶元素的位置（初始时 top=-1）。

这时，可以使用数组来实现栈中元素的存储。假设 top 指向栈顶元素，存储栈元素的数组长度为 StackSize，则栈空时栈顶指针 top = -1；栈满时栈顶指针 top = StackSize-1（StackSize 表示栈容量）。

【栈的顺序存储结构描述-top 为整数（初始时 top=-1）】

```
#define STACKSIZE 100                     //栈允许的最大长度
typedef int ElemType;                     //栈的存储类型
typedef struct  SqStack
{
    ElemType stack[STACKSIZE];            //栈存储空间
    int top;                              //栈顶位置
    int stacksize;                        //栈表允许的最大长度
}SqStack;                                 // 顺序栈
```

【算法 3-7：栈的初始化】

```
//构造空栈，如果成功，返回 1；如果失败，返回 0
int InitStack(SqStack *S)
{
    S->top=-1;
    S->stacksize=STACKSIZE;
    return 1;
 }
```

【算法 3-8：判栈空】

```
//若栈为空栈，则返回 1，否则返回 0
int StackEmpty(SqStack S)
{
    if(S.top<0)return 1;                  //栈空
    else return 0;                        //栈非空
}
```

【算法 3-9：获取栈顶元素】

```
//若栈不空，则用 e 返回栈顶元素，并返回 1，否则返回 0
int GetTop(SqStack S,ElemType *e)
{
    if(S.top<0)return 0;                  //栈空
    else{
        *e=S.stack[S.top];                // 将栈顶元素的值赋值给 e
        return 1;
    }
 }
```

【算法 3-10：进栈】

```
// 插入元素 e 为新的栈顶元素 ,如果成功，返回 1；如果失败，返回 0
int Push (SqStack *S,ElemType e)
{
    if(S->top>=S->stacksize-1)return 0;      //栈满
    S->stack[++S->top]=e;                    //先将栈顶位置上移一位，然后插入元素
    return 1;
}
```

【算法 3-11：出栈】

```
//若栈不空，则删除栈顶元素，用 e 返回其值，并返回 1，否则返回 0
int Pop(SqStack *S,ElemType *e)
{
    if(S->top<0)return 0;                    //栈空
    // 先取出元素值赋值给 e，然后将栈顶位置下移一位
    *e=S->stack[S->top--];
```

```
    return 1;
}
```

【算法 3-12：获取栈中元素个数】

```
//返回栈的元素个数，即栈的长度
int StackLength(SqStack S)
{
    return S.top+1;
}
```

总的来看，顺序栈是利用一组地址连续的存储单元一次存放从栈底到栈顶的数据元素，用指针或整数 top 指示栈顶元素在顺序栈中的位置，而位置有指向栈顶当前元素和指向栈顶的下一位置两种情况。表 3-1 和表 3-2 所示为 top 分别在不同类型和在不同约定下的操作。

表 3-1　用指针 top 指示栈顶元素在顺序栈中的位置

	top 指向栈顶元素的下一个位置	top 指向栈顶元素
初始化：	S.top = S.base	S.top == S.base-1
判栈空：	S.base == S.top	S.base == S.top-1
进栈：	*S.top++= e（先压后加）	*++S.top= e（先加后压）
栈满：	S.top - S.base >= S.stacksize	S.top - S.base >= S.stacksize-1
出栈：	e = *--S.top（先减后弹）	e = *S.top--（先弹后减）

表 3-2　用整数 top 指示栈顶元素在顺序栈中的位置

	top 指向栈顶元素的下一个位置	top 指向栈顶元素
初始化：	S.top=0	S.top==-1
判栈空：	S.top==0	S.top==-1
进栈：	S.stack [S.top++]=e（先压后加）	S.stack [++S.top]=e（先加后压）
栈满：	S.top >= S.stacksize;	top-base>= S.stacksize -1;
出栈：	e= S.stack [--S.top])（先减后弹）	e= S.stack [S.top--])（先弹后减）

需要注意的是，进栈时，首先应判栈是否满了，栈满时，不能进栈，否则出现空间溢出，引起错误，这种现象称为上溢。当进行出栈和读栈顶元素操作时，应先判栈是否为空，为空时不能操作，否则产生错误。

3.1.3　链栈

栈的链接存储结构称为链栈，利用链表实现。链表中的每个数据元素由两部分信息组成，一部分是存储其本身的信息，一部分是存储一个指示其直接后继的信息（即直接后继的存储位置）。其中，存储数据元素信息的域为数据域；存储直接后继存储位置的域为指针域。链栈在结构上是链表的形式，在操作定义上依然是栈的定义，栈中元素后进先出，先进的后出，第一个进栈的是栈底元素，最后的是栈顶元素，如图 3-6 所示。由于只能在链表的头部进行运算，所以链栈没有必要像单链表那样附加头指针。

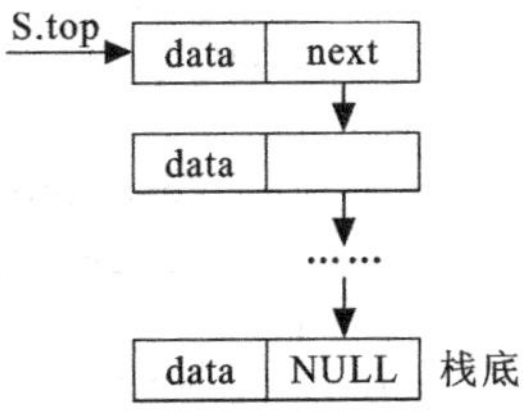

图 3-6　链栈的链表示意图

对于链栈，空间可动态扩充，无栈满问题，而且插入与删除仅在栈顶处执行，可以认为是链表操作的特例。链栈的基本操作示意图如图 3-7 所示。

设栈顶指针为 S.top，插入一个新元素 P，只能链接到栈顶处，数据域为 a_i，指针域指向原栈顶元素 S，栈顶指针 S 再指向这个新元素。操作为：P->next=S.top;S.top =P。

删除一个元素，只能删除栈顶元素，删除时，栈顶指针指向原栈顶元素的指针域。操作为：p=S.top;S.top =S.top ->next。

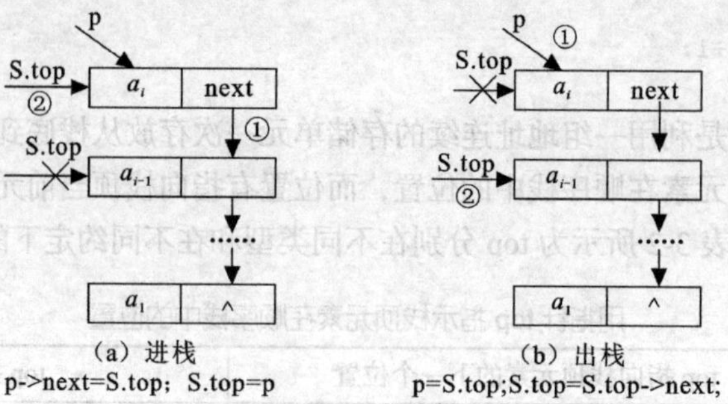

图 3-7　链栈插入、删除操作示意图

【栈的链式存储结构描述】

```
typedef int ElemType;                    //栈的存储类型
typedef struct LNode                     //链栈结点
{
    ElemType data;                       //数据域
    struct Node  *next;                  //指针域
}LNode;
typedef struct  LinkStack                // 链栈
{
    LNode *top;                          //栈顶指针
}LinkStack;
```

【算法 3-13：构造空栈】

```
void InitStack(LinkStack *S)
{
    S->top=NULL;                         //初始化空栈
}
```

【算法 3-14：获取栈顶元素】

```
//若栈不空，则用 e 返回栈顶元素，并返回 1，否则返回 0
int GetTop(LinkStack S,ElemType *e)
{
    if(S.top==NULL)return 0;             //栈空
    else
    {
        *e=S.top->data;                  // 将栈顶元素的值赋值给 e
        return 1;
    }
}
```

【算法 3-15：进栈】

```
// 插入元素 e 为新的栈顶元素 ,如果成功，返回 1；如果失败，返回 0
int Push (LinkStack *S,ElemType e)
```

```
{
    LNode *p;
    p=(LNode*)malloc(sizeof(LNode));
    if(p==NULL)return 0;
    p->data=e;
    p->next=S->top;                   //把 p 所指结点作为栈顶结点
    S->top=p;                         //栈顶指向 p
    return 1;
}
```

【算法 3-16：出栈】

```
//若栈不空，则删除栈顶元素，用 e 返回其值，并返回 1，否则返回 0
int Pop(LinkStack *S,ElemType *e)
{
    LinkStack *p;
    if(S->top==NULL)return 0;         //栈空
    *e=S->top->data;                  //取出栈顶元素的值
    p=S->top;
    S->top=S->top->next;              //新的栈顶为当前栈顶的下一结点
    free(p);
    return 1;
}
```

【算法 3-17：判断栈是否为空】

```
//若栈为空栈，则返回 1，否则返回 0
int StackEmpty(LinkStack S)           //栈非空
{
    if(S.top==NULL)return 1;          //栈空
    else return 0;
}
```

【主函数】

```
int main()
{
    int i,n;
    ElemType e;
    LinkStack s;                      //声明一个栈
    InitStack(&s);                    //初始化栈
    system("title 第 3 章 链栈");
    Push(&s,3);Push(&s,4);Push(&s,5);Push(&s,6);    //3、4、5、6 进栈
    Pop(&s,&e);printf("出栈的元素为%d\n",e);          //出栈并打印栈顶元素
    Push(&s,7);                       //7 进栈
    Pop(&s,&e);                       //出栈
    Push(&s,8);                       //8 进栈
    printf("栈中元素依次出栈:");
    while(s.top!=NULL) //栈中元素依次出栈并打印
    {
        Pop(&s,&e);
        printf("%3d",e);
```

```
    }
    printf("\n");
    return 0;
}
```

执行后结果和顺序栈的执行结果一致，如图 3-5 所示。

3.2 队　列

3.2.1 队列的定义及基本运算

1. 队列的定义

队列是一种运算受限制的线性表，元素的添加在表的一端进行，而元素的删除在表的另一端进行。允许插入的一端称为**队尾**（Rear），允许删除的一端称为**队头**（Front）。

队列同现实生活中的等车、买票排队类似，新来的成员总是加入到队尾，每次离开队列的总是队头上的，即当前“最老的”成员。

向队列添加元素称为**进队**，从队列中删除元素称为**出队**。新进队的元素只能添加在队尾，出队的元素只能是删除队头的元素。队列的特点是先进入队列的元素先出队，所以队列也称作先进先出表或 FIFO（First In First Out）表。

假设队列为 $q = (a_1, a_2, \cdots, a_n)$，那么，$a_1$ 就是队头元素，a_n 则是队尾元素。队列 q 中的元素按照 $a_1, a_2, \cdots, a_n$ 的顺序进入队列，退出队列也只能按照这个次序依次退出，也就是只有 $a_1, a_2, \cdots, a_{n-1}$ 都退出队列后，队尾元素 a_n 才能退出队列。

图 3-8 所示的是队列的示意图。

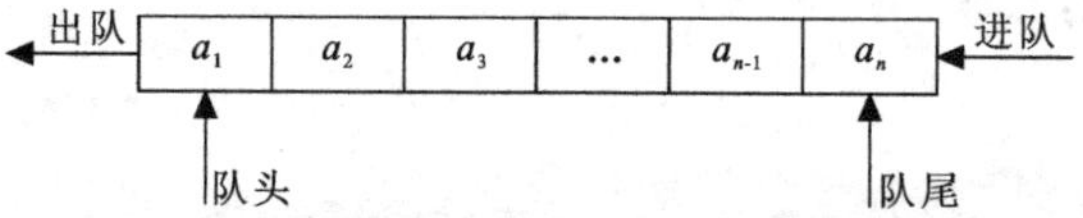

图 3-8　队列示意图

2. 队列的抽象数据类型定义

抽象数据类型队列的定义如下。

ADT Queue {

　数据对象：D={ a_i | $a_i \in$ ElemSet, i=1, 2, …, n, n≥0}

　数据关系：R={< a_{i-1}, a_i >| a_{i-1}, $a_i \in$ D, i=2, …, n }

　　　约定 a_n 端为队列尾，a_1 端为队列头

基本操作：

　InitQueue(&Q)：初始化队列，构造一个空的队列 Q。

　DestroyQueue(&Q)：销毁队列，释放队列 Q 占用的内存空间。

　ClearQueue(&Q)：将 Q 重置为空队列。

　QueueEmpty(Q)：判断队列是否为空队列，若 Q 为空队列，则返回 TRUE，否则返回 FALSE。

　QueueLength(Q)：求队列的长度，返回 Q 中数据元素的个数。

　GetFront(Q, &e)：求队列的队头数据元素值，用 e 返回 Q 中队头数据元素的值。

EnQueue(&Q, e)：在队尾插入一个元素 e，如果插入不成功，抛出异常；如果插入成功，队尾增加了一个元素，e 为新的队尾元素。Q 的长度加 1。

DeQueue(&Q,&e)：删除队头元素，如果删除成功，队头减少了一个元素，并用 e 返回其值，否则，抛出异常。

} **ADT Queue**

和线性表类似，队列也有两种存储表示方法：顺序队列和链队列。

3.2.2 循环队列

和顺序栈相类似，队列也可以简单地用一维数组表示。设数组名为 Queue，其下标下界为 0，上界为 n-1。在队列的顺序存储结构中，除了用一组地址连续的存储单元依次存放从队列头到队列尾的元素以外，还需要设置两个整数 front 和 rear 分布指示队列的队头元素和队尾元素的位置。

队列中元素的数目等于零称为空队列，初始化空队列时，设 front=rear=0，如图 3-9（a）所示。进队时，将新元素按 rear 指示位置加入，再将队尾指针 rear 增加，即 rear = rear + 1，如图 3-9（b）、（c）、（d）所示，当 A 进队时，rear 指向 1，当 B 进队后，rear 指向 2，而当 C、D 进队后，rear 指向 4。出队时，将 front 所指的元素取出，再将队头指针增加 1，即 front = front + 1，如图 3-9（e）、（f）所示，当 A 退队时，front 指向 1，当 B 退队时，front 指向 2。因此，在非空队列中，头指针始终指向队列头元素，尾指针始终指向队列尾元素的下一个位置。

如图 3-9（g）所示，元素 E、F 先后进队后，尾指针 rear 指向尾元素 F 的下一个位置。如果当前为队列分配的最大空间为 6，则此时队列就不可以再增加新的队尾元素，否则会因数组越界而导致程序代码被破坏，这就是队列的溢出，如图 3-9（h）所示。

通过上面队列定义的操作可以发现一个问题，由于队列的进队操作是在两端进行的，随着元素的不断插入、删除，两端都向后移动，队列会很快移动到数组末端造成溢出，而前面的单元无法利用。如图 3-9（h）所示，虽然队列中还有两个位置（索引值为 0、1）有剩余空间，但无法插入进队元素，这种情况称为假溢出。

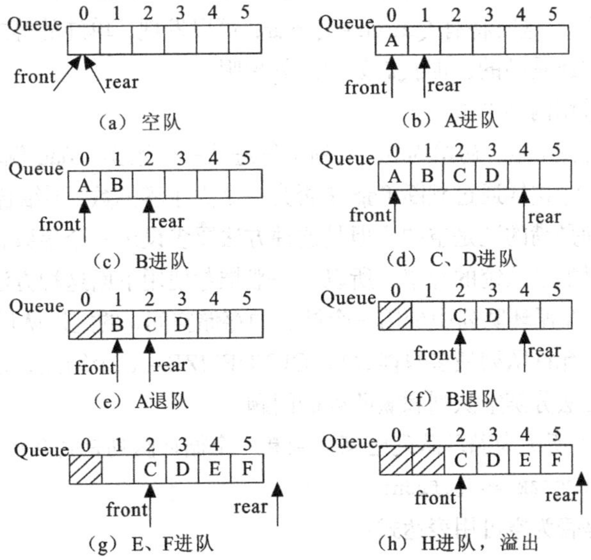

图 3-9　顺序队列进队、出队示意图

对于这个问题，一般有两种解决办法。

（1）每次删除一个元素后，将整个队列向前移动一个单元，保持队列头总固定在数组的第一个单元。但是这样的话，每次删除元素时，都要执行一次循环操作，对队列中所有元素向前移动一个单元，这样将造成系统的额外开销。

（2）将顺序队列的存储区假想为是一个头尾相连的圆环，如图 3-10 所示，当队尾指示器 rear 到达数组的上限时，如果还有数据元素入队并且数组的第 0 个空间空闲时，队尾指示器 rear 指向数组的 0 端，如图 3-10（e）、（d）所示。当队头指示器 front 到达数组的上限时，如果还有数据元素出队，队头指示器 front 指向数组的 0 端，如图 3-10（g）所示。这样做，出队结点空出的空间可被重新利用，除非整个数组单元真的全部被队列结点占用，否则不会出现溢出，从而解决了假溢出问题。虽然此时物理上的队尾在队首之前，但逻辑上队首仍在前，进队和出队仍按“先进先出”的原则进行，通常把这种特殊结构的队列称为循环队列。

设存储循环队列的数组长度为 QUEUESIZE，则循环队列初始化，如图 3-10（a）所示，执行语句：

```
Q.rear= Q.front=0
```

进队时，仍按 rear 指示位置加入，再将队尾指针 rear 增加 1，如图 3-10（b）所示。但当 rear 指向队列的最后一个位置，如图 3-10（d）所示时，如果再加入元素 F，则 rear 应指向 0，故队尾指示器的加 1 操作修改为：

```
rear = (rear + 1) % QUEUESIZE
```

退队时，仍将 front 所指元素取出，再将队头指针 front 增加 1，如图 3-10（c）所示的 A、B、C 退队，但当 front 指向队列的最后一个位置，如图 3-10（g）所示时，如果再退队 F，则 front 应指向 0，故队头指示器的加 1 操作修改为：

```
front = (front + 1) % QUEUESIZE
```

另外，队中元素长度应为：

```
(Q.rear-Q.front+QUEUESIZE) % QUEUESIZE
```

循环队列中，对队列是空还是满的判断是个主要的问题。在图 3-10（f）中，如果再加入一个元素，rear 将指向位置 3，这时将有 Q.front = Q.rear，可以发现，单纯的等式 Q.front = Q.rear 并不能判断队列空间是空的还是满的，那我们如何来处理呢？

一般而言，可以采用两种方法。

（1）设定一个标志位 flag，初始为 0。队列中每进队一个数据，flag 就增加 1；队列中每出队一个数据，flag 就减去 1，这样通过判断 flag 是否为一个大于零的数，再结合等式 Q.front = Q.rear，就能知道当前循环队列是满的还是空的。但是这种方法要多设定一个参数，还要一直对这个参数执行运算，相对来说增加了系统的开销，所以，一般推荐使用下面这种方法。

（2）第二种方法是在循环队列中少用一个结点的存储空间，约定以队尾指针加 1 等于队头指针表示队列已满。此时允许队列最多只能存放 QUEUESIZE – 1 个结点，也就是牺牲数组的最后一个存储空间来避免无法分辨空队列和满队列的问题。

所以，图 3-10（f）所示为循环队列已满，判断一个循环队列是否队满的表达式为：

```
(Q.rear+1) % QUEUESIZE == Q.front
```

而判断一个队列是否为空可用表达式：

```
Q.rear== Q. front
```

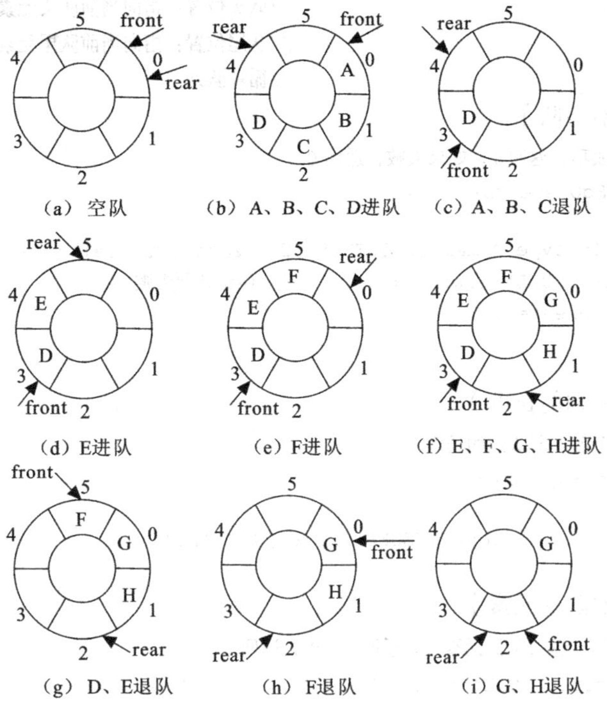

图 3-10　循环队列示意图

图 3-11 所示为循环队列队空、队满几种情况。其中，图 3-11（a）为队空；当依次进队 A、B、C、D、E 时队满，如图 3-11（b）所示；当退队 A、B，并进队 F、G 时，队满，如图 3-11（c）所示；当退队 C 到 G 的所有元素后，队空，如图 3-11（d）所示。

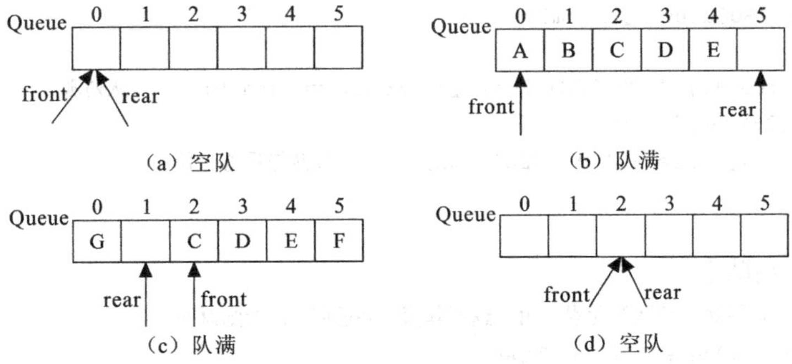

图 3-11　循环队列队空和队满的判定

从图 3-11 可以看出，front 始终指向队列的实际队头元素，rear 则指向队列中队尾元素的下一位置。循环队列的基本操作如下。

【循环队列的顺序存储结构描述】

```
#define QUEUESIZE 100           //队列允许的最大长度
typedef int ElemType;           //队列的存储类型
typedef struct  SqQueue
{
    ElemType  *data;            //队列存储空间的首地址
```

```
    int front;                              //队头位置：指向当前队头元素
    int rear;                               //队尾位置：指向当前队尾元素的下一位置
}SqQueue;                                   //循环队列
```

【算法 3-18：构造空队】

```
//构造空队，如果成功，返回1；如果失败，返回0
int InitQueue(SqQueue *Q)
{
    Q->data=(ElemType *)malloc(QUEUESIZE*sizeof(SqQueue));
    if (Q->data==NULL)return 0;            // 存储分配失败
    Q->front=Q->rear=0;
    return 1;
}
```

【算法 3-19：求队列的长度】

```
//返回队列的元素个数，即队列的长度
int QueueLength(SqQueue Q)
{
    return (Q.rear-Q.front+QUEUESIZE) % QUEUESIZE;
}
```

【算法 3-20：获取队头元素】

```
//若队列不空，则用e返回队头元素，并返回1，否则返回0
int GetFront(SqQueue Q,ElemType *e)
{
    if (Q.front == Q.rear)  return 0;       //队列为空
    *e= Q.data[Q.front] ;
   return 1;
}
```

【算法 3-21：进队】

```
// 插入元素e为Q的新队尾元素，如果成功，返回1；如果失败，返回0
int EnQueue (SqQueue *Q,ElemType e)
{
   if ((Q->rear+1) % QUEUESIZE == Q->front) return 0;    //队列满
   Q->data[Q->rear] = e;
   Q->rear = (Q->rear+1) % QUEUESIZE;        //队尾后移一位
   return 1;
}
```

【算法 3-22：出队】

```
//若队列不空，则删除Q的队头元素，用e返回其值，并返回1，否则返回0
int DeQueue (SqQueue *Q,ElemType *e)
{
    if (Q->front == Q->rear)  return 0;     //队列为空
   *e = Q->data[Q->front];
   Q->front = (Q->front+1) % QUEUESIZE;     //队头后移一位
   return 1;
}
```

【主函数】

```
int main()
{
    SqQueue q ;
    ElemType e;
    InitQueue(&q);                          //初始化队列
```

```
    //依次将 3、4、5、6 进队
    EnQueue (&q,3);EnQueue(&q,4);EnQueue(&q,5);EnQueue(&q,6);
    DeQueue(&q,&e);printf("出队的元素为:%d\n",e);//出队并打印队头
    EnQueue(&q,7);                          //7 进队
    DeQueue(&q,&e);                         //出队
    EnQueue(&q,8);                          //8 进队
    printf("队列中元素依次出队:");
    while((DeQueue(&q,&e))!=0)              //队中元素依次出队并打印
        printf("%3d",e);
    printf("\n");;
    return 0;
}
```

程序中，元素 3、4、5、6 进队后，队头元素是 3，出队打印的元素即为 3，然后 7 进队，队尾为 7，队头是 4，4 出队后，队头元素是 5，接下来 8 进队，队尾元素为 8，最后依次出队，按先进先出的顺序为：5、6、7、8。执行结果如图 3-12 所示。

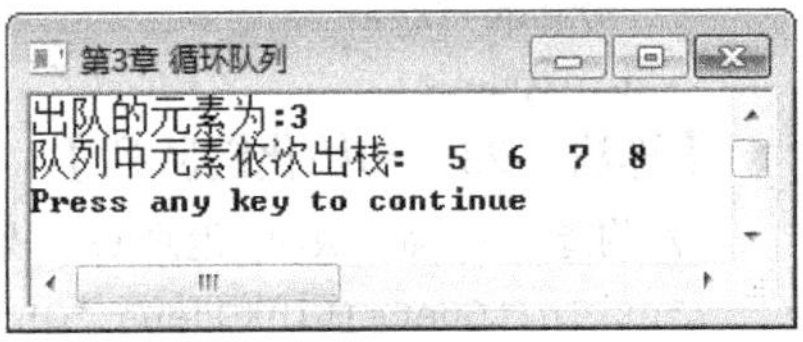

图 3-12　循环队列操作执行结果

3.2.3　链队列

用链表表示的队列称为链队列，如图 3-13 所示。一个链队列需要两个分别指示队头和队尾的指针才能唯一确定。和线性表的单链表一样，为了操作方便，在链队列中添加一个头结点，并令头指针指向头结点。由此，空的链队列的判决条件为头指针和尾指针均指向头结点，如图 3-14（a）所示，即 Q.front==Q.rear。

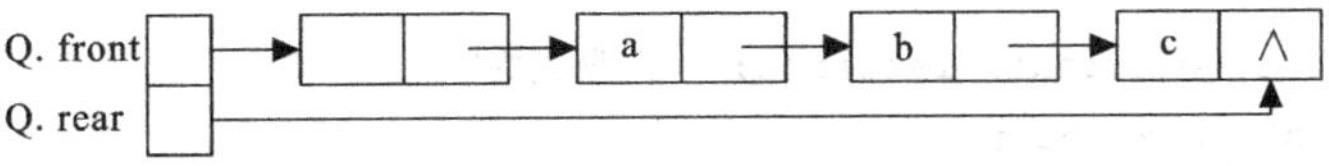

图 3-13　链队列

图 3-14（b）和（c）所示为链队进队操作，设待进队的元素由指针 p 指向，则进队操作需要修改队尾指针为：Q.rear->next=p；而图 3-14（d）所示为链队退队操作，退队时需要修改队头指针，其操作为：Q.front->next= Q.front->next ->next。

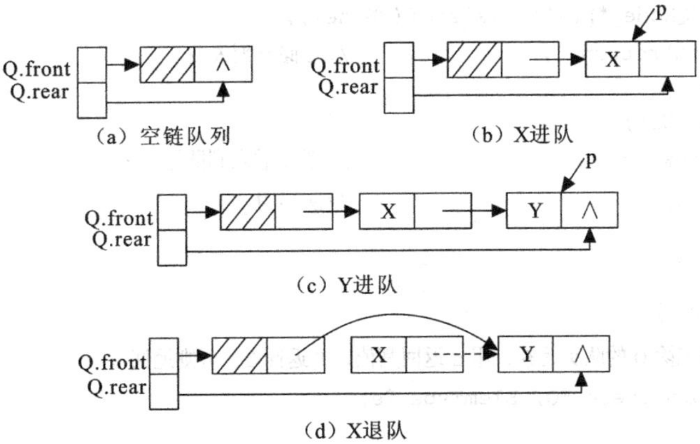

（a）空链队列　（b）X进队　（c）Y进队　（d）X退队

图 3-14　链队列示意图

链队列的基本操作如下。

【链队列的链式存储结构描述】

```
typedef int ElemType;                          //队列的存储类型
typedef struct QNode                           // 队列结点类型
{
    ElemType data;
    struct QNode  *next;
} QNode;
typedef struct                                 // 链队列类型
{
   QNode *front;                               // 队头指针
   QNode *rear;                                // 队尾指针
} LinkQueue;
```

【算法 3-23：初始化链队列】

```
//构造空队，如果成功，返回 1；如果失败，返回 0
int InitQueue(LinkQueue *Q)
{
    Q->front = Q->rear =(QNode *)malloc(sizeof(QNode));
    if (Q->front==NULL)return 0;              //存储分配失败
    Q->front->next = NULL;
    return 1;
}
```

【算法 3-24：取队头元素】

```
//若队列不空，则用 e 返回队头元素，并返回 1，否则返回 0
int GetFront(LinkQueue Q, ElemType *e)
{
    if (Q.front == Q.rear) return 0;          //队列为空
    *e= Q.front->next->data
   return 1;
}
```

【算法 3-25：进队】

```
// 插入元素 e 为 Q 的新队尾元素，如果成功，返回 1；如果失败，返回 0
int EnQueue (LinkQueue *Q, ElemType e)
{
    QNode *p=(QNode *)malloc(sizeof(QNode));
    if (p==NULL)return 0;                     //存储分配失败
    p->data = e;
    p->next = NULL;
    Q->rear->next = p;                        //把 p 插入到队尾
    Q->rear = p;                              //队尾为 p
    return 1;
}
```

【算法 3-26：出队】

```
//若队列不空，则删除 Q 的队头元素，用 e 返回其值，并返回 1，否则返回 0
int DeQueue (LinkQueue *Q, ElemType *e)
{
    QNode *p;
    if(Q->front==Q->rear)return 0;            //队列为空
```

```
    p=Q->front->next;                        //p 指向队头结点
    *e=p->data;
    Q->front->next=p->next;                  //front 的 next 域指向队头的后一结点
    if (Q->rear==p)
        Q->rear = Q->front;                  //如果队列中只有一个结点，则删除后，队列为空
    free (p);
    return 1;
}
```

【算法 3-27：判队空】

```
//若队列为空，则返回 1，否则返回 0
int QueueEmpty(LinkQueue Q)//
{
    if(Q.front == Q.rear)return 1;           //队列为空
    else return 0;                           //队列非空
}
```

3.3 栈和队列的应用举例

栈结构所具有的“先进后出”特性和队列具有的“先进先出”的特性，使得栈和队列成为程序设计中的有用工具。本节将介绍栈和队列应用的几个典型例子。

3.3.1 栈的应用之一：数制转换

将十进制数 N 转换为 r 进制的数，其方法是利用辗转相除法，以 N = 3467，r = 8 为例。转换方法如下：

N	N / 8 （整除）	N% 8（求余）	
3467	433	3	高
433	54	1	
54	6	6	
6	0	6	低

所以，$(3467)_{10} = (6613)_8$

所转换的八进制数按低位到高位的顺序产生，而通常的输出是从高位到低位的，恰好与计算过程相反。根据这个特点，我们可以利用栈来实现，即将计算过程中依次得到的 d 进制数按顺序进栈，计算结束后，再顺序出栈，并按出栈序列打印输出。这样即可得到给定的十进制数对应的 d 进制数。这是利用栈先进后出特性的最简单的例子。当然，本例用数组直接实现也完全可以，但用栈实现时，逻辑过程更清楚。

其算法思想如下。

当 N > 0 时，重复步骤①、②步。

① 若 N≠0，则将 N % r 压进栈 s 中，执行步骤②；若 N=0，将栈 s 的内容依次出栈，算法结束。

② 用 N / r 代替 N，执行步骤①。

【算法 3-28：数制转换算法一】

```
void Conversion(int N,int r)
{
    SqStack S;                    //定义一个顺序栈
    ElemType x;
    InitStack (&S);
    while(N>0)
    {
        Push(&S,N%r);             //余数入栈
        N=N/r;                    //商作为被除数继续
    }
    while(StackEmpty(S)!=1)
    {
        Pop(&S,&x);               //依次出栈
        printf("%d",x);           //输出出栈结果
    }
}
```

【算法 3-29：数制转换算法二】

```
void Conversion_1(int N,int r)
{
    int  S[NUM],top;              //定义一个顺序栈
    int   x;
    top = 0;                      //初始化栈
    while ( N>0 )
    {
      S[top++] = N % r;           //余数入栈
      N = N / r ;                 //商作为被除数继续
    }
    while (top>0)
    {
      x = S[--top];               //依次出栈
      printf("%d",x);             //输出出栈结果
    }
}
```

算法 3-28 是将栈的操作抽象为模块调用，使问题的层次更加清晰；算法 3-29 则直接使用数组建立了一个栈。

3.3.2 栈的应用之二：括号匹配

括号匹配问题也是计算机程序设计中常见的问题。为简化问题，假设表达式中只允许有两种括号：圆括号和方括号。嵌套的顺序是任意的，([]())或[([][])[]]等都为正确的格式，而[(])或(([)])等都是不正确的格式。

可能出现的不匹配情况有以下几种。

（1）到来的右括弧非所“期待”的，如输入“[([”，这时最期待的是“]”，如果这时输入的是一个“)”，则和左括弧不相匹配。

（2）到来的是“不速之客”，如输入“[( )]”，这时并不需要右括号，如果输入一个右括弧，则匹配不成功。

（3）直到结束，也没有到来所“期待”的括弧，如输入“[(( ))”，如果此时表达式结束，那么还有一个“[”没有匹配成功。

可以看到，检验括号是否匹配的方法可用“期待的急迫程度”这个特征来描述。即最后输入的左括号应最先被匹配，满足后进先出，所以，检验括号匹配的方法可以用到栈。

算法思想：如果括号序列不为空，重复步骤 1。

步骤 1：从括号序列中取出 1 个括号，分为两种情况。

（a）凡是左括弧，则进栈。

（b）凡出现右括弧，首先检查栈是否空，若栈空，则表明该“右括弧”多余，匹配失败。若栈不空，则和栈顶元素比较，若相匹配，则“左括弧出栈”，否则表明不匹配。

步骤 2：括号序列结束时，若栈空，则表明表达式匹配正确，否则表明“左括弧”有余，匹配失败。

【算法 3-30：括号匹配】

```
//括号匹配算法，exp 为括号序列，用字符数组存储，匹配失败返回 0，成功返回 1
int Matching(char exp[])
{
    int state = 1,i=0;
    SqStack S;                                  //定义一个顺序栈
    char ch;                                    //存储栈顶元素
    InitStack (&S);                             //初始化栈
    while (exp[i]!='\0'&& state==1)             //当 exp[i]=='\0'表示括号序列结束
    {
        switch (exp[i] )
        {
        case '(':
            Push(&S,exp[i]); i++; break;        //左括号进栈
        case ')':
            if(GetTop(S,&ch)!=0)
            {
                if(ch=='(')                     //左右括号匹配，出栈
                {
                    Pop(&S,&ch);  i++;
                }
                else state=0;
            }
            else  state = 0;
            break;
        }
    }
    if (StackLength(S)==0&&state==1) return 1;
    else return 0;
}
```

算法 3-30 中，括号匹配只实现了左、右圆括号的匹配问题，其他类型的括号匹配请读者根据算法思想自行添加。

3.3.3　栈的应用之三：表达式求值

表达式求值是高级语言编译中的一个基本问题，是栈的典型应用实例。任何一个表达式都是由操作数（OPND）、运算符（OPTR）和界限符（Delimiter）组成的。操作数既可以是常数，也可以是被说明为变量或常量的标识符；运算符可以分为算术运算符、关系运算符和逻辑运算符 3

类；基本界限符有左右括号、表达式结束符等。

为简化问题，我们仅讨论四则算术运算表达式，并且假设一个算术表达式中只包含加、减、乘、除、左圆括号和右圆括号等符号，并假设‘#’是表达式结束符。在计算机中，算术表达式中包含了算术运算符和算术量（常量、变量、函数），而运算符之间又存在着优先级，编译程序在求值时，不能简单地进行从左到右的运算，必须先运算级别高的，再运算级别低的，同一级运算从左到右。算术四则运算的规则如下。

（1）先括号内，后括号外。

（2）先乘除，后加减。

（3）同级别时，先左后右。

例如，3 + 4 *（5+6），我们要先计算括号中的 5+6，然后得到的结果再与 4 相乘，最后再和 3 相加。不同运算符的优秀级也不一样，从低到高排列为：+、−、*、/。

把运算符和界限符统称为算符。根据上述 3 条运算规则，在任意相继出现的算符 θ_1 和 θ_2 之间至多有下面 3 种关系之一。

（1）$\theta_1 < \theta_2$，θ_1 的优选权低于 θ_2。

（2）$\theta_1 = \theta_2$，θ_1 的优选权等于 θ_2。

（3）$\theta_1 > \theta_2$，θ_1 的优选权高于 θ_2。

表 3-3 所示为算符之间的这种优先关系，为了算法简洁，在表达式的最左边和最右边也虚设一个“#”，构成整个表达式的一对括号。

表 3-3　　算符之间的优先关系

θ_1 \ θ_2	+	−	*	/	(	)	#
+	>	>	<	<	<	>	>
−	>	>	<	<	<	>	>
*	>	>	>	>	<	>	>
/	>	>	>	>	<	>	>
(	<	<	<	<	<	=	
)	>	>	>	>		>	>
#	<	<	<	<	<		=

由表 3-3 可知以下几点。

（1）“#”的优先级最低，当“#” = “#”表示整个表达式结束。

（2）同级别的算符遇到时，左边算符的优先级高于右边算符的优先级，如“+”与“+”、“−”与“−”、“+”与“−”等。

（3）“(”在左边出现时，其优先级低于右边出现的算符，如“+”、“−”、“*”等，“(”=“)”表示括号内运算结束；“(”在右边出现时，其优先级高于左边出现的算符，如“+”、“−”、“*”等。

（4）“)”在左边出现时，其优先级高于右边出现的算符，如“+”、“−”、“*”等；“)”在右边出现时，其优先级低于左边出现的算符，如“+”、“−”、“*”等。

（5）“)”与“(”、“#”与“)”、“(”与“#”之间无优先关系，在表达式中不允许相继出现，如果出现，则认为是语法错误。

实现算符优先算法时需要使用两个工作栈：一个设为 OPTR，用以存放运算符；另一个设为

OPND，用以存放操作数或运算的中间结果。算法的基本过程如下。

首先初始化操作数栈 OPND 和运算符栈 OPTR，并将表达式起始符“#”压入运算符栈。

依次读入表达式中的每个字符，若是操作数，则直接进入操作数栈 OPND；若是运算符，则与运算符栈 OPTR 的栈顶运算符进行优先级比较，并做如下处理。

（1）若栈顶运算符的优先级低于刚读入的运算符，则让刚读入的运算符进 OPTR 栈。

（2）若栈顶运算符的优先级高于刚读入的运算符，则将栈顶运算符退栈，送入 θ 。同时，将操作数栈 OPND 退栈两次，得到两个操作数 a、b，对 a、b 进行 θ 运算后，将运算结果作为中间结果推入 OPND 栈。注意，先出栈的元素 a 为第二操作数，后出栈的 b 为第一操作数。

（3）若栈顶运算符的优先级与刚读入的运算符的优先级相同，说明左右括号相遇，只需将栈顶运算符（左括号）退栈即可。

当 OPTR 栈的栈顶元素和当前读入的字符均为“#”时，说明表达式起始符“#”与表达式结束符“#”相遇，整个表达式求值完毕。

例如，用栈求 3×4+(8−10/5)×2 的值，栈的变化如表 3-4 所示。

表 3-4　表达式求值时栈状态变化

步骤	操作数栈 OPND	运算符栈 OPTR	说　明
1		#	开始时，两栈为空，压入“#”到 OPTR 栈
2	3	#	读入“3”，是操作数，进入 OPND 栈
3	3	#×	读入“×”，优先级高于“#”，进入 OPTR 栈
4	3 4	#×	读入“4”，是操作数，进入 OPND 栈
5	12	#	读入“+”，优先级低于“×”，“×”出栈运算，3×4=12，结果压入 OPND 栈
6	12	#+	读入“+”，优先级高于“#”，进入 OPTR 栈
7	12	#+(	读入“(”，优先级高于“+”，进入 OPTR 栈
8	12 8	#+(	读入“8”，是操作数，进入 OPND 栈
9	12 8	#+(−	读入“−”，优先级高于“(”，进入 OPTR 栈
10	12 8 10	#+(−	读入“10”，是操作数，进入 OPND 栈
11	12 8 10	#+(−/	读入“/”，优先级高于“−”，进入 OPTR 栈
12	12 8 10 5	#+(−/	读入“5”，是操作数，进入 OPND 栈
13	12 8 2	#+(−	读入“)”，优先级低于“/”，“/”出栈运算，10/5=2，结果压入 OPND 栈
13	12 4	#+(	读入“)”，优先级低于“−”，“−”出栈运算，8−2=4，结果压入 OPND 栈
13	12 4	#+	读入“)”，左右括号相遇，优先级相等，脱括号继续读取下一元素
14	12 4	#+×	读入“×”，优先级高于“+”，进入 OPTR 栈
15	12 4 2	#+×	读入“2”，是操作数，进入 OPND 栈
16	12 8	#+	读入“#”，优先级低于“×”，“×”出栈运算，4×2=8，结果压入 OPND 栈
17	20	#	读入“#”，优先级低于“+”，“+”出栈运算，12+8=20，结果压入 OPND 栈
18	20	#	读入“#”，OPTR 栈也是“#”，表达式求值结束，OPND 栈中栈顶元素为计算结果

【算法 3-31：表达式求值】

```
int ExpEvaluation()                //读入一个简单算术表达式并计算其值
```

```
{
    char ch;                //ch用于保存读入的表达式的字符/
    char theta,a,b;         //运算符，第1、第2操作数
    int v=0;                //计算结果
    SqStack OPTR,OPND;      //设OPTR和OPND分别为运算符栈和操作数栈
    InitStack (&OPTR);InitStack (&OPND);   //初始化栈
    Push(&OPTR,'#');
    printf("Please input an expression(Ending with #):");
    scanf("%c",&ch);
    GetTop(OPTR,&theta);
    while(ch!='#'||theta!='#')
    {
        //In()用于判断字符ch是否是运算符,
        //是运算符返回1，是操作数返回0，该函数请读者自行补充
        if(In(ch)!=1)           //不是运算符进栈
        {
            int temp;           //存放数字的临时变量
            temp=ch-'0';        //将字符转换为十进制数
            ch=getchar();
            //用ch逐个读入操作数的各位数码，并转化为十进制数
            while(In(ch)!=1)  //将逐个读入的操作数各位转化为十进制数
            {
                temp=temp*10+ch-'0'; ch=getchar();
            }
            Push(&OPND,temp); //不是运算符进栈
        }
        else
        {
            //Precede()用于判断栈顶元素和表达式当前元素的优先级,
            //返回'<'、'>'、'='，该函数请读者自行补充
            GetTop(OPTR,&theta);
            switch(Precede (theta,ch))
            {
            case'<':            // 栈顶元素优先权低,进栈
                Push(&OPTR,ch); ch=getchar();break;
            case '=' :          //优先权相等，脱括号并接收下一字符
                Pop(&OPTR,&ch); ch=getchar(); break;
        case '>' :              //栈顶元素优先权高，退栈并将运算结果进栈
            Pop(&OPTR,&theta); Pop(&OPND,&b); Pop(&OPND,&a);
            // Operate()将a、b作为第一、第二操作数，theta作为运算符
            //进行计算，返回计算结果，该函数请读者自行补充
              Push(&OPND,Operate(a, theta,b));
          break;
            }
        }
    }
    while(Pop(&OPND,&ch)!=0)  //从栈中取出所有的数字字符，转换为对应的整数
    {
        v=v*10+ch-'0';
    }
    return(v);
}
```

3.3.4　队列的应用之一：模拟服务前台的排队现象问题

在日常生活中，我们经常会遇到许多为了维护社会正常秩序而需要排队的情景。这类活动的模拟程序通常需要用到队列和线性表之类的数据结构，因此是队列的典型应用例子之一。这里，我们介绍一个银行业务的模拟程序。

某银行有一个客户办理业务站，在单位时间内随机地有客户到达，设每位客户的业务办理时间是某个范围内的随机值，设只有一个窗口、一位业务人员，要求程序模拟统计在设定时间内业务人员的总空闲时间和客户的平均等待时间。假定模拟数据已按客户到达的先后顺序依次存于某个正文数据文件中，对应每位客户有两个数据，即到达时间和需要办理业务的时间。

【客户的信息结构】

```
struct Client
{
    int arrive;
    int treat;
};
```

【算法描述】

（1）设置统计初值。

（2）设置当前时钟的时间为 0。

（3）循环：约定每轮循环处理一位客户。

① 输入客户信息。

② 如果下一位客户的到达时间在当前客户处理结束之前，则客户信息进队。

③ 如果等待队列为空，但还有客户则：

- 累计业务员等待时间；
- 将时钟推进到暂存变量中的客户的到达时间；
- 客户信息进队；
- 出队一位客户信息；
- 累计客户人数；
- 累计到客户的总等待时间；
- 设定业务办理结束时间；
- 时钟推进到当前客户办理结束时间。

（4）计算统计结果，并输出。

【算法 3-32：银行业务模拟】

```
void BankQueue()
{
    int dwait=0,clock=0,wait=0,count=0,finish=0;
    Client temp,curr;
    SqQueue Q;
    InitQueue(&Q);
    do                          //约定每轮循环，处理一位客户
    {
        printf("客户模拟到达时间和需要办理业务的时间：(到达时间为 0，则表示结束)");
        scanf("%d%d",&temp.arrive,&temp.treat);
        //下一位客户的到达时间在当前客户处理结束之前
        if(temp.arrive>0 && temp.arrive<=finish)
```

```
            {
                EnQueue(&Q,temp);           // 暂存变量中的客户信息进队
            }
        if(QueueEmpty(Q)==1&& temp.arrive>0)      //等待队列为空，但还有客户
            {
                dwait+=temp.arrive-clock;       //累计业务员总等待时间
                clock=temp.arrive;              //时钟推进到暂存变量中的客户的到达时间
                EnQueue(&Q,temp);               //暂存变量中的客户信息进队
            }
            if(temp.arrive>0)
            {
                DeQueue(&Q,&curr);              //出队一位客户信息
                count++;                        //累计客户人数
                wait+=clock-curr.arrive;        //累计到客户的总等待时间
                finish=clock+curr.treat;        //设定业务办理结束时间
                clock=finish;                   // 时钟推进到当前客户办理结束时间
            }
        }while(temp.arrive>0);
        printf("\t结果: \n\t业务员等待时间:%d\n",dwait);
        printf("\t客户平均等待时间:%.0f\n",(double)wait/count);
        printf("\t模拟总时间:%d\n",clock);
        printf("\t客户人数:%d\n",count);
        printf("\t总等待时间:%d\n",wait);
    }
    int main()
    {
        BankQueue();
    }
```

程序执行结果如图 3-15 所示。

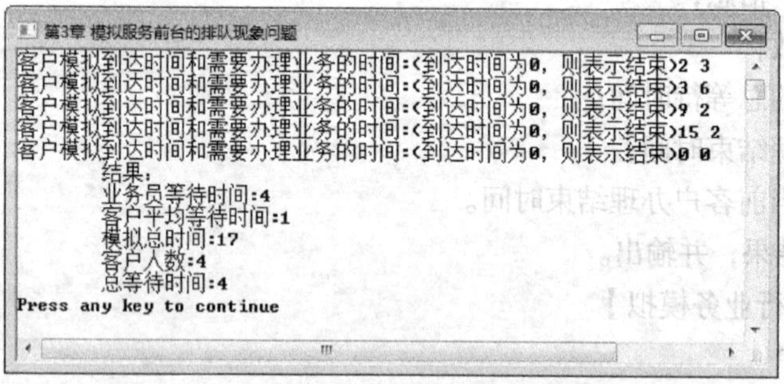

图 3-15 模拟服务前台的排队现象

3.3.5 队列的应用之二：模拟打印机缓冲区

当主机将数据输出到打印机时，会出现主机速度与打印机的打印速度不匹配的问题。这时，主机就要停下来等待打印机。显然，这样会降低主机的使用效率。为此，人们设想了一种办法：为打印机设置一个打印数据缓冲区，当主机需要打印数据时，先将数据依次写入这个缓冲区，写满后主机转去做其他的事情，而打印机就从缓冲区中按照先进先出的原则依次读取数据并打印，

这样做既保证了打印数据的正确性，又提高了主机的使用效率。由此可见，打印机缓冲区实际上就是一个队列结构。

3.4 项目实例

3.4.1 项目说明

1. 基本要求

迷宫求解是栈的一个典型应用，迷宫中有很多墙壁，对前进方向形成了多处障碍，其问题的要求是寻找从入口到出口的一条通路。图 3-16 所示为算法对某一迷宫进行求解所获得的一条通路。

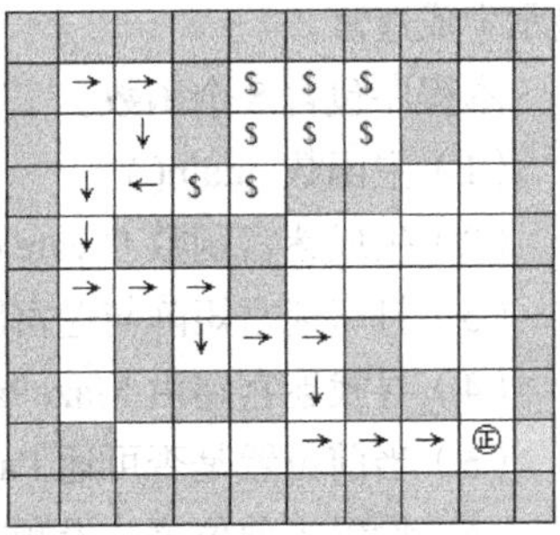

图 3-16　迷宫图示

2. 信息描述

系统需要生成一个 N×M(N 行 M 列)的迷宫，完成迷宫的组织和存储，并实现迷宫路由算法。其中，N 和 M 默认值为 20 和 20，迷宫的入口和出口可以任意指定。

通过分析，可以使用二维数组 maze[M+1][N+1]表示迷宫。其中，M、N 为迷宫的行、列数。当元素值为 0 时，表示该点是通路，当元素值为 1 时，表示该点是墙。在迷宫中的每一点都有 4 种方向可以走，可以用数字 2～5 来表示每一个方向上的横、纵坐标的偏移量，可用另一个二维数组 backup[M+1][N+1]记录节点的访问情况。

3. 功能描述

要求实现迷宫问题的相关操作，包括迷宫的组织和存储，并实现迷宫路由算法（即查找迷宫路径）。

3.4.2 问题分析

迷宫求解可以采用“穷举”法，即从入口出发，顺某一方向往前探索，若能走通，则继续往前走，否则沿原路退回，换一个方向再继续探索，直至所有可能的通路都探索到为止。为了保证在任何位置上都能沿原路退回，显然需要用一个栈来保存从入口到当前位置的路径。

迷宫是一个矩形区域，如图 3-16 所示，图中的每个方块或为通道（空白方块），或为墙（灰色方块），假设“当前位置”指在搜索过程中某一时刻所在图中某个方块的位置，则迷宫中一条路径的算法的基本思想如下。

（1）若当前位置“可通”，则纳入路径，继续前进到“下一位置”，即“下一位置”为“当前位置”，如此重复直至到达出口。

（2）若当前位置“不可通”，则后退到“前一通道块”，然后换方向继续探索。

（3）若该通道块的四周 4 个方块“均无通路”，则将“当前位置”从路径中删除出去。

这里的“下一位置”指的是“当前位置”四周 4 个方向（东、南、西、北）上相邻的方块，“可通”指的是未曾走到过的通道块，即要求该方块位置不仅是通道块，而且既不在当前路径上，也不是曾经纳入过路径的通道块。

3.4.3 系统设计

为了实现上述功能，需要完成以下步骤。

① 构造一个二维数组 maze[M+1][N+1]，用于存储迷宫矩阵。另外，构造一个二维数组 backup[M+1][N+1]，用于备份迷宫矩阵，以备重新指定入口和出口，进行新的迷宫求解。

② 生成迷宫，即为二维数组 maze[M+1][N+1]赋值。

③ 构造一个堆栈，用于存储迷宫路由。

④ 建立迷宫节点 ElemType，用于存储迷宫中每个访问过的节点及方向。

⑤ 实现迷宫路由算法，查找迷宫路径。如果找到路径，则显示路径，否则提示无通路，同时显示生成迷宫。

本程序包含 8 个函数。

（1）主函数 main( )。

（2）生成迷宫函数 Create ( )。

（3）打印迷宫矩阵与迷宫路由 PrintPath ( )。

（4）寻找迷宫路由 MazePath ( )。

（5）当前位置是否可通 Pass( )。

（6）设置当前位置为沿顺时针方向旋转的下一相邻块 NextPos( )。

（7）设置当前位置的路径标记 MarkPrint( )。

（8）将迷宫矩阵复制到备份矩阵 BackupMaze ( )。

各函数之间的关系如图 3-17 所示。

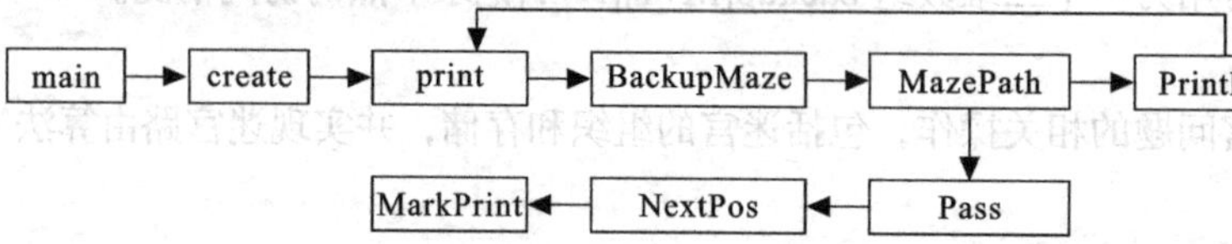

图 3-17 各函数间关系图

3.4.4 系统实现

1. 数据结构

```
ttypedef struct                        //坐标位置
{
    int row;                           //行
    int col;                           //列
}PosType;
typedef struct                         //通道块
{
    PosType seat;                      //通道块在迷宫中的坐标位置
    int dir;                           //从此通道块走向下一通道块的方向
}ElemType;
```

迷宫数组的值和方向都以整数来表示，数字对应的意义如下。

（1）“0”：该通道块可通（未曾走过）。

（2）“1”：墙。

（3）“2”：该通道块的下一位置是东（左）邻块。

（4）“3”：该通道块的下一位置是南（下）邻块。

（5）“4”：该通道块的下一位置是西（右）邻块。

（6）“5”：该通道块的下一位置是北（上）邻块。

（7）“6”：该通道块的4个方向均不可通。

（8）“7”：该通道块为出口。

2. 生成迷宫4

Create()函数用于生成迷宫。系统以“0”表示一个通道块，“1”表示墙。函数首先将矩阵所有位置都置为通道块（“0”），然后再随机选择矩阵中 M×N 位置中的一点，随机赋值为“0”或“1”，程序流程图如图3-18所示。

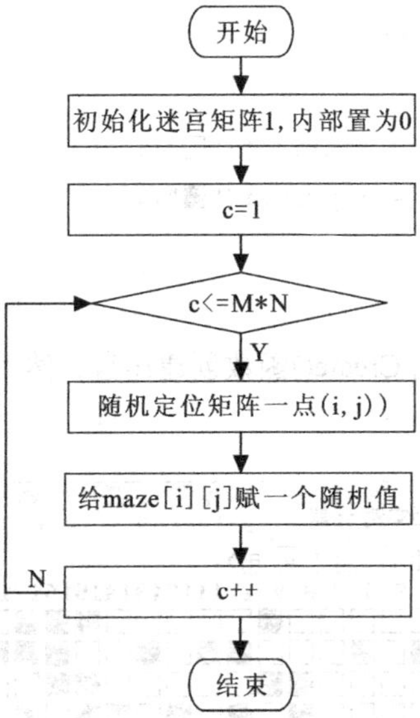

图3-18 创建迷宫流程图

算法如下所示。

```
void Create(int maze[][N+1])                    //建立迷宫
{
    int i,j,c;
    srand( (unsigned)time( NULL ) );            //以时间产生随机种子
    for(i=1;i<=M;i++)
        for(j=1;j<=N;j++)
            maze[i][j]=0;                       //初始化矩阵为“0”
    for(c=1;c<=M*N;c++)                         //随机选择位置赋予一个随机的0或1
    {
        i=(int)(rand()%M)+1;
        j=(int)(rand()%N)+1;
        maze[i][j]=(int)(rand()%2);             //随机矩阵
    }
}
```

3. 打印迷宫矩阵

print ()函数用于将迷宫矩阵显示出来。程序代码如下所示。

```
void Print(int maze[][N+1])                    //打印迷宫矩阵
{
    int i,j,z;
    printf("\n迷宫图形如下(白色可通): \n");
    printf("  ");
    for(z=1;z<=N;z++)                          //在图形上方标明列号
    {
        if(z<10) printf("%d ",z);
        else printf("%d",z);
    }
    for(i=1;i<=M;i++)
    {
        printf("\n");
        if(i<10) printf("%d ",i);              //矩阵左方标明行号
        else printf("%d",i);
        for(j=1;j<=N;j++)
        {
            if(maze[i][j]==0) printf("□");
            if(maze[i][j]==1) printf("■");
        }
    }
}
```

程序运行后，主函数首先调用 Create()函数创建迷宫，然后调用 Print()函数显示创建的迷宫，程序运行界面如图 3-19 所示。

图 3-19　创建迷宫运行结果

4. 迷宫求解

迷宫求解的流程图如图 3-20 所示。

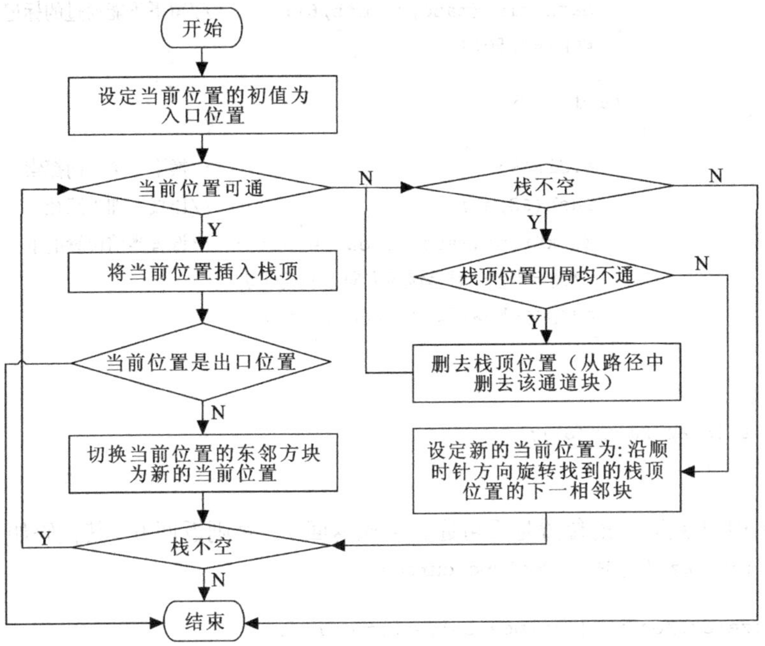

图 3-20　迷宫求解流程图

Mazepath()函数用于完成迷宫求解，代码如下。

```
int MazePath(int maze[][N+1],PosType start,PosType end)
{
    PosType curpos;
    ElemType e;
    LinkStack S;                                //声明一个栈
    InitStack(&S);                              //初始化栈
    curpos=start;                               //设置“当前位置”为“入口位置”
    do{
        if(Pass(maze,curpos)==1)                //当前位置可以通过
        {
            MarkPrint(maze,curpos,2);           //设置当前位置的下一通道方向为“东”方
            e.seat=curpos; e.dir=2;
            Push(&S,e);                         //压栈，加入路径
            if(curpos.row==end.row&& curpos.col==end.col)
            {
                MarkPrint(maze,curpos,7);       //设置当前位置为出口
                return 1;                       //到达出口
            }
            curpos=NextPos(curpos,2);           //下一位置是当前位置的东邻块
        }
        else                                    //当前位置不通
        {
            if(!StackEmpty(S))
            {
                Pop(&S,&e);                     //取出栈顶元素，即前一通道块
                while(e.dir==5 && !StackEmpty(S))  //4 个方向都走过
                {
```

```
                MarkPrint(maze,e.seat,6);      //留下不能通过的标记,并退一步
                Pop(&S,&e);
            }
            if(e.dir< 5)
            {
                e.dir++;                       //换下一个方向探索
                Push(&S,e);                    //压栈，加入路径
                MarkPrint(maze,e.seat,e.dir);  //设置当前位置的下一通道方向
                //设定当前位置是该新方向上的相邻块
                curpos=NextPos(e.seat,e.dir);
            }
        }
    }
}while(!StackEmpty(S));
return 0;
}
```

函数 Pass( )用于判断当前位置是否可通，可通返回 1，否则返回 0，其代码如下。

```
int Pass(int maze[][N+1],PosType curpos)
{
    if(maze[curpos.row][curpos.col]==0)return 1;
    else return 0;
}
```

函数 NextPos ( )用于获得并返回下一位置，参数 i 表示方向，2、3、4、5 分别表示东、南、西、北 4 个方向，其代码如下。

```
PosType NextPos(PosType curpos,int i)
{
    PosType cpos;
    cpos=curpos;
    switch(i)                          //2、3、4、5 分别表示东、南、西、北方向
    {
    case 2:cpos.col+=1; break;         //下一位置为东方
    case 3:cpos.row+=1; break;         //下一位置为南方
    case 4:cpos.col-=1; break;         //下一位置为西方
    case 5:cpos.row-=1; break;         //下一位置为北方
    default:exit(0);
    }
    return cpos;
}
```

函数 MarkPrint ( )用于对已走过的通道进行标记，其代码如下。

```
void MarkPrint(int maze[][N+1],PosType curpos,int i) //对已走过的通道进行标记
{
   maze[curpos.row][curpos.col]=i;
};
```

5. 输出迷宫通路的字符图形

PrintPath ( )用于输出迷宫通路的字符图形，函数用字符↑、←、→或↓表示通路的方向，其所有的操作都是在备份矩阵 backup[][]上，为 0 和 6 时输出“□”，为 1 输出“■”，为 2 输出“↑”，为 3 时输出“←”，为 4 时输出“→”，为 5 时输出“↓”，为 7 时输出“㊣”（表示出口）。其代码如下。

```
void PrintPath(int maze[][N+1])
```

```
{
    int z,i,j;
    printf("图形通路如下: \n");printf("  ",z);
    for(z=1;z<=N;z++)                        //在图形上方标明列号
    {
        if(z<10)  printf("%d ",z);
        else  printf("%d",z);
    }
    for(i=1;i<=M;i++)
    {
        printf("\n");
        if(i<10) printf("%d ",i);            //矩阵左方标明行号
        else printf("%d",i);
        for(j=1;j<=N;j++)
        {
            if(maze[i][j]==0||maze[i][j]==6) printf("□");
            if(maze[i][j]==1) printf("■");
            if(maze[i][j]==2) printf("→");
            if(maze[i][j]==3) printf("↓");
            if(maze[i][j]==4) printf("←");
            if(maze[i][j]==5) printf("↑");
            if(maze[i][j]==7) printf("㊣");
        }
    }
}
```

创建迷宫后，用户输入迷宫入口和出口坐标，要注意输入的数字是代表迷宫的横、纵坐标值。当系统得到入口和出口值后，会把这些值作为参数传递到 MazePath()函数中，用于迷宫求解。如果输入的入口和出口没有构成通路，那么系统最后会显示无通路。如果构成了通路，那么系统会调用 PrintPath ( )函数打印出通路，如图 3-21 所示。

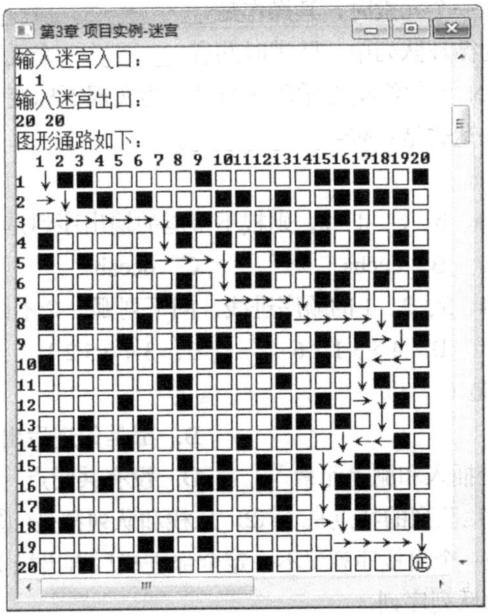

图 3-21　迷宫求解运行结果

3.5 习题与解析

一、填空题

1. ＿＿＿＿＿＿是限定仅在表尾进行插入或删除操作的线性表。

2. 栈和队列都是＿＿＿＿＿＿＿结构，栈只能在＿＿＿＿＿＿＿插入和删除元素；队列只能在＿＿＿＿＿＿插入和＿＿＿＿＿＿删除元素。

3. 栈是一种特殊的线性表，允许插入和删除运算的一端称为＿＿＿＿＿＿，不允许插入和删除运算的一端称为＿＿＿＿＿＿。

4. ＿＿＿＿＿＿是被限定为只能在表的一端进行插入运算，在表的另一端进行删除运算的线性表。

5. 向栈中压入元素的操作是先＿＿＿＿＿＿，后＿＿＿＿＿＿。(栈顶指针指向栈顶元素的下一位置)

6. 顺序栈用data[1..n]存储数据，栈顶指针是top，则值为x 的元素入栈的操作是＿＿＿＿＿＿ (设top 指向栈顶元素)。

7. 设有一个空栈， 栈顶指针为 1000H（十六进制），现有输入序列 1、2、3、4、5，经过PUSH、PUSH、POP、PUSH、POP、PUSH、PUSH 之后，输出序列是＿＿＿＿＿＿，而栈顶指针值是＿＿＿＿＿＿H。（设栈为顺序栈，每个元素占 4 个字节）。

8. 用 S 表示入栈操作，X 表示出栈操作，若元素入栈的顺序为 1234，为了得到 1342 的出栈顺序，相应的 S 和 X 的操作串为＿＿＿＿＿＿。

9. 多个栈共存时，最好用＿＿＿＿＿＿作为存储结构。

10. 在栈顶指针为 HS 的链栈中，判定栈空的条件是＿＿＿＿＿＿。

11. 在一个循环队列中，队首指针指向队首元素的＿＿＿＿＿＿位置。

12. 从循环队列中删除一个元素时，其操作是＿＿＿＿＿＿，后＿＿＿＿＿＿。

13. 在具有 *n* 个单元的循环队列中，队满时共有＿＿＿＿＿＿个元素。

14. 用下标 0 开始的 N 元数组实现循环队列时，为实现下标变量 M 加 1 后在数组有效下标范围内循环，可采用的表达式是：M= ＿＿＿＿＿＿。

二、单项选择题

1. 一个栈的入栈序列 a、b、c、d、e，则栈不可能的输出序列是（　　）。

   A. edcba　　B. decba　　C. dceab　　D. abcde

2. 6 个元素按 6、5、4、3、2、1 的顺序进栈，问下列哪一个不是合法的出栈序列？（　　）

   A. 543612　　B. 453126　　C. 346521　　D. 234156

3. 栈和队列的共同点是（　　）。

   A. 都是先进先出　　B. 都是先进后出

   C. 只允许在端点处插入和删除元素　　D. 没有共同点

4. 栈的特点是（ ① ），队列的特点是（ ② ），栈和队列都是（ ③ ）。若进栈序列为 1、2、3、4，则（ ④ ）不可能是一个出栈序列（不一定全部进栈后再出栈）；若进队列的序列为 1、2、3、4，则（ ⑤ ）是一个出队列序列。

   ①、②:　A. 先进先出　　B. 后进先出　　C. 进优于出　　D. 出优于进

③:　A. 顺序存储的线性结构　B. 链式存储的线性结构

C. 限制存取点的线性结构　D. 限制存取点的非线性结构

④、⑤:　A. 3,2,1,4　B. 3,2,4,1　C. 4,2,3,1

D. 4,3,2,1　E. 1,2,3,4　F. 1,3,2,4

5. 设栈 S 和队列 Q 的初始状态为空，元素 e1，e2，e3，e4,e5 和 e6 依次通过栈 S，一个元素出栈后即进队列 Q。若 6 个元素出队的序列是 e2，e4，e3,e6,e5,e1 则栈 S 的容量至少应该是（　　）。

A. 6　B. 4　C. 3　D. 2

6. 栈结构通常采用的两种存储结构是（　　）。

A. 顺序存储结构和链式存储结构　B. 散列方式和索引方式

C. 链表存储结构和数组　D. 线性存储结构和非线性存储结构

7. 若一个栈以向量 V[1..n]存储，初始栈顶指针 top 为 n+1，则下面 x 进栈的正确操作是(　　)。

A. top=top+1; V [top]=x　B. V [top]=x; top=top+1

C. top=top-1; V [top]=x　D. V [top]=x; top=top-1

8. 判定一个栈 ST（最多元素为 N）为空的条件是（　　）。

A. ST->top!=0　B. ST->top==0

C. ST->top!=N　D. ST->top==N

9. 判定一个栈 ST（最多元素为 N）为栈满的条件是（　　）。

A. ST->top!=0　B. ST->top==0

C. ST->top!=N　D. ST->top==N

10. 向一个栈顶指针为 HS 的链栈中插入一个 s 所指结点时，则执行（　　）。(不带头结点)

A. HS->next=s;　B. s->next= HS->next; HS->next=s;

C. s->next= HS; HS=s;　D. s->next= HS; HS= HS->next;

11. 从一个栈顶指针为 HS 的链栈中删除一个结点时，用 x 保存被删结点的值，则执行(　　)。(不带头结点)

A. x=HS; HS= HS->next;　B. x=HS->data;

C. HS= HS->next; x=HS->data;　D. x=HS->data; HS= HS->next;

12. 若栈采用顺序存储方式存储，现两栈共享空间 V[1..m]，top[i]代表第 $i(i=1,2)$个栈的栈顶，栈 1 的底在 v[1]，栈 2 的底在 V[m]，则栈满的条件是（　　）。

A. top[2]-top[1]|=0　B. top[1]+1=top[2]

C. top[1]+top[2]=m　D. top[1]=top[2]

13. 判定一个循环队列 QU（最多元素为 N）为空的条件是（　　）。

A. QU->front= =QU->rear　B. QU->front!=QU->rear

C. QU->front= =（QU->rear+1）%N　D. QU->front!=（QU->rear+1）%N

14. 判定一个循环队列 QU（最多元素为 N）为满队列的条件是（　　）。

A. QU->front==QU->rear　B. QU->front!=QU->rear

C. QU->front==（QU->rear+1）%N　D. QU->front!=（QU->rear+1）%N

15. 循环队列用数组 A[0，m-1]存放其元素值，已知其头尾指针分别是 front 和 rear，则当前队列中的元素个数是（　　）。

A. (rear-front+m)%m　B. rear-front+1

C. rear-front-1　　　　　　　　　　D. rear-front

16. 循环队列存储在数组 A[0..m]中，则入队时的操作为（　　）。

A. rear=rear+1　　　　　　　　　　B. rear=(rear+1) % (m-1)

C. rear=(rear+1) % m　　　　　　　D. rear=(rear+1)%(m+1)

三、判断题

（　　）1. 栈是一种对所有插入、删除操作限于在表的一端进行的线性表，是一种后进先出型结构。

（　　）2. 对于不同的使用者，一个表结构既可以是栈，也可以是队列，也可以是线性表。

（　　）3. 栈和队列的存储方式既可是顺序方式，也可是链接方式。

（　　）4. 两个栈共享一片连续内存空间时，为提高内存利用率，减少溢出机会，应把两个栈的栈底分别设在这片内存空间的两端。

（　　）5. 队列是一种插入与删除操作分别在表的两端进行的线性表，是一种先进后出型结构。

（　　）6. 一个栈的输入序列是 12345，则栈的输出序列不可能是 12345。

四、算法设计题

1. 设用一维数组 stack[n]表示一个堆栈，若堆栈中一个元素需占用 length 个数组单元（length >1），试写出其入栈、出栈操作的算法。

2. 试编写一个遍历及显示队列中元素的算法。

3. 设一循环队列 Queue，只有头指针 front，不设尾指针，另设一个内含元素个数的计数器，试写出相应的进队、出队算法。

4. 设计一算法，使其能判断一个算术表达式中的圆括号配对是否正确。（提示：对表达式进行扫描，凡遇到“(”就进栈，遇到“)”就退出栈顶的“(”。表达式扫描完毕时，若栈为空，则圆括号配对正确。）

3.6 实　训

一、实训目的

1. 了解栈和队列的存储结构。

2. 掌握栈和队列的相关操作，并能用 C 语言实现。

二、实训内容

1. 利用本章提供的队列的算法，实现杨辉三角的输出。

2. 实现两栈共享空间的算法。

在一个程序中，如果需要同时使用具有相同数据类型的两个栈，除了为每个栈开辟一个数组空间，还可以使用一个数组来存储两个栈，让一个栈的栈底为该数组的始端，另一个栈的栈底为该数组的末端，每个栈从各自的端点向中间延伸，如图 3-22 所示。

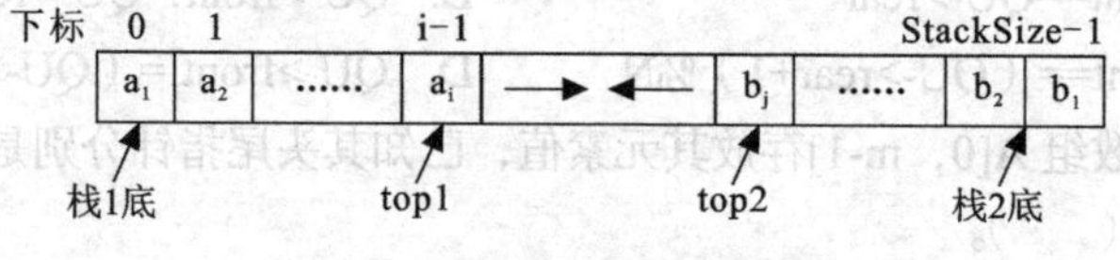

图 3-22　两栈共享空间示意图

其中，top1 和 top2 分别为栈 1 和栈 2 的栈顶指针，StackSize 为整个数组空间的大小。栈 1 的底固定在下标为 0 的一端；栈 2 的底固定在下标为 StackSize-1 的一端。

要求实现两栈共享存储空间的相关算法：初始化、进栈、出栈、取栈顶元素、置栈空以及判断栈是否为空。

实训内容 1 可以参考下面算法来实现。

```
typedef ElemType int;
void YangHuiTriangle( )
{
    int j,n,N;
    ElemType x,temp;
    printf("请输入行数: ");
    scanf("%d",&N);
    SqQueue Q;
    InitQueue (&Q);
    EnQueue (&Q,1);                    //第一行元素入队
    for(n=2;n<=N+1;n++)
    {
        EnQueue (&Q,1);                //第 n 行的第一个元素入队
        //利用队中第 n-1 行元素产生第 n 行的中间 n-2 个元素并入队
        for(int i=1;i<=n-2;i++)
        {
            DeQueue (&Q,&temp);
            printf("%3d ",temp);       // 打印第 n-1 行的元素
            GetFront(Q,&x);
            temp=temp+x ;              //利用队中第 n-1 行元素产生第 n 行元素
            EnQueue (&Q,temp);
        }
        DeQueue (&Q,&x);
        printf("%3d\n",x);             // 打印第 n-1 行的最后一个元素
        EnQueue(&Q,1);                 // 第 n 行的最后一个元素入队
    }
}
```

实训内容 2 可以参考下面算法来实现。

```
typedef ElemType int;
typedef struct
{
    ElemType stack[MAXSIZE];
    int  lefttop;                //左栈栈顶位置指示器
    int  righttop;               //右栈栈顶位置指示器
 } dupsqstack;

//创建两个共享邻接空间的空栈，指针 s 指向该空间
int initDupStack(dupsqstack *s)
{
    s=(dupsqstack*)malloc(sizeof(dupsqstack));
    if (s==NULL) return 0;
    s->lefttop= -1;
    s->righttop=MAXSIZE;
    return 1;
}
```

```
//把数据元素 x 压入左栈（status='L'）或右栈（status='R'）
int pushDupStack(dupsqstack *s,char status,ElemType x)
{
    if(s->lefttop+1==s->righttop) return 0;              //栈满
    if(status='L')  s->stack[++s->lefttop]=x;            //左栈进栈
   else if(status='R')  s->stack[--s->righttop]=x;       //右栈进栈
    else return 0;                                       //参数错误
    return 1;
}
//从左栈（status='L'）或右栈（status='R'）退出栈顶元素
int  popDupStack(dupsqstack *s,char status,ElemType *x)
{
    if(status=='L')
    {
        if (s->lefttop<0)
            return 0;                                    //左栈为空
        else
        {
            *x=s->stack[s->lefttop--];
            return 1;                                    //左栈出栈
        }
    }
    else if(status=='R')
    {
        if (s->righttop>MAXSIZE-1)
            return 0;                                    //右栈为空
        else
        {
            *x=s->stack[s->righttop++];
            return 1;                                    //右栈出栈
        }
    }
    else  return 0;                                      //参数错误
}
```

第4章 串、数组和广义表

总体要求

- 掌握串的特点、表示和实现方法
- 熟悉串的类型和作用
- 了解数组的表示和实现方法
- 掌握稀疏矩阵的定义和实现方法
- 了解广义表的定义、性质和相关操作

相关知识点

- 串的定义
- 串的存储结构及基本运算的实现
- 数组的逻辑结构特征及存储方式
- 特殊矩阵和稀疏矩阵的压缩存储方法
- 广义表的基本概念和存储结构

学习重点

- 串的逻辑结构、存储结构及其相关算法
- 串的操作应用
- 数组的表示
- 广义表的基本操作

学习难点

- 串操作的相关算法

计算机上非数值处理的对象基本是字符串数据。在较早的程序设计中，字符串是作为输入和输出常量出现的。随着语言加工程序的发展，产生了字符串处理，这样，字符串也就作为一种变量类型在越来越多的程序设计语言中出现，同时也产生了一系列字符串的操作。字符串一般简称为串。在汇编和语言的编译程序中，源程序和目标程序都是字符串数据。在事务处理程序中，顾客的姓名和地址以及货物的名称、产地和规格等一般也是作为字符串处理的，又如信息检索系统、文字编译程序、问答系统、自然语言翻译系统以及音乐分析程序等，都是以字符串数据作为处理对象的。

4.1 串的定义及其运算

4.1.1 串的基本概念

1. 串的定义

串即字符串（String），它是由零个或多个字符组成的有限序列，是数据元素均为字符型数据的特殊线性表，一般记作：

$$s="a_1a_2\cdots a_n" \ (n>=0)$$

其中，s 是串的**名字**；用成对的双引号括起来的字符序列是串的**值**（注意：在描述串时，要求串的值应该用一对双引号或单引号括起来，但是两边的引号不包括在串中，它的作用只是为了避免与字符串名或字符串值混淆而已，因此它们不能算是串的值），通常把字符在序列中的序号称之为该字符在串中的**位置**；串中字符的个数 *n* 称为串的**长度**。因此，串名、串值、位置和长度构成了串的 4 个要素。

2. 常用术语

空串：将不含有任何字符的串称之为空串，空串的长度为零（*n*=0）。为了方便区分，用符号“∅”来表示“空串”。

空白串：空格也可以作为一个元素存在于串的字符集合中。因此，只由一个或多个空格组成的串，称为空格串（注意它和空串的区别）。它的长度就是串中空格字符的个数。

子串：串中任意连续的字符组成的子序列称为该串的子串。空串是任意串的子串。任意串 s 都是 s 本身的子串，除 s 本身外，s 的其他子串称为 s 的真子串。

主串：包含子串的串相应地称为主串。

子串位置：子串的第一个字符在主串中的位置，称为子串位置。

例如：a="BEI",b="JING",c="BEIJING",d="BEI _JING"

串长分别为 3、4、7、8，且 a、b 都是 c、d 的子串。a 在 c 和 d 中的位置都是 1，而 b 在 c 中的位置是 4，在 d 中的位置则是 5。

串相等：当且仅当两个串的值相等时，称两个串是相等的。即只有当两个串的长度相等，并且各个对应位置上的字符也都相等时才表示两个串相等。在上例中，串 a、b、c 和 d 彼此都不相等。

3. 串与线性表的关系

串的逻辑结构和线性表很相似，区别仅在于串的数据对象约束为字符集，而线性表的数据对象则不限。但是，串的基本操作和线性表有很多差别。在线性表的基本操作中，大多数以“单个元素”作为操作对象，例如在线性表中删除一个元素，在指定位置插入一个元素，或查找表中的某个元素等等；而在串的基本操作中，通常以“串的整体”作为操作对象，例如在串中查找某个子串，在串的某个位置插入一个子串或删除一个子串等。

4.1.2 串的运算

抽象数据类型串的定义：

```
ADT String{
```

数据对象：D={ a_i | $a_i \in$ CharacterSet, i=1, 2, … , n, $n \geqslant 0$}

数据关系：R={ $< a_{i-1}, a_i >$ | $a_{i-1}, a_i \in$ D, i=2, … , n }

约定 a_n 端为串尾，a_1 端为串头

基本操作：

StrAssign(&T,chars)：串赋值，将 chars 赋值给串 T，输出一个其值等于 chars 的串 T。例如：设串 s1="abc123", s2="efghk456"，则有：StrAssign(s1,s2)、s1、s2 的值都是 efghk456。

strCopy(&T,S)：串复制，由串 S 复制得串 T。

StrEmpty(S)：判断串 S 是否为空。若串 S 为空串，则返回 TRUE，否则返回 FALSE。

StrCompare(S,T)：串比较。若 S=T，操作返回 0；若 S<T，操作返回-1；若 S>T，操作返回 1。“串值大小”是按“词典次序”进行比较的，例如：StrCompare("data","Stru")>0，而 StrCompare("case","cat")<0。

StrLength(S)：求串 S 的长度，返回串 S 中字符个数。例如：设串 s1="abc123",s2="efghk456"，则有：StrLength(s1)=6，StrLength(s2)=8。

ClearString(&S)：将串 S 清为空串。

Concat(&T,S1,S2)：串连接，用 T 返回由 S1 和 S2 连接而成的新串，例如：s1="abc"，s2="123"，则操作的结果是 T="abc123"。

SubString(&Sub,S,pos,len)：求子串，返回从串 S 的第 i 个字符开始长为 len 的子串。注意，应保证 1≤pos≤StrLength(S)，且 0≤len≤StrLength(S)-pos+1，例如：SubString(s,"abcdefghijk",3,4)，则操作的结果是 s="cdef"。

Index(S,T,pos)：子串定位,也称模式匹配输出子串 T 在主串 S 中首次出现的位置 pos,1<=pos<=StrLength(S)，若没有，返回 0。

Replace(&S,T,V)：串替换，在串 S 中用串 V 替换所有与串 T 相等的子串。

StrInsert(&S,pos,T)：串插入，将串 T 插入到串 S 的第 pos 个位置上，1<=pos<=StrLength(S)+1。

StrDelete(&S,pos,len)：串删除，删除串 S 中从第 pos 个字符开始连续 len 个字符，串 S 的长度减少了 len，1<=pos<=StrLength(S)+1。

DestroyString(&S)：销毁串，释放串所占用的存储空间。

}ADT String

【例 4-1】 设 s="I _AM _A_STUDENT",t="GOOD",q="TEACHER"，则：

StrLength(s) = 14

StrLength(t) = 4

SubString(&sub, s, 8, 7) = " STUDENT "

SubString(&sub, t, 2, 1) = "O"

Index(s, ‘A’)= 3 //返回字符 A 第一次出现的位置

Index(s, t)= 0 //s 中没有"GOOD"

Replace(&s, ‘STUDENT’, q)= " I_AM_A_TEACHER"

【例 4-2】 设 s="I _AM _A_STUDENT",t="GOOD",

求：Concat(SubString(s,6,2), Concat(t,SubString(s,7,8))) = ________

解答：因为：SubString(s,6,2) = " A_";

SubString(s,7,8) = "_STUDENT"

Concat(t,SubString(s,7,8)) = "GOOD_STUDENT"

所以：Concat(SubString(s,6,2), Concat(t,SubString(s,7,8)))

= "A_GOOD_STUDENT"

需要指出的是，在不同的高级语言中，对串运算的种类及表示符号都不尽相同，因此，应以该语言的参考手册为准。

4.2 串的存储结构

与线性表类似，串也有两种基本的存储结构：顺序存储结构和链式存储结构。考虑到存储效率与算法实现的方便性，串多数情况采用顺序存储结构。

4.2.1 顺序存储结构

串的顺序存储结构也称为顺序串，该存储结构类似于线性表的顺序存储结构，也用一组地址连续的存储单元存储串值的字符序列。但由于串中的元素全部是字符型，所以顺序结构的存放形式与顺序表有所区别。因此，与线性表的运算有所不同，串是以“串的整体”作为操作对象的。

串的顺序存储结构是用数组来存储串中的字符序列的。在串的顺序存储中，一般有两种方法表示串的长度。

（1） 在串尾存储一个不会在串中出现的特殊字符作为串的终结符，如在C语言中，以\0 表示串值的终结，如图4-1所示。

0	1	2	3	4	5	6	7	8	9	…… MaxSize-1
a	b	c	d	e	f	g	h	i	\0	空 闲

图4-1 串的顺序存储方式1

（2）用数组的0号单元存放串的长度，从1号单元开始存放串值，在PASCAL语言即采用这种表示方法，如图4-2所示。

0	1	2	3	4	5	6	7	8	9	…… MaxSize-1
9	a	b	c	d	e	f	g	h	i	空 闲

图4-2 串的顺序存储方式2

4.2.2 链式存储结构

和线性表的链式存储结构类似，也可以用链表方式存储串值。用链表存储串值，便于插入和删除。此时，将存储区域分成一系列大小相同的结点，当讨论仅限于单链表时，每个结点有两个域：data域，存放字符；next域，存放指向下一结点的指针。

在串的链式存储结构中，经常涉及结点的大小。所谓结点的大小是指结点的data 域可存放字符的个数。因此，可将串的链式存储结构分为两种。

（1）非压缩形式。（一个链表结点只存储一个字符）

当结点的大小为1 时，存储结构的具体形式如图4-3所示。

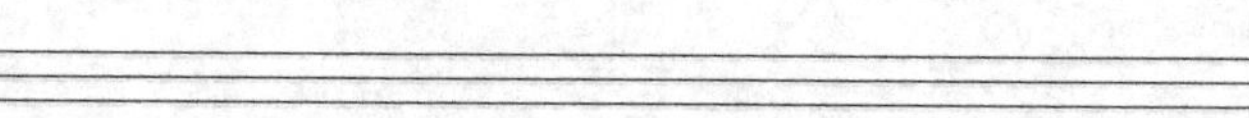

图4-3 结点大小为1 的链表

这种方式下，链表的存储密度（存储密度=串值所占的存储单元/实际分配的存储单元）较小，存储效率较低，但形式简单，有关串的运算最容易实现，特别是便于串的插入和删除运算，因为只需修改结点的指针域即可。

（2）压缩形式。（一个链表结点存储多个字符）

这种存储方式实际上是一种连续存储与链式存储相结合的结构。假定一个存储单元中可以存储 K（K>1）个字符，则一个结点的数据域就可以存放 K 个字符，但最后一个结点的数据域不一定正好填满，可用特殊符号(如“ # ”)来填充。此时，存储结构的具体形式如图 4-4 所示(假定 k=4)。

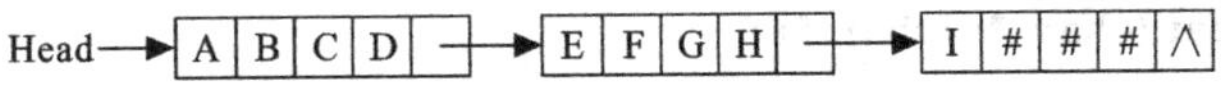

图 4-4　结点大小为 4 的链表

在这种方式下，链表的存储密度较大，存储效率较高，但运算速度相比结点大小为 1 时要慢些，特别是串的插入、删除运算不方便，每次插入、删除一个字符都会涉及该结点后所有结点值的变化。

4.3　串运算的实现

虽然串的逻辑结构与线性表相同，但它们的存储结构有所不同，而且操作也不同。线性表只能对单个结点操作，而串既可以对单个字符操作，也可以对整个串操作，还可以对连续的一组字符(子串)操作。因此，串是一种特殊的线性表，不同于对线性表的处理，它有自己独特的处理方法。

4.3.1　常用的 C 语言串函数

对于串的基本运算，很多高级语言均提供了相应的运算符或标准的库函数。C 语言的串库（string.h）中提供了许多字符串的操作函数，下面列举出几个常用的函数及其使用的方法。

假设已有以下定义的语句：

```
char str1[50]= “Happy birthday to” ,str2[]= “CDUESTC” ;
char temp[100];
```

1. 串复制函数

char *strcpy(char *s1, const char *s2)：将字符串 s2 复制到字符串数组 s1 中，并返回 s1 的值。

【例 4-3】 下列语句的输出结果是：　Happy birthday to

```
strcpy(temp,str1);
printf("strncpy result:%s\n",temp1);
```

也可以自己实现串复制函数，如算法 4-1 所示。

【算法 4-1：串复制】

```
//将串 t 的字符逐个赋给串 s
void StringCopy(char *s,char *t)
{
    while(*t!='\0')*s++=*t++;
    *s='\0';
}
```

注意，串 s 的长度要大于或等于串 t 的长度。

2. 串连接函数

char *strcat(char *s1, const char *s2)：将字符串 s2 添加到字符串 s1 的后面，并返回 s1 的值。

【例 4-4】 下列语句的输出结果是： strcat result:Happy birthday to CDUESTC

```
strcat(str1,str2)
printf("strcat result:%s\n",str1);
```

也可以自己实现串连接函数，如算法 4-2 所示。

【算法 4-2：串连接】

```
//将串 t 连接到串 s 的后面，构成一个新串
void StringConcat(char *s,char *t)
{
    while(*s!='\0')s++;
    while(*t!='\0')*s++=*t++;
    *s='\0';
}
```

注意，串 s 的长度要大于或等于原来串 s 的长度和串 t 的长度之和。

3. 串比较函数

int strcmp(const char *s1, const char *s2)：比较字符串 s1 和字符串 s2 的大小。函数在 s1 等于、小于或大于 s2 时，分别返回 0、小于 0 或者大于 0 的值。

【例 4-5】 下列语句的输出结果是： strcmp result:1

```
printf("strcmp result:%d\n",strcmp(str1,"Happ"));
```

也可自己实现串比较函数，如算法 4-3 所示。

【算法 4-3：串比较】

```
//按词典顺序比较串 s1 和串 s2 的大小，如果 s1> s2,则返回大于 0 的值
//如果 s1<s2,则返回小于 0 的值；如果 s1==s2，则返回 0
int StringCompare(char *s1,char *s2)
{
    int i = 0;
    while (s1[i] == s2[i] && (s1[i]!='\0'|| s2[i]!='\0'))
        i++; //继续比较
//返回两个字符的 ASCII 的差值，从而表示两个串的大小
    return (s1[i] - s2[i]);
}
```

4. 串长度函数

unsigned int strlen(const char *s)：确定字符串长度，返回终止符之前的字符数。

【例 4-6】 下列语句的输出的结果是： strlen result:7

```
printf("strlen result:%d\n",strlen(str2));
```

也可自己实现串长度函数，如算法 4-4 所示。

【算法 4-4：求串长】

```
//求串 s 中的元素个数（不包括结束标志\0）
int StringLength(char *s)
{
    int i=0;
    while(s[i]!='\0')i++;
    return i;
}
```

5. 求子串函数

char *strncpy(char *s1, const char *s2, size_tn)：将字符串 s2 中前面的 *n* 个字符复制到字符串数组 s1 中，返回 s1 的值。

【例 4-7】 下列语句的输出结果是： strncpy result:Happy

```
strncpy(temp,str1,5);
temp[5]='\0';
printf("strncpy result:%s\n",temp);
```

也可自己实现求子串函数，如算法 4-5 所示。

【算法 4-5：求子串】

```
//求串 t 中从第 pos 个位置开始一共 len 个字符的子串
//并赋值给串 sub。如果参数不正确，则返回 0，否则返回 1
int SubString(char t[], char sub[], int pos, int len)
{
    int strlen,i;
    strlen=StringLength(t);
    //位置合法性和长度合法性判断
    if(pos < 1 || pos >strlen ||len < 0||len >strlen - pos+1)
       return 0;
    i=0; //获取子串
    while(i<len){sub[i]=t[pos+i-1]; i++;}
    sub[i]='\0';
    return 1;
}
```

4.3.2 模式匹配

给定两个串 S="$s_1s_2\cdots s_n$" 和 T="$t_1t_2\cdots t_m$"，在主串 S 中寻找子串 T 的过程称为**模式匹配**，T 称为**模式串**。如果匹配成功，返回 T 在 S 中首次出现的存储位置(或序号)，否则匹配失败。

串的模式匹配算法的应用非常广泛，例如，在文本编辑程序中，常常需要查找某一特定单词在文本中出现的位置。下面介绍一种朴素的模式匹配算法（BF 算法）。

BF 算法的基本思想是：首先将 S_1 与 T_1 进行比较，若相同，就将 S_2 与 T_2 进行比较……，直到 S 的某一个字符 S_i 和 T_j 相同，再将它们之后的字符进行比较，若也相同，则继续往下比较，当 S 的某一个字符 S_i 与 T 的字符 T_j 不同时，则 S 返回到本趟开始字符的下一个字符，即 S_{i-j+2}，T 返回到 T_1，继续开始下一趟的比较，重复上述过程。若 T 中的字符全部比完，则说明本趟匹配成功，本趟的起始位置是 i-j+1，否则，匹配失败。

如 S = "ababcabcacbab"，T = "abcac"，则串的模式匹配操作如图 4-5 所示。当开始将 T 的第 1 个字符与 S 的第 1 个字符比较，前两对字符均都匹配，但第 3 对字符 a 与 c 不匹配；第 2 轮将 T 的第 1 个字符与 S 的第 2 个字符比较，可以发现 a 与 b 不匹配；第 3 轮再将 T 的第 1 个字符与 S 的第 3 个字符比较，前 4 对字符都匹配，第 5 对又不匹配；这样继续下去，直至进行到第 6 轮时才达到完全匹配，故返回子串在 S 中的起始位置为 6。

设串 S 长度为 n，串 T 长度为 m，在匹配成功的情况下，考虑两种极端情况。

（1）在最好情况下，每趟不成功的匹配都发生在串 T 的第一个字符。

平均的比较次数是：n+m，即最好情况下的时间复杂度是 $O(n+m)$。

（2）在最坏情况下，每趟不成功的匹配都发生在串 T 的最后一个字符。

平均比较的次数是：$m\times(n-m+1)$。一般情况下，$m \ll n$，因此最坏情况下的时间复杂度是 $O(n\times m)$。

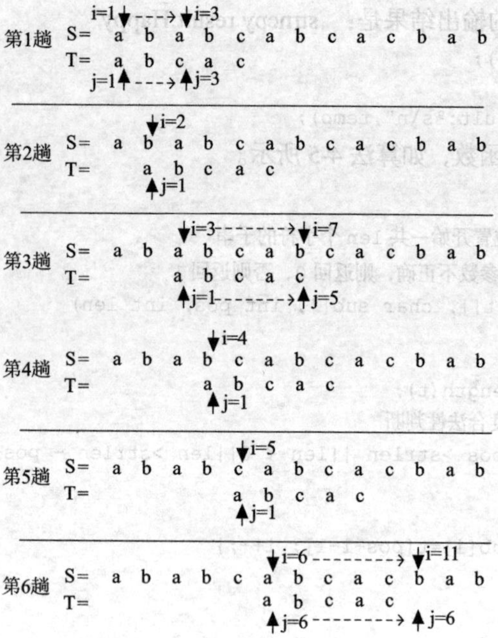

图 4-5　BF 算法的匹配过程

【算法 4-6：串的 BF 匹配算法描述】

```
//返回子串 T 在主串 S 中第 pos 个字符之后的位置。若不存在，则返回值为 0
int Index(char s[],char t[],int pos)
{
    int i,j;
    i = pos; j = 1;                              //i, j:主串 s 和模式串中字符的位置
    while (s[i-1]!='\0' && t[j-1]!='\0')         //索引值以 0 为起始值
    {
        if(s[i-1]==t[j-1])
        {++i; ++j; }                             //继续比较
        else //回退
        {i=i-j+2; j=1; //开始新的一趟比较 }
    }
    if(t[j-1]=='\0') return (i-j+1);             //匹配成功
    else return 0;                               //匹配不成功
}
```

4.4　数　组

4.4.1　数组的定义

几乎所有的程序设计语言都把数组类型设定为固有类型。数组是由类型相同的数据元素构成的有序集合，每个数据元素称为一个数组元素（简称元素），每个元素受 n（$n \geqslant 1$）个线性关系的约束，每个元素在 n 个线性关系中的序号 i_1，i_2，…，i_n 称为该元素的下标，并称该数组为 n 维数组。

首先需要注意的是，本节所讨论的数组与高级语言中的数组有所区别，高级语言中的数组是顺序结构。而本节的数组既可以是顺序的，也可以是链式的，用户可根据需要选择。

数组作为一种数据结构，其特点是结构中的元素本身可以具有某种结构的数据，但属于同一数据类型，比如：一维数组可以看作一个线性表，二维数组可以看作“数据元素是一维数组”的一维数组，三维数组可以看作“数据元素是二维数组”的一维数组，依此类推。如图 4-6 所示，二维数组可以看成是多个一维数组构成的一个线性表。

$$A=\begin{bmatrix} a_{11} & a_{12} & \dots & a_{1n} \\ a_{21} & a_{22} & \dots & a_{2n} \\ \dots & \dots & \dots & \dots \\ a_{m1} & a_{m2} & \dots & a_{mn} \end{bmatrix} \Rightarrow \begin{matrix} A=(A_1,A_{2,}\cdots,A_m) \\ \text{其中}, A_i=(a_{i1},a_{i2},\cdots,a_{in}) \end{matrix}$$

图 4-6　二维数组和线性表之间的关系

4.4.2 数组的结构特性

数组是一组具有固定个数的元素的集合,也就是说一旦定义了数组的维数和每一维的上下限，数组中元素的个数就固定了，将不再有动态的增减变化，因此，数组属于静态分配存储空间的数据结构。再次强调，数组中的数据元素必须具有相同的数据类型，并且数组中的每个数据元素都有一组唯一的下标值。

数组一般只有两种基本操作。

（1）存取：给定一组下标，读取相应的数组元素。

（2）修改：给定一组下标，存储或修改相应的数组元素。

4.5 数组的顺序表示和实现

由于数组只有两种基本操作：存取和修改，也就是说，数组一旦建立了，结构中的数据元素个数和元素之间的关系就不再发生变化，因此，采用顺序存储结构表示数组是最方便的。

由于数组是多维的结构，而存储空间是一个一维的结构。因此，用一组连续存储单元存储数组的数据元素就有个次序约定问题。对应地，将二维关系映射为一维关系，有两种顺序映象的方式:以行序为主序（行优先）和以列序为主序（列优先）。

按行优先存储的基本思想是：先行后列，先存储行号较小的元素，行号相同者先存储列号较小的元素。

例如，对于图 4-6 所示的二维数组按行优先存储时，其存储方式如下所示：

$$a_{11},a_{12},\cdots,a_{1n},a_{21},a_{22},\cdots,a_{2n},\cdots,a_{m1},a_{m2},\cdots,a_{mn}$$

以行为主序的分配规律是最右边的下标先变化，即最右下标从小到大，循环一遍后，右边第二个下标再变……，从右向左，最后是按左下标的方式存放元素。

由于二维数组在计算机内存中是排成一个线性序列的，因此，若知道第 1 个元素的地址为 $Loc(a_{11})$（通常称为基地址），且每个元素占用 L 个字节的存储空间，则数组元素 a_{ij} 的存储地址可由下式算出：

$$Loc(a_{ij})=Loc(a_{11})+[(i-1)\times n+j-1]\times L \qquad (1\leqslant i\leqslant m,1\leqslant j\leqslant n) \qquad (4\text{-}1)$$

式 4-1 只适用于数组的行、列下界都是 1 的情况。下面给出计算二维数组元素地址的通式。设二维数组是 $A=[c_1,\cdots,d_1,c_2,\cdots,d_2]$，其中行下界为 c_1，上界为 d_1，列下界为 c_2，上界为 d_2，如图 4-7 所示。

$$A=\begin{bmatrix} a_{c1,c2} & \cdots & \cdots & a_{c1,d2} \\ \cdots & \cdots & \cdots & \cdots \\ \cdots & \cdots & a_{ij} & \cdots \\ a_{d1,c2} & \cdots & \cdots & a_{d1,d2} \end{bmatrix}$$

图 4-7 二维数组

其元素 a_{ij} 的存储地址可由下式算出：

$$Loc(a_{ij})=Loc(a_{c_1,c_2})+[(i-c_1)\times(d_2-c_2+1)+(j-c_2)]\times L \qquad (4\text{-}2)$$

【例 4-8】 一个二维数组 A，行下标的范围是 1 到 6，列下标的范围是 0 到 7，A 按行优先存储到内存，每个数组元素用相邻的 6 个字节存储，存储器按字节编址，A 的第一个元素地址是 BAH 。那么，元素 A5,6 的存储地址是 ____________H。

解：设数组元素 A[i][j]存放在起始地址为 Loc (i, j) 的存储单元中，

$$\begin{aligned} Loc(a_{5,6}) &= Loc(a_{c1,c2})+[(i-c_1)\times(d_2-c_2+1)+(j-c_2)]\times L \\ &= BAH+[(5-1)\times(7-0+1)+(6-0)]\times 6 \\ &= BAH+E4H \\ &= 19H \end{aligned}$$

按列优先存储的基本思想是：先列后行，先存储列号较小的元素，列号相同者先存储行号较小的元素。以列为主序分配的规律是最左边的下标先变化，即最左下标从小到大循环一遍后，左边第二个下标再变……，从左向右，最后是右下标的方式存放元素。

二维数组列优先存储的通式为：

$$Loc(a_{ij})=Loc(a_{c_1,c_2})+[(j-c_2)\times(d_1-c_1+1)+(i-c_1)]\times L \qquad (4\text{-}3)$$

4.6 矩阵的压缩存储

矩阵是很多领域中研究的数学对象，在此讨论的是如何存储矩阵中的元素，从而使矩阵的各种运算能有效进行。

在高级程序语言中，一般使用二维数组来存储矩阵元，有的程序设计语言还专门提供了各种矩阵运算，方便用户使用。

但是，在数值分析中经常出现一些阶数很高的矩阵，同时在矩阵中有很多值相同的元素或者是零元素。有时候为了节省存储空间，可以对这类矩阵进行压缩存储。所谓压缩存储是指：为多个值相同的元素只分配一个存储空间，且对零元素不分配存储空间。下面将对两类可以压缩存储

的矩阵进行讨论。

特殊矩阵：矩阵中有很多值相同的元素并且它们的分布有一定的规律。

稀疏矩阵：矩阵中有很多零元素。

4.6.1　特殊矩阵

1. 对称矩阵

若 n 阶矩阵 A 中的元素满足下述性质：$a_{ij}=a_{ji}$，$1\leqslant i,j\leqslant n$，则称为 n 阶对称矩阵。图 4-8 所示的是一个 5*5 对称矩阵，其两个虚线部分是对称相等的。

$$A=\begin{bmatrix}3&6&4&7&8\\6&2&8&4&2\\4&8&1&6&9\\7&4&6&0&5\\8&2&9&5&7\end{bmatrix}$$

图 4-8　一个 5*5 对称矩阵

对于对称矩阵，可以为每一对对称元素分配一个存储空间，则可将 n^2 个元素压缩存储到 $n\times(n+1)/2$ 个元素的空间中。对称矩阵关于主对角线对称，只需存储下三角（或上三角）部分。一般而言，可以行序为主序存储其下三角（包括对角线）中的元素。将下三角中 $n\times(n+1)/2$ 个元素按行存储到数组 SA[k]中，图 4-8 所示的对称矩阵的压缩存储如图 4-9 所示。

	0	1	2	3	4	5	6	7	8	9	10	11	12	13	14
SA=	3	6	2	4	8	1	7	4	6	0	8	2	9	5	7

图 4-9　对称矩阵的压缩存储

此时，A[1][1]存入 SA[0]，A[2][1]存入 SA[1]，A[2][2]存入 SA[2]，……，A[i][j]存入 SA[k]。s[k]与 a[i][j]的对应关系为：

$$k=\begin{cases}\dfrac{i\times(i-1)}{2}+j-1 & i\geqslant j\\[2mm] \dfrac{j\times(j-1)}{2}+i-1 & i<j\end{cases}\qquad(4\text{-}4)$$

2. 三角矩阵

形如图 4-10 所示的矩阵称为三角矩阵，其中，(a)为下三角矩阵，主对角线以上均为常数 c；(b)为上三角矩阵，主对角线以下均为常数 c。

$$A=\begin{bmatrix}3&c&c&c&c\\6&2&c&c&c\\4&8&1&c&c\\7&4&6&0&c\\8&2&9&5&7\end{bmatrix}$$

（a）下三角矩阵

$$A=\begin{bmatrix}3&6&4&7&8\\c&2&8&4&2\\c&c&1&6&9\\c&c&c&0&5\\c&c&c&c&7\end{bmatrix}$$

（b）上三角矩阵

图 4-10　三角矩阵

下三角矩阵的压缩存储与对称矩阵类似，不同之处在于存完下三角中的元素之后，紧接着存储对角线上方的常量，因为是同一个常数，所以存一个即可，如图 4-11 所示。这样一共存储了 n

$\times(n+1)/2+1$ 个元素，这种存储方式可节约 $n\times(n-1)/2$ 个存储单元。

	0	1	2	3	4	5	6	7	8	9	10	11	12	13	14	15
SA=	3	6	2	4	8	1	7	4	6	0	8	2	9	5	7	C

图 4-11　下三角矩阵的压缩存储

下三角矩阵中任一元素 a_{ij} 在 SA 中的下标 k 与 i、j 的对应关系为：

$$k=\begin{cases}\dfrac{i\times(i-1)}{2}+j-1 & i\geqslant j\\ \dfrac{n\times(n+1)}{2} & i<j\end{cases}\tag{4-5}$$

上三角矩阵存储思想与下三角矩阵类似，以行为主序顺序存储上三角部分，最后存储对角线下方的常量，如图 4-12 所示。

	0	1	2	3	4	5	6	7	8	9	10	11	12	13	14	15
SA=	3	6	4	7	8	2	8	4	2	1	6	9	0	5	7	C

图 4-12　上三角矩阵的压缩存储

上三角矩阵中任一元素 a_{ij} 在 SA 中的下标 k 与 i、j 的对应关系为：

$$k=\begin{cases}\dfrac{j\times(j-1)}{2}+i-1 & i\leqslant j\\ \dfrac{n\times(n+1)}{2} & i>j\end{cases}\tag{4-6}$$

4.6.2　稀疏矩阵

在实际应用中，还经常遇到一些含有大量零元素、非零元素很少，且零元素分布没有规律的一类矩阵。假设 m 行 n 列的矩阵含 t 个非零元素，则称 $\delta=\dfrac{t}{m\times n}$ 为稀疏因子，通常认为 $\delta\leqslant 0.05$ 的矩阵为稀疏矩阵。

如果以二维数组表示高阶的稀疏矩阵，将产生以下几个问题。

1）零值元素占了很大空间。

2）计算中进行了很多和零值的运算，遇除法，还需判别除数是否为零。

一般来讲，在进行存储时要尽量遵循以下原则。

1）尽可能少存或不存零值元素。

2）尽可能减少没有实际意义的运算。

3）操作方便，即尽可能快速地找到与下标值（i，j）对应的元素；尽可能快速地找到同一行或同一列的非零值元素。

所以，可以对每个非零元素增开若干存储单元，例如存放其所在的行号和列号，便可准确反映该元素所在的位置。这样，将每个非零元素用一个三元组（i，j，a_{ij}）来表示，将三元组按行或列优先的顺序排列，如按行优先排列，同一行中列号按从小到大的规律排列成一个线性表，称为三元组表，则每个稀疏矩阵可用一个三元组表来表示，称稀疏矩阵的顺序存储结构表示。

图 4-13(a) 给出了一个稀疏矩阵，4-13(b)为它所对应的三元组表。在三元组表中，为更可靠地描述，通常再加一行“总体”信息，即总行数、总列数、非零元素总个数，如图 4-13(b)所示的第 0 行。

$$A=\begin{bmatrix} 0 & 12 & 9 & 0 & 0 & 0 \\ 0 & 0 & 0 & 0 & 0 & 0 \\ -3 & 0 & 0 & 0 & 14 & 0 \\ 0 & 0 & 24 & 0 & 0 & 0 \\ 0 & 18 & 0 & 0 & 0 & 0 \\ 15 & 0 & 0 & -7 & 0 & 0 \end{bmatrix}$$

（a）稀疏矩阵图

	i	j	value
0	6	6	8
1	1	2	12
2	1	3	9
3	3	1	−3
4	3	5	14
5	4	3	24
6	5	2	18
7	6	1	15
8	6	4	−7

（b）三元组表

图 4-13　稀疏矩阵的压缩存储

4.7　广　义　表

4.7.1　广义表的逻辑结构

1. 广义表的定义

广义表是 n（$n \geqslant 0$）个数据元素的有限序列，一般记作：$LS=(a_1, a_2, \cdots, a_n)$。

其中，LS 是广义表的名称，a_i（$1 \leqslant i \leqslant n$）是 LS 的成员（也称直接元素），它可以是单个的数据元素，也可以是一个广义表，分别称为 LS 的单元素和子表。习惯上，用大写字母表示广义表的名称，用小写字母表示原子。当广义表 LS 为非空时，称第一个元素 a_1 为 LS 的表头（Head），称其余元素组成的表（$a_2, \cdots, a_n$）为 LS 的表尾（Tail），n 是广义表的长度，即广义表最外层包含的元素个数。广义表的深度定义为所含括弧的重数，注意:“原子”的深度为 0 ，“空表”的深度为 1 。

2. 广义表与线性表的区别

（1）线性表是一种特殊的广义表，当限定了广义表的每一项只能是基本元素而非子表时，广义表就退化为线性表。

（2）线性表的成分都是结构上不可分的单元素，而广义表的成分可以是单元素，也可以是有结构的表。

3. 广义表的两个基本操作

广义表有两个重要的基本操作：取头操作 Head 和取尾操作 Tail。

对于广义表 $LS=(a_1, a_2, \cdots, a_n)$而言，可分解为表头 Head($LS$)= a_1 和表尾 Tail(LS)= $(a_2, a_3, \cdots, a_n)$两部分。

所以，对于任意一个非空的列表，其表头可能是单元素也可能是一个广义表，而其表尾必为广义表。

接下来通过几个例子来了解一下广义表。

A=()——A 是一个空表，它的长度为零，深度为 1，无表头表尾。

B=(e)——列表 B 只有一个原子 e, B 的长度为 1，深度为 1。

Head（B）=e，Tail（B）=（）

C=(a,(b,c,d)) ——列表 C 的长度为 2，两个元素分别为原子 a 和子表(b,c,d)，深度为 2。

Head（C）=a，Tail（C）=（(b，c，d)）

D=(A,B,C) ——列表 D 的长度为 3，3 个元素都是列表。显然,将子表的值代入后，则有 D=((),(e)，(a，(b，c，d)))，D 的长度为 3，深度为 3。

Head（D）=A=（），Tail（D）=（B，C）=（(e)，(a，(b，c，d)））

E=(a,E) ——这是一个递归的表，它的长度为 2，深度为无穷值，E 相当于一个无限的列表 E=(a,(a,(a,...)))。

Head（E）=a，Tail（E）=（E）

从定义和上面的例子中，我们可以看出广义表有以下特性。

（1）广义表中的元素是有次序性的，元素位置不可以随意调换。通过取表头、表尾两个操作，我们可以看出，表中元素相同但位置不同的广义表，得到的结果是不同的，所以是两个不同的广义表。

（2）广义表有长度。广义表最外层包含的元素个数是它的长度，不管这个元素是单元素还是列表。如上例对广义表 A、B、C、D、E 的长度描述，另外，我们可以了解到，空表长度为 0。

（3）广义表有深度，为所含括弧的重数，所以，如果表中元素是列表，要把列表用单元素表示出来，这样再来计算广义表的深度。如上例对广义表 A、B、C、D、E 的深度描述。

（4）广义表是一种多层次的数据结构。广义表的元素可以是单元素，也可以是子表，而子表的元素还可以是子表。

（5）广义表中的元素可共享。广义表可以为其他广义表所共享。如上例中，广义表 A，B，C 为 D 的子表，则在 D 中可以不列出子表的值，通过子表的名称来引用。

（6）广义表中元素可递归。即广义表中的列表可以是其本身的一个子表。如上例中的广义表 E 就是一个递归的表。这时，广义表的深度是个无限值，而长度是有限值。

需要注意的是，广义表( )和(( ))不同，前者为空表，长度为 0；后者长度为 1，可分解得到表头和表尾均为空表( )。另外，任何一个非空表，表头可能是原子，也可能是广义表；但表尾一定是广义表。

广义表的上述特性对它的使用价值和应用效果起到了很大的作用。广义表可以看成是线性表的推广，线性表是广义表的特例。广义表的结构相当灵活，在某种前提下，它可以兼容线性表、数组、树和有向图等各种常用的数据结构。

4.7.2 广义表的存储结构及实现

由于广义表中的数据元素可以是原子，也可以是列表，因此，很难用顺序存储结构来表示，通常采用链式存储结构，每个数据元素可用一个结点表示。

广义表中的数据元素可以是广义表，也可以是单元素，因此，对应的结点结构也有两种：表结点和原子结点。

从上节中我们可以知道,每个广义表都有表头和表尾,表头和表尾可唯一地确定一个广义表，因此，可以采用表头、表尾分析法来存储广义表。

由此，一个表结点由 3 个域构成：标志域、指示表头的指针域和指示表尾的指针域。原子结点有两个域：标志域和值域。表结点和原子结点的构成如图 4-14 所示。

（a）表结点　　（b）原子结点

图 4-14　结点结构

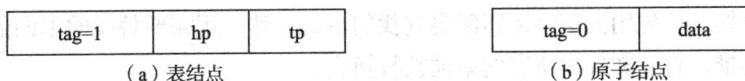

图 4-14（a）表示表结点，用以存储广义表；图 4-14（b）表示原子结点，用以存储单元素。每个域的意义如下。

tag：区分表结点和元素结点的标志，表结点，tag=0；原子结点，tag=0。

hp：指向表头结点的指针。

tp：指向表尾结点的指针。

data：存放单元素的数据域。

对于空表，*LS*=NULL。对于非空表 *LS*，如 $LS=(a,(x,y),((z)))$，其存储结构如图 4-15 所示。

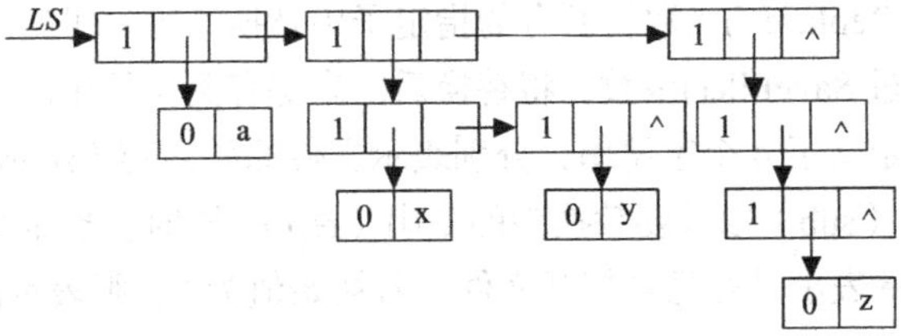

图 4-15　广义表的存储结构示例

在这种存储结构中有几种情况：（1）除空表的表头指针为空外，对任何非空列表，其表头指针均指向一个表结点，且该结点中的 hp 域指向列表表头（或者为原子结点，或者为表结点），tp 域指向列表表尾（若表尾为空，则指针为空，否则为表结点）；（2）容易分清列表中原子和子表所在的层次。如在列表 *LS* 中，原子 x 和 y 在同一层次上，z 比 x 和 y 低一层次；（3）最高层的表结点个数就是列表的长度。

4.8　项 目 实 例

4.8.1　项目说明

1. 问题描述

打开一篇英文文章，在该文章中找出所有给定的单词，然后把所有给定的单词替换为另外一个单词，再存盘。

2. 基本要求

（1）符合问题描述要求，实现相应功能。

（2）操作方便易行。

（3）注意程序的实用性、安全性。

3. 思路分析

项目要求即是串的查找与替换要实现的功能。操作步骤如下：

第一步：输入被替换的单词和替换后的单词；

第二步：打开文件；

第三步：替换。首先用关键字来匹配要查找的单词，然后用需要替换的单词依次替换查找到的单词，依次类推，直到文件中所有的单词被替换完。

4.8.2 系统结构设计

系统的功能如图 4-16 所示。

系统一共设计了 5 个子函数。

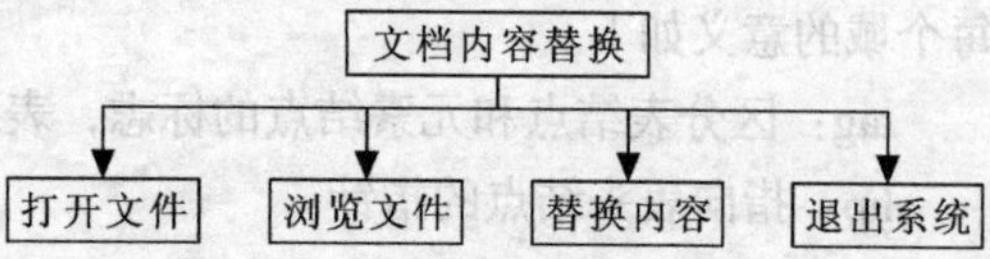

图 4-16 文件内容替换系统功能图

（1）菜单：通过 menu_select()函数向用户呈现选择菜单，供用户选择操作。

（2）打开文件：通过 OpenFile()函数，用户输入文件路径及名称，并打开文件。

（3）浏览文件内容：通过 BrowseFile()函数显示文件的内容。

（4）串替换：通过 Replace ()函数将所有的指定子串替换为另一子串。

（5）保存文件：通过 SaveFile()函数，将替换后的串保存到文件中。

在系统的主函数中定义了 4 个字符串，分别表示文件原始内容（source）、替换后的文件内容（result）、要查找的子串（sub）以及要替换为的子串（rep），同时，也定义了一个 fileName 表示文件名，并用 isOpenFile 表示是否已经打开文件，若初始值为 0，则表示没有打开文件。

4.8.3 系统功能实现

1. 系统主界面

系统主界面由 menu_select()函数完成，main 调用 menu_select()显示系统主菜单，根据 menu_select()函数的返回结果调用相应的功能模板。主界面运行效果如图 4-17 所示。

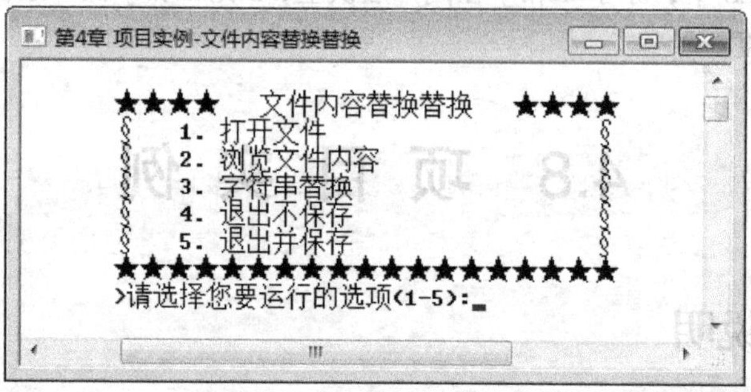

图 4-17 主界面运行效果

代码如下。

```
int menu_select()              //菜单函数
{
    char c;
    do{
        system("cls");          //运行前清屏
        printf("\n\t\t\t★★★★   文件内容替换替换   ★★★★\n");
        printf("\t\t§   1. 打开文件\t\t   §\n");
        printf("\t\t§   2. 浏览文件内容\t\t   §\n");
        printf("\t\t§   3. 字符串替换\t\t   §\n");
```

```
        printf("\t\t§    4. 退出不保存\t\t    §\n");
        printf("\t\t§    5. 退出并保存\t\t    §\n");
        printf("\t\t★★★★★★★★★★★★★★★★★★★★★★★★\n");
        printf("\t\t>请选择您要运行的选项(1-5):");
        fflush(stdin);          //清空标准输入缓冲区
        c=getchar();            //读入选择
    }while(c<'1'||c>'5');
    return(c-'0');              //返回选择
}
int main()
{
    char source[800],sub[80],rep[80];
    char fileName[20];
    char ch;
    int isOpenFile=0;           //是否已经打开文件
    while(1)
    {
        switch(menu_select()) //选择判断
        {
        case 1:
            isOpenFile=OpenFile(fileName,source);         //打开文件
            if(isOpenFile!=0){
                printf("\t\t 文档内容为: \n");
                BrowseFile(source);    //浏览文件内容
            }
            system("pause");break;
        case 2:
            if(isOpenFile==0)
                isOpenFile=OpenFile(fileName,source);   //打开文件
            if(isOpenFile!=0){
                printf("\t\t 文档内容为: \n");
                BrowseFile(source);printf("\n\t\t");    //浏览文件内容
            }
            system("pause");break;
        case 3:
            if(isOpenFile==0)
                isOpenFile=OpenFile(fileName,source);   //打开文件
            if(isOpenFile!=0) {
                printf("\t\t 请输入要查找的内容: ");
                fflush(stdin);gets(sub);
                printf("\t\t 请输入要替换为的内容: ");
                fflush(stdin);gets(rep);
                Replace(source,sub,rep);                //字符串替换
                printf("\n\t\t 替换后文档内容为: \n");
                BrowseFile(source);                     //浏览文件内容
                printf("\n\t\t");system("pause");
            }
            break;
```

```
        case 4:
            printf("\t\t是否不保存文件并退出系统(Y-是，N-否)?");
            fflush(stdin);                          //清空标准输入缓冲区
            ch=getchar();                           //读入选择
            if(ch=='Y'||ch=='y')
            {
                printf("\t\t谢谢使用本程序，再见!\n");      //结束程序
                printf("\t\t");system("pause");exit(0);
            }
        case 5:
            printf("\t\t是否保存文件并退出系统(Y-是，N-否)? ");
            fflush(stdin);                          //清空标准输入缓冲区
            ch=getchar();                           //读入选择
            if(ch=='Y'||ch=='y')
            {
                SaveFile(fileName,source);          //保存文件
                printf("\t\t保存文件成功! 谢谢使用本程序，再见!\n");
                printf("\t\t");system("pause");exit(0);
            };
        }
    }
    return 0;
}
```

2. 浏览文件内容

BrowseFile()函数用于将指定的字符串内容显示在屏幕中，代码实现如下。

```
//浏览字符串content的内容
void BrowseFile(char *content)
{
    while(*content++!='\0')putchar(*content);
}
```

3. 打开文件

运行程序后，用户选择 1，进入打开文件功能，系统调用 OpenFile()函数打开文件，并调用 BrowseFile()函数将文件内容显示在屏幕上。运行界面如图 4-18 所示。

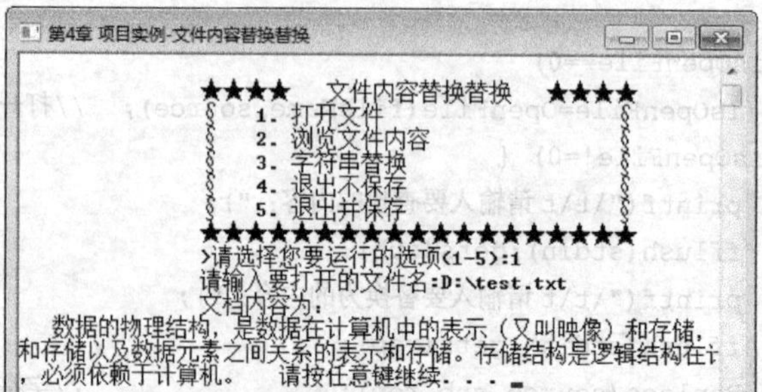

图 4-18　打开文件运行效果

OpenFile ()函数用于打开用户指定的文档，打开成功返回 1，失败返回 0，代码实现如下。

```
//打开文件，并将文件内容读入到content字符串
```

```
int OpenFile(char * fileName,char *content)
{
    FILE *fp;
    printf("\t\t 请输入要打开的文件名:");
    fflush(stdin);                              //清空标准输入缓冲区
    gets(fileName);
    if ((fp = fopen(fileName, "r")) ==NULL )    //打开文件
    {
        printf("\t\t 文件打开失败!\n");
        return 0;
    }
    while (!feof(fp))
    {
        *content++=fgetc(fp);
    }
    *content='\0';
    fclose(fp);
    return 1;
}
```

4. 字符串替换

运行程序后，用户选择 3，则进入字符串替换功能。用户输入要查找的内容和要替换为的内容后，系统调用 Replace()函数进行字符串替换，运行界面如图 4-19 所示。

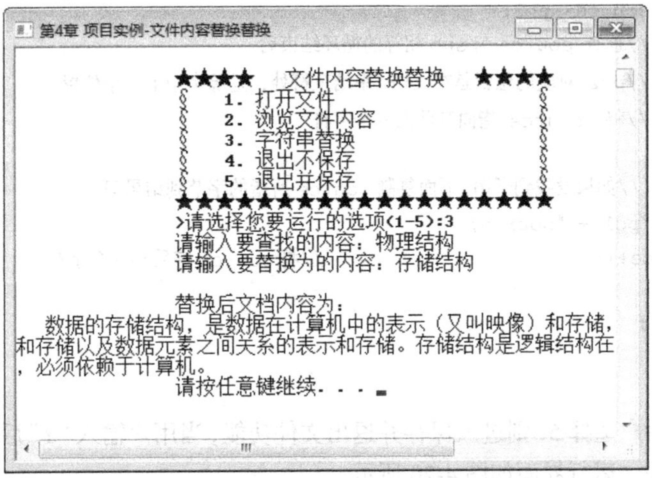

图 4-19　打开文件运行效果

Replace ()函数用于将主串 source 中的所有 sub 子串替换成串 rep，代码实现如下。

```
//在主串 source 中，将所有的子串 sub 替换为串 rep
void Replace(char *source,char *sub, char *rep)
{
    //pc1:复制到结果 result 的扫描指针
    //pc2:扫描 source 的辅助指针
    //pc3:寻找子串时，为检查变化中的 source 是否与子串相等，是指向 sub 的
    //扫描指针；找到匹配后，为了复制到结果串，是指向 rep 的扫描指针
    char *pc1, *pc2, *pc3;
    int isource, isub, irep;
```

```
    isub=strlen(sub);                       //对比字符串的长度
    irep=strlen(rep);                       //替换字符串的长度
    isource=strlen(source);                 //源字符串的长度
    if('\0'== *sub)   return source;
    pc1=source;                             //为 pc1 依次复制结果串的每个字节作准备
    while(*source!= '\0')
    {
        //为检查 source 与 sub 是否相等做准备,为 pc2、pc3 赋初值
        pc2=source;
        pc3= sub;
        //循环结束的(任一)条件是:
        //(1)*pc2  不等于 *pc3(与子串不相等)
        //(2)*pc2  到源串结尾
        //(3)*pc3  到源串结尾(此时,检查了全部子串,source 处与 sub 相等)
        while(*pc2== *pc3&& *pc3!= '\0'&& *pc2!= '\0')
            pc2++, pc3++;
        if('\0'== *pc3)                     //如果找到了子串,进行以下处理工作
        {
            pc3=rep;
            while(*pc3!= '\0')              //将替代串追加到结果串
                *pc1++= *pc3++;
            pc2--;
            source= pc2;
            //检查 source 与 sub 相等的循环结束后
            //pc2 对应的位置是在 sub 串结束符处,是源串中下一个位置
            //将  source 指向其前面一个字符
        }
        else //如果没找到子串,下面复制 source 所指的字节到结果串
            *pc1++=*source;
        source++;                           //将 source 向后移一个字符
    }
    *pc1='\0';
}
```

5. 保存文件

运行程序后,用户选择 5,则进入保存并退出文件功能,当用户输入“Y”后,系统调用 SaveFile()函数用于保存文件。运行界面如图 4-20 所示。

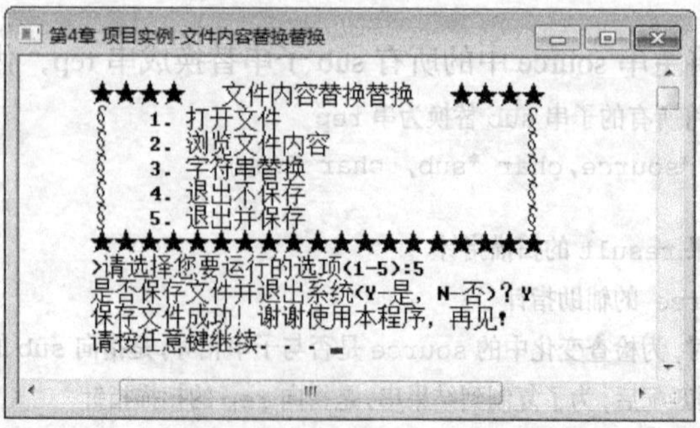

图 4-20 打开文件运行效果

SaveFile ()函数用于保存用户打开的文档，保存成功返回 1，失败返回 0，代码实现如下。

```
//把字符串 content 的内容保存到文件 FileName 中
int SaveFile(char * fileName,char *content)
{
    FILE *fp;
    if ((fp = fopen(fileName, "w")) ==NULL )
    {
        printf("\t\t 文件保存失败!\n");
        return 0;
    }
    while (*content!='\0')
    {
        fputc(*content++,fp);
    }
    fclose(fp);
    return 1;
}
```

4.9 习　　题

一、填空题

1. 串的两种最基本的存储方式是________________________________。
2. 两个串相等的充分必要条件是________________________________。
3. 空格串是__________，其长度等于__________。
4. 设 s= “I□AM□A□TEACHER”，其长度是__________。(□表示空格)
5. 已知二维数组 A[m][n]采用以行序为主方式存储，每个元素占 *k* 个存储单元，并且第一个元素的存储地址是 LOC(A[0][0])，则 A[i][j]的地址是__________。
6. 二维数组 A[10][20]采用以列序为主方式存储，每个元素占一个存储单元并且 A[0][0]的存储地址是 200，则 A[6][12]的地址是__________。
7. 二维数组 A[10..20][5..10]采用以行序为主方式存储，每个元素占 4 个存储单元，并且 A[10][5]的存储地址是 1000，则 A[18][9]的地址是__________。

二、单项选择题

1. 空串与空格串是相同的，这种说法（　　）。

　A. 正确　　B. 不正确

2. 串是一中特殊的线性表，其特殊性体现在（　　）。

　A. 可以顺序存储　　B. 数据元素是一个字符

　C. 可以链接存储　　D. 数据元素可以是多个字符

3. 设有两个串 p 和 q，求 q 在 p 中首次出现的位置的运算称作（　　）。

　A. 连接　　B. 模式匹配　　C. 求子串　　D. 求串长

4. 设串 s1= “ABCDEFG”，s2= “PQRST”，函数 con (x,y)返回 x 和 y 串的连接串，subs(*s*,*i*,*j*)返回串 s 从序号 *i* 字符开始的 *j* 个字符组成的子串，len(s)返回串 s 的长度，则 con (subs (s1,2,len (s2)), subs (s1,len (s2),2))的结果串是（　　）。

A. BCDEF　　B. BCDEFG　　C. BCPQRST　　D. BCDEFEF

5. 常对数组进行的两种基本操作是（　　）。

A. 建立与删除　　B. 索引和修改　　C. 查找和修改　　D. 查找与索引

6. 二维数组 M 的成员是 6 个字符（每个字符占一个存储单元，即一个字节）组成的串，行下标 i 的范围从 0 到 8，列下标 j 的范围从 1 到 10，则存放 M 至少需要(　①　)个字节；M 的第 8 列和第 5 行共占(　②　)个字节。

① A. 90　　B. 180　　C. 240　　D. 540

② A. 108　　B. 114　　C. 54　　D. 60

7. 数组 A 中，每个元素 A 的长度为 3 个字节，行下标 i 从 1 到 8，列下标 j 从 1 到 10，从首地址 SA 开始连续存放在存储器内，存放该数组至少需要的单元数是（　　）。

A. 80　　B. 100　　C. 240　　D. 270

8. 数组 A 中，每个元素 A 的长度为 3 个字节，行下标 i 从 1 到 8，列下标 j 从 1 到 10，从首地址 SA 开始连续存放在存储器内，该数组按行存放时，元素 A[8][5]的起始地址为（　　）。

A. SA+141　　B. SA+144　　C. SA+222　　D. SA+225

9. 数组 A 中，每个元素 A 的长度为 3 个字节，行下标 i 从 1 到 8，列下标 j 从 1 到 10，从首地址 SA 开始连续存放在存储器内，该数组按列存放时，元素 A[5][8]的起始地址为（　　）。

A. SA+141　　B. SA+180　　C. SA+222　　D. SA+225

三、算法设计题

1. 编写算法，实现串的基本操作 Replace(*S,T,V)。

2. 求下列广义表操作的结果：

```
GetTail(GetHead(((a,b),(c,d))));
GetTail(GetHead(GetTail(((a,b),(c,d)))))
```

3. 利用广义表的 GetHead 和 GetTail 操作写出如上题的函数表达式，把原子 banana 分别从下列广义表中分离出来。

（1）L=(((apple)),((pear)),(banana),orange);

（2）L=(apple,(pear,(banana),orange))；

4.10　实　训

一、实验目的

1. 熟悉串的顺序存储结构及串的应用。

2. 掌握数组的存储结构，实现矩阵的存储与简单计算。

二、实验内容及分析

1. 已知字符串 source，删除其中所有的给定字符 ch。

【解析】先找到给定字符的下标位置，然后从该位置开始直至字符串结束把所有字符向前移动一个位置。返回当前的字符下标位置继续删除，直至所有给定字符都被删除。参考代码如下。

```
//把 source 串中所有的字符 ch 删除
void CharDelete(char source[],char ch)
{
    int i,j;
```

```
    i=j=0;
    while(source[j]!='\0')
    {
        if(source[j]!=ch)
        {
            source[i]=source[j];
            i++,j++;
        }
        else
        {
            j++;
        }
    }
    source[i]='\0';
}
```

2. 已知稀疏矩阵 M 中的三元组表，如图 4-21 所示，M 排列次序是按行优先排列，在行下标相同时按列下标排列。对矩阵 M 进行转置运算，得到转置后的矩阵 T，要求矩阵 T 中的非零元三元组的排列次序也是先按行优先排列，在行下标相同时按列下标排列。

i	j	data
1	2	12
1	3	9
3	1	-3
3	5	14
4	3	24
5	2	18
6	1	15
6	4	-7

图 4-21　实训 1 图

【解析】矩阵的转置运算应该完成以下操作。

（1）每个元素的行下标和列下标互换（即三元组中的 i 和 j 互换）。

（2）T 的总行数 mu 和总列数 nu 与 M 值互换。

（3）重排三元组内元素顺序，使转置后的三元组也按行（或列）为主序有规律的排列。

稀疏矩阵用如下结构定义。

```
#define MAXSIZE 10
typedef struct
{
    int i,j,value;          //i:行号，j：列号，e：非零元素的值
}Triple;
typedef struct
{
    int mu,nu,tu;           //mu:总行号，nu：总列号，tu：非零元素个数
    Triple data[MAXSIZE];
}TSMatirx;
```

可以采用压缩转置和(压缩)快速转置两种算法，压缩转置的基本思路是反复扫描 M.data 中的列序，从小到大依次进行转置。压缩转置的参考代码如下。

```
void TransPoseSMatrix(TSMatirx M, TSMatirx *T)
```

```
{
    int col,p,q;
    T->mu = M.nu ;T->nu = M.mu ; T->tu = M.tu ;
    if (T->tu!=0)
    {
        q=0;                              //q是转置矩阵T的结点编号
        for(col=0; col<M.nu; col++)      //col是扫描M三元表列序的变量
            for(p=0; p<M.tu; p++)  p是M三元表中结点编号
            {
                if (M.data[p].j==col)
                {
                    T->data[q].i=M.data[p].j;
                    T->data[q].j=M.data[p].i;
                    T->data[q].value=M.data[p].value;
                    q++;
                }
            }
    }
}
```

该算法的时间主要消耗在查找 M.data[p].j==col 的元素，由两重循环完成：

```
for(col=0; col<M.nu; col++) 循环次数=nu
  for(p=0; p<M.tu; p++) 循环次数=tu
```

所以该算法的时间复杂度为 O(nu*tu)，即 M 的列数与 M 中非零元素的个数之积。但如果 M 中全是非零元素，此时 tu=mu*nu，时间复杂度为 O(nu*mu)，所以该算法仅适用于非零元素个数很少（即 tu<<mu*nu）的情况。

快速转置的思路是依次把 M.data 中的元素直接送入 T.data 的恰当位置上（即 M 三元组的 p 指针不回溯），因为矩阵 M 每列首个非零元素必定先被扫描到，如果预先知道 M 矩阵每一列（即 T 的每一行）的非零元素个数，以及第一个非零元素在 T.data 中的位置，则扫描 T.data 时便可以将每个元素准确定位。可以将 M 中的列变量用 col 表示，定义数组 num[col]存放 M 中第 col 列非零元素个数，数组 cpos[col]存放 M 中第 col 列的第一个非零元素的位置，则有如下的规律：

```
cpos[0] = 0;cpos[col] = cpos[col-1]+num[col-1]
```

由 M.data 中每个元素的列信息，即可直接查出 T.data 中的重要参考点的位置，进而可确定当前元素的位置。快速转置算法的参考代码如下。

```
int num[MAXSIZE];                 //num[col]存放M中第col列中非零元素个数
int cpos[MAXSIZE];                //cpos[col]存放M中第col列的第一个非零元素的位置
void FastTransposeSMatrix(TSMatirx M, TSMatirx *T)
{
    int i,col,p,q;
    T->mu = M.nu ;T->nu = M.mu ; T->tu = M.tu ;

    if ( T->tu!=0 )
    {
        for(col=0;col<M.nu;col++) num[col] =0;
        for( i =0; i<M.tu; i++)
        {
            col=M.data[i].j;++num [col] ;
        }
        cpos[0]=0;
        for(col =1; col<M.nu;col++)
```

```
            cpos[col]=cpos[col-1]+num[col-1];
        //p 指向 a.data，循环次数为非 0 元素总个数 tu
        for( p=0; p<M.tu ; p ++ )
        {
            col =M.data[ p ]. j ; q =cpos [col];
            //查辅助向量表得 q，即 T 中位置
            T->data[q].i = M.data[p].j;
            T->data[q].j = M.data[p].i;
            T->data[q].value = M.data[p].value;
            ++cpos[col] ;           //修改向量表中列坐标值，供同一列下一非零元素使用
        }
    }
}
```

第 5 章 树和二叉树

总体要求

- 了解树的定义和基本术语
- 了解树及二叉树的存储结构
- 掌握二叉树的结构特性及二叉树的相关性质
- 掌握二叉树的各种遍历算法
- 掌握树和二叉树之间的转换
- 了解 Huffman 树的特征及其编码的实现及应用

相关知识点

- 树的常用术语：树、二叉树、完全二叉树、满二叉树、结点、结点的度、树的深度、有序树、无序树、Huffman 树等
- 树及二叉树的存储结构
- 二叉树的遍历
- 树和二叉树之间的转换
- Huffman 树

学习重点

- 二叉树的性质及存储结构
- 二叉树的遍历
- Huffman 树

学习难点

- 二叉树的基本操作

前面几章讨论的数据结构都属于线性结构，线性结构的特点是逻辑结构简单，易于进行查找、插入和删除等操作，其主要用于对客观世界中具有单一的前驱和后继的数据关系进行描述，而现实中的许多事物的关系并非这样简单，如人类社会的族谱、各种社会组织机构以及城市交通、通信等，这些事物中的联系都是非线性的，采用非线性结构进行描绘会更明确和便利。

所谓非线性结构是指在该结构中至少存在一个数据元素，有两个或两个以上的直接前驱（或直接后继）元素。树型结构和图型就是其中十分重要的非线性结构，可以用来描述客观世界中广泛存在的层次结构和网状结构的关系，如前面提到的族谱、城市交通等。树型结构中树和二叉树最为常用，本章将重点讨论树及二叉树的有关概念、存储结构、在各种存储结构上所实施的一些运算以及有关的应用实例。

5.1　树的定义和基本术语

5.1.1　树的定义

树（Tree）是 n（$n \geqslant 0$）个结点的有限集合。当 $n = 0$ 时，称为空树。任意一棵非空树满足以下条件。

（1）有且仅有一个特定的称为根的结点。

（2）当 $n > 1$ 时，除根结点之外的其余结点被分成 m（$m>0$）个互不相交的有限集合 $T_1, T_2, \cdots, T_m$，其中每一个集合 T_i（$1 \leqslant i \leqslant m$）本身又是一棵树。树 T_1，T_2，…，T_m 称为这个根结点的子树。

可以看出，在树的定义中用了递归概念，即用树来定义树。

图 5-1（a）是一棵具有 9 个结点的树，即 $T = \{A, B, C, \cdots, H, I\}$，结点 A 为树 T 的根结点，除根结点 A 之外的其余结点分为两个不相交的集合：$T_1 = \{B,D,E,F,H,I\}$ 和 $T_2=\{C,G\}$，T_1 和 T_2 构成了结点 A 的两棵子树，T_1 和 T_2 本身也分别是一棵树。例如，子树 T_1 的根结点为 B，其余结点又分为两个不相交的集合：$T_{11} = \{D\}$，$T_{12} = \{E,H,I\}$ 和 $T_{13} = \{F\}$。T_{11}、T_{12} 和 T_{13} 构成了子树 T_1 的根结点 B 的三棵子树，如此可继续向下分为更小的子树，直到每棵子树只有一个根结点为止。

从树的定义和图 5-1（a）的示例可以看出，树具有下面两个特点。

（1）树的根结点没有前驱结点，除根结点之外的所有结点有且只有一个前驱结点。

（2）树中所有结点可以有零个或多个后继结点。

由此特点可知，图 5-1（b）、图 5-1（c）、图 5-1（d）所示的都不是树结构。

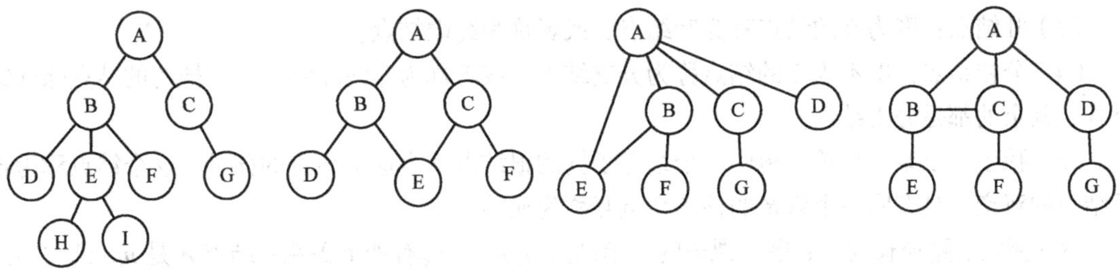

（a）一棵树结构　（b）一个非树结构　（c）一个非树结构　（d）一个非树结构

图 5-1　树结构和非树结构的示意

5.1.2　树的表示方法

树的表示方法有以下 4 种。

1. 直观表示法

树的直观表示法是以倒着的分支树的形式表示，图 5-1（a）就是一棵树的直观表示。其特点是对树逻辑结构的描述非常直观，是数据结构中最常用的树的描述方法。

2. 嵌套集合表示法

所谓嵌套集合是指一些集合的集体，对于其中任何两个集合，或者不相交，或者一个包含另一个。用嵌套集合的形式表示树，就是将根结点视为一个大的集合，其若干棵子树构成这个大集合中若干个互不相交的子集，如此嵌套下去，即构成一棵树的嵌套集合表示。图 5-2（a）所示为就是一棵树的嵌套集合表示。

3. 凹入表示法

树的凹入表示法如图 5-2（c）所示。树的凹入表示法主要用于树的屏幕和打印输出。

4. 广义表表示法

树用广义表表示，就是将根作为由子树森林组成的表的名字写在表的左边，这样依次将树表示出来。图 5-2（b）所示的就是一棵树的广义表表示。

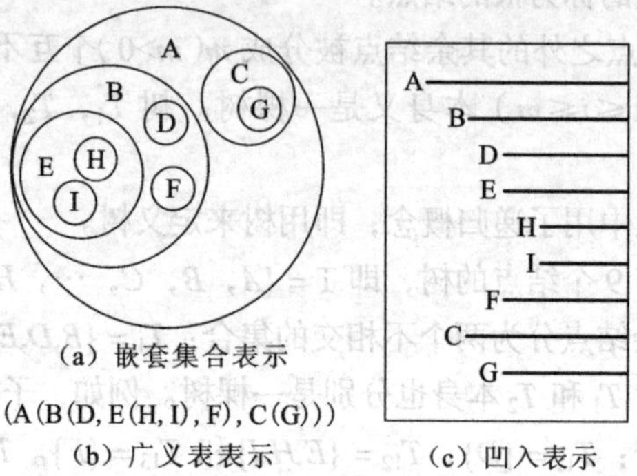

（a）嵌套集合表示

(A(B(D,E(H,I),F),C(G)))

（b）广义表表示　　（c）凹入表示

图 5-2　对图 5-2（a）所示树的其他三种表示法示意

5.1.3 树的术语

（1）结点：表示树中的元素，包括数据项及若干指向其子树的分支。

（2）结点的度：结点所拥有子树的个数称为该结点的度。

（3）叶结点：度为 0 的结点称为叶结点，或者称为终端结点。

（4）分枝结点：度不为 0 的结点称为分支结点，或者称为非终端结点。一棵树的结点除叶结点外，其余的都是分支结点。

（5）孩子、双亲、兄弟：树中一个结点子树的根结点称为这个结点的孩子。这个结点称为孩子结点的双亲。具有同一个双亲的孩子结点互称为兄弟。

（6）路径、路径长度：如果一棵树的一串结点 $n_1,n_2,\cdots,n_k$ 有如下关系：结点 n_i 是 n_{i+1} 的父结点（$1\leqslant i<k$）,把 $n_1,n_2,\cdots,n_k$ 称为一条由 n_1 至 n_k 的路径。这条路径的长度是 k-1。

（7）祖先、子孙：在树中，如果有一条路径从结点 M 到结点 N，那么 M 就称为 N 的祖先，而 N 称为 M 的子孙。

（8）结点的层数：规定树的根结点层数为 1，其余结点的层数等于双亲结点的层数加 1。

（9）树的深度：树中所有结点的最大层数称为树的深度。

（10）树的度：树中各结点度的最大值称为该树的度。

（11）有序树和无序树：如果一棵树中结点的各子树从左到右是有次序的，即若交换了某结点各子树的相对位置，则构成不同的树，称这棵树为有序树；反之，则称为无序树。

（12）森林：零棵或有限棵不相交的树的集合称为森林。自然界中树和森林是不同的概念，但在数据结构中，树和森林只有很小的差别。任何一棵树，删去根结点就变成了森林。

例如，图 5-1（a）所示的树中，结点 B 的度为 3，C 的度为 1，G 的度为 0 即为叶结点。D、

H、I、F 都是叶结点，结点 E 是结点 B 的孩子，B 是 E 的双亲，结点 A 是 E 的祖先结点，结点 D、E、F 互为兄弟。而 ABEH 为从 A 到 H 的一条路径，路径长度为 3。结点 A 的层数为 1，B 的层数为 2，H 的层数为 4，则树的深度为 4，度为 3。

5.2　二　叉　树

本节对树型结构中最简单以及应用广泛的二叉树结构进行讨论。

5.2.1　二叉树基本概念

1. 二叉树

二叉树（Binary Tree）是一个有限元素的集合，该集合或者为空，或者由一个称为根(root)的元素及两个不相交的被分别称为左子树和右子树的二叉树组成。当集合为空时，称该二叉树为空二叉树。在二叉树中，一个元素也称作一个结点。

二叉树的特点如下。

（1）每个结点最多有两棵子树。

（2）二叉树是有序的，其次序不能任意颠倒。即使树中结点只有一棵子树，也要区分它是左子树还是右子树。因此，二叉树具有 5 种基本形态，如图 5-3 所示。

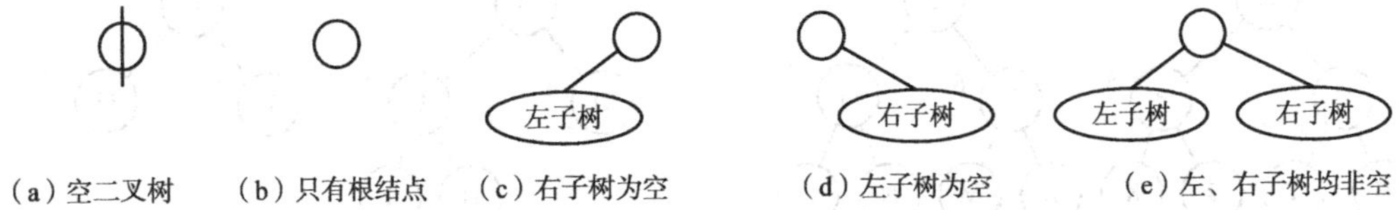

图 5-3　二叉树的 5 种基本形态

可以看出，二叉树和树是两种不同的树结构，图 5-4 说明了具有 3 个结点的树和 3 个结点的二叉树在形态上的差异。

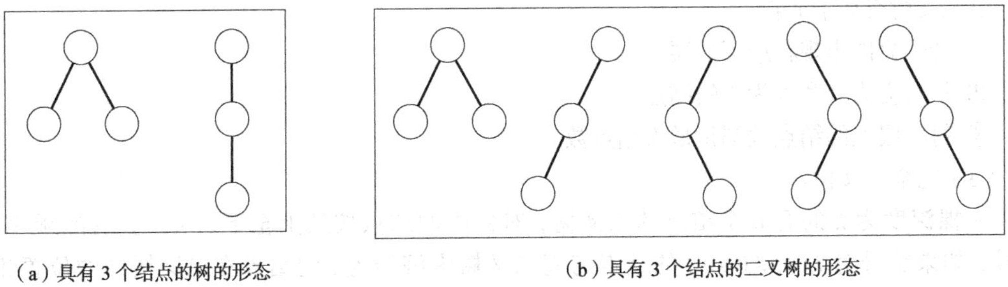

图 5-4　具有 3 个结点的树和二叉树的形态

2. 相关术语

在树中介绍的有关概念在二叉树中仍然适用。除此之外，再介绍几个特殊的二叉树。

（1）单支树。

每一层只有一个结点的树称为单支树，如图 5-5（a）所示。所有结点都只有左子树的二叉树称为左单支树，如图 5-5（b）所示。所有结点都只有右子树的二叉树称为右单支树，如图 5-5（c）所示。显然，单支树的结点个数与其深度相同。

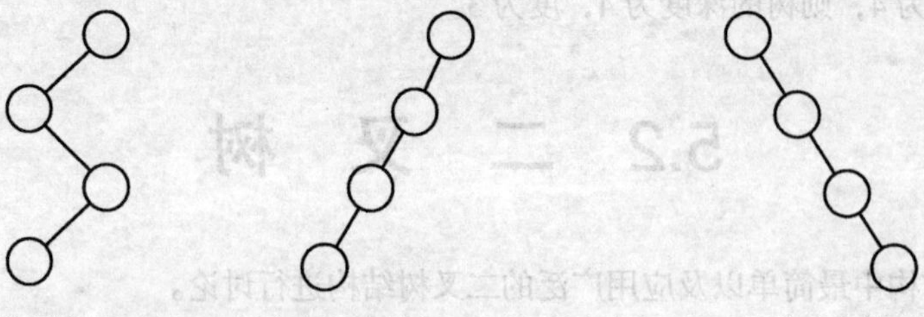

（a）单支树　　（b）左单支树　　（c）右单支树

图 5-5　单支树的形态

（2）满二叉树。

在一棵二叉树中，如果所有分支结点都存在左子树和右子树，并且所有叶子结点都在同一层上，这样的一棵二叉树称作满二叉树。如图 5-6 所示，（a）图就是一棵满二叉树，（b）图则不是满二叉树，虽然其所有结点要么是含有左右子树的分支结点，要么是叶子结点，但由于其叶子未在同一层上，故不是满二叉树。

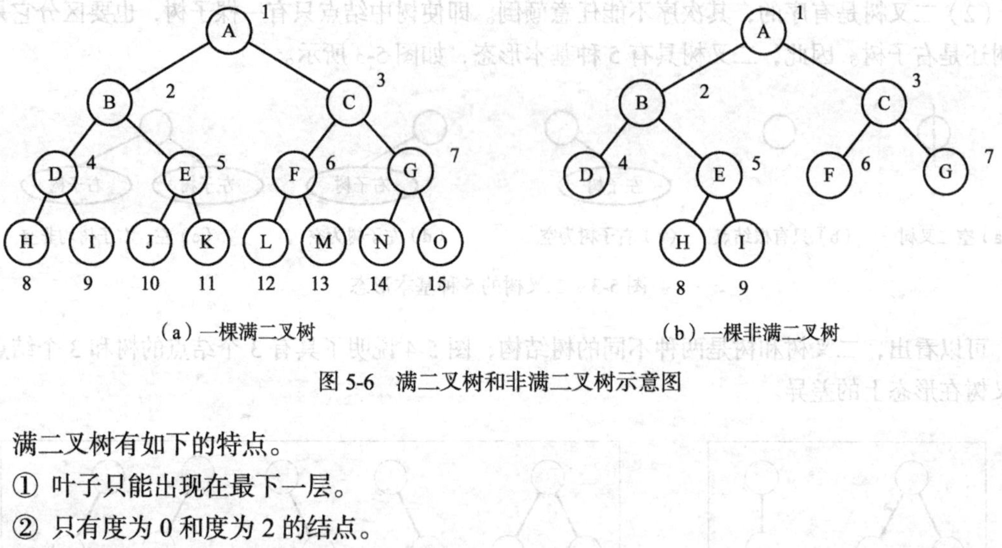

（a）一棵满二叉树　　（b）一棵非满二叉树

图 5-6　满二叉树和非满二叉树示意图

满二叉树有如下的特点。

① 叶子只能出现在最下一层。

② 只有度为 0 和度为 2 的结点。

③ 每一层上的结点数都是最大结点数。

（3）完全二叉树。

一棵深度为 k 的有 n 个结点的二叉树，对树中的结点按从上至下、从左到右的顺序进行编号，如果编号为 i（$1\leqslant i\leqslant n$）的结点与满二叉树中编号为 i 的结点在二叉树中的位置相同，则这棵二叉树称为完全二叉树。完全二叉树的特点是：叶子结点只能出现在最下层和次下层，且最下层的叶子结点集中在树的左部。显然，一棵满二叉树必定是一棵完全二叉树，而完全二叉树未必是满二叉树。图 5-7（a）所示为一棵完全二叉树，图 5-6（b）和图 5-7（b）都不是完全二叉树。

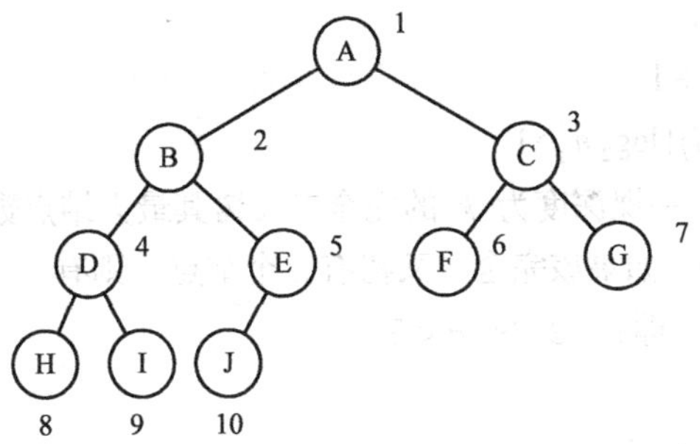

（a）一棵完全二叉树

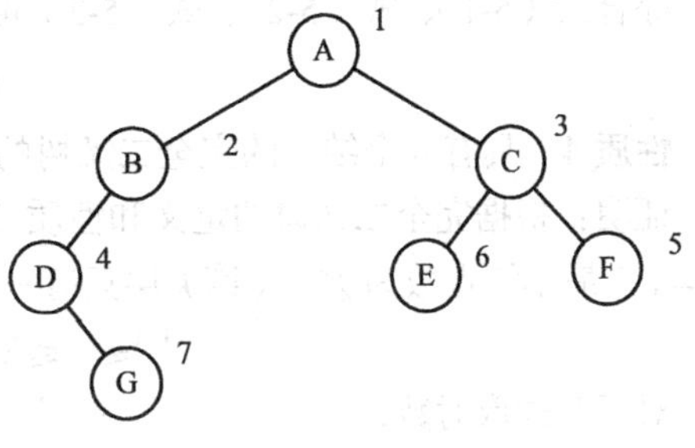

（b）一棵非完全二叉树

图 5-7 完全二叉树和非完全二叉树示意图

完全二叉树有如下的特点。

① 叶子结点只能出现在最下两层，且对任一结点，若其右分支下子孙的最大层次为 l，则其左分支下子孙的最大层次必为 l 或 $l+1$。

② 完全二叉树中如果有度为 1 的结点，只可能有一个，且该结点只有左孩子。

③ 深度为 k 的完全二叉树在 k-1 层上一定是满二叉树。

④ 在有同样结点个数的二叉树中，完全二叉树的深度最小。

5.2.2 二叉树的性质

性质 1 一棵非空二叉树的第 i 层上最多有 2^{i-1} 个结点（$i \geqslant 1$）。

证明：当 i=1 时，第 1 层只有一个根结点，而 $2^{i-1}=2^0=1$，结论显然成立。

假设 $i=k$（$1 \leqslant k < i$）时结论成立，即第 k 层上至多有 2^{k-1} 个结点，则 $i=k+1$ 时，因为第 $k+1$ 层上的结点是第 k 层上结点的孩子，而二叉树中每个结点最多有 2 个孩子，故在第 $k+1$ 层上最大结点个数为第 k 层上的最大结点个数的 2 倍，即 $2 \times 2^{k-1}=2^k$，结论成立。

性质 2 一棵深度为 k 的二叉树中，最多具有 2^k-1 个结点。

证明：设第 i 层的结点数为 x_i（$1 \leqslant i \leqslant k$），深度为 k 的二叉树的结点数为 M，x_i 最多为 2^{i-1}，则有：

$$M=\sum_{i=1}^{k} X_i \leqslant \sum_{i=1}^{k} 2^{i-1}=2^k-1$$

性质 3 对于一棵非空的二叉树，如果叶子结点数为 n_0，度数为 2 的结点数为 n_2，则有：$n_0=n_2+1$。

证明：设 n 为二叉树的结点总数，n_1 为二叉树中度为 1 的结点数，则有：

$$n=n_0+n_1+n_2 \tag{5-1}$$

在二叉树中，除根结点外，其余结点都有唯一的一个进入分支。设 B 为二叉树中的分支数，那么有：

$$B=n-1 \tag{5-2}$$

这些分支是由度为 1 和度为 2 的结点发出的，一个度为 1 的结点发出一个分支，一个度为 2 的结点发出 2 个分支，所以有：

$$B=n_1+2n_2 \tag{5-3}$$

综合式（5-1）、式（5-2）、式（5-3）可以得到：

$$n_0 = n_2 + 1$$

性质 4 具有 n 个结点的完全二叉树的深度 k 为 $\lfloor \log_2 n \rfloor + 1$。

证明：根据完全二叉树的定义和性质 2 可知，一棵深度为 k 的完全二叉树其最大结点数为 $2^k - 1$，最小结点数为 2^{k-1}（第 k 层只有一个结点），如果该完全二叉树有 n 个结点，则有：

$$2^{k-1} \leqslant n \leqslant 2^k - 1 \qquad 即：\ 2^{k-1} \leqslant n < 2^k$$

对不等式取对数，有

$$k - 1 \leqslant \log_2 n < k$$

由于 k 是整数，所以有 $\lfloor \log_2 n \rfloor + 1$。

性质 5 对于具有 n 个结点的完全二叉树，如果按照从上至下和从左到右的顺序对二叉树中的所有结点从 1 开始顺序编号，则对于任意的序号为 i 的结点，有：

（1）如果 $i>1$，则序号为 i 的结点的双亲结点的序号为 $\lfloor i/2 \rfloor$；如果 $i = 1$，则序号为 i 的结点是根结点，无双亲结点。

（2）如果 $2i \leqslant n$，则序号为 i 的结点的左孩子结点的序号为 $2i$；如果 $2i>n$，则序号为 i 的结点无左孩子。

（3）如果 $2i + 1 \leqslant n$，则序号为 i 的结点的右孩子结点的序号为 $2i + 1$；如果 $2i + 1>n$，则序号为 i 的结点无右孩子。

此外，若对二叉树的根结点从 0 开始编号，则相应的 i 号结点的双亲结点的编号为（$i - 1$）/2，左孩子的编号为 $2i + 1$，右孩子的编号为 $2i + 2$。

由于(1)可以由（2）和（3）直接推导得出，下面只证明（2）、（3）。

证明：

（1）设序号为 i 的结点是第 k 层的第 m 个结点，该结点编号为：$i = 2^{k-1} - 1 + m$（从第 1 层到 k-1 层结点全满，该结点是第 k 层的第 m 个结点）。

若该结点有左孩子（其结点编号一定小于或等于 n），则第 k 层的前面 m-1 个结点一定都有左、右孩子。则该结点的左孩子是第 k+1 层的第 $(m-1) \times 2 + 1$ 个结点。

该结点编号为：$$2^k - 1 + (m-1) \times 2 + 1 = (2^{k-1} + m - 1) \times 2 = 2i$$

（2）若该结点有右孩子（其结点编号一定小于或等于 n），该结点也一定有左孩子。该结点的右孩子的编号为 $2i$，该结点的编号为 $2i$+1。

5.2.3 二叉树的存储结构

1. 顺序存储结构

二叉树的顺序存储就是用一组连续的存储单元存放二叉树中的结点，一般是按照二叉树结点从上至下、从左到右的顺序存储。这样结点在存储位置上的前驱后继关系并不一定就是它们在逻辑上的邻接关系，所以只有通过一些方法确定某结点在逻辑上的前驱结点和后继结点，这种存储才有意义。因此，依据二叉树的性质，完全二叉树和满二叉树采用顺序存储比较合适，树中结点的序号可以唯一地反映出结点之间的逻辑关系，这样既能够最大可能地节省存储空间，又可以利用数组元素的下标值确定结点在二叉树中的位置，以及结点之间的关系。图 5-8 给出了图 5-7（a）所示的完全二叉树的顺序存储示意。

	A	B	C	D	E	F	G	H	I	J
数组下标	0	1	2	3	4	5	6	7	8	9

图 5-8　完全二叉树的顺序存储示意图

对于一般的二叉树，如果仍按从上至下和从左到右的顺序将树中的结点顺序存储在一维数组中，则数组元素下标之间的关系不能够反映二叉树中结点之间的逻辑关系，只有增添一些并不存在的空结点，使之成为一棵完全二叉树的形式，然后再用一维数组顺序存储。图 5-9 给出了一棵一般二叉树改造后的完全二叉树形态和其顺序存储状态示意图。显然，这种存储对于需增加许多空结点才能将一棵二叉树改造成为一棵完全二叉树的存储，会造成空间的大量浪费，不宜用顺序存储结构。最坏的情况是右单支树，如图 5-10 所示，一棵深度为 k 的右单支树，只有 k 个结点，却需分配 2^k-1 个存储单元。

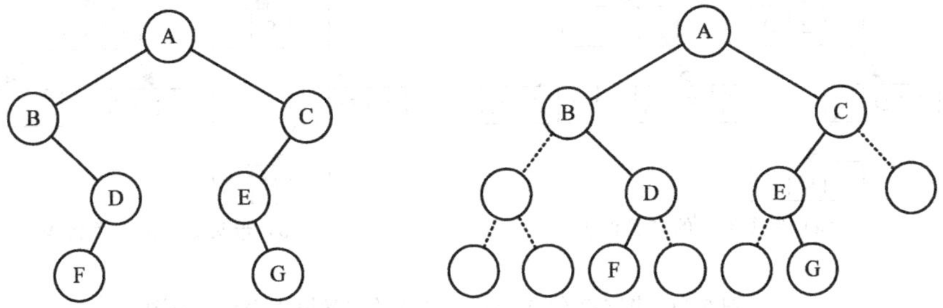

（a）一棵二叉树　　　　（b）改造后的完全二叉树

A	B	C	∧	D	E	∧	∧	∧	F	∧	∧	G

（c）改造后完全二叉树顺序存储状态

图 5-9　一般二叉树及其顺序存储示意图

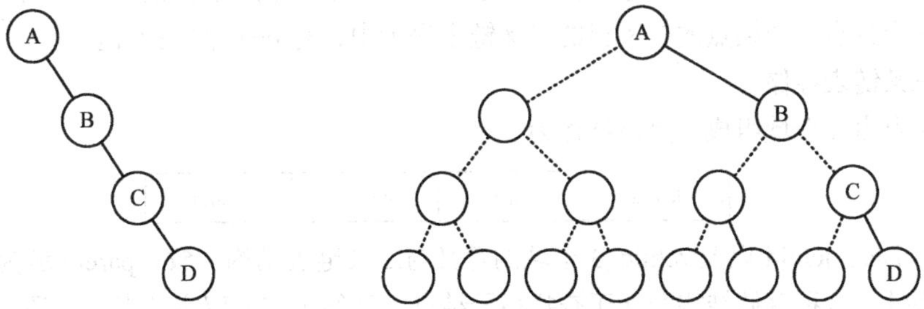

（a）一棵右单支二叉树　　　　（b）改造后的右单支二叉树对应的完全二叉树

A	∧	B	∧	∧	∧	C	∧	∧	∧	∧	∧	∧	∧	D

（c）单支树改造后完全二叉树的顺序存储状态

图 5-10　右单支二叉树及其顺序存储示意图

2. 链式存储结构

二叉树的链式存储结构是指用链表来表示一棵二叉树，即用指针来指示元素的逻辑关系。通常有下面两种形式。

（1）二叉链表存储

链表中每个结点由 3 个域组成，除了数据域外，还有两个指针域，分别用来给出该结点左孩子和右孩子所在的链结点的存储地址。结点的存储结构为：

lchild	data	rchild

其中，data 域存放某结点的数据信息；lchild 与 rchild 分别存放指向左孩子和右孩子的指针，当左孩子或右孩子不存在时，相应指针域值为空（用符号∧或 NULL 表示）。

图 5-11（a）给出了图 5-7（b）所示的一棵二叉树的二叉链表表示。

二叉链表也可以带头结点的方式存放，如图 5-11（b）所示。

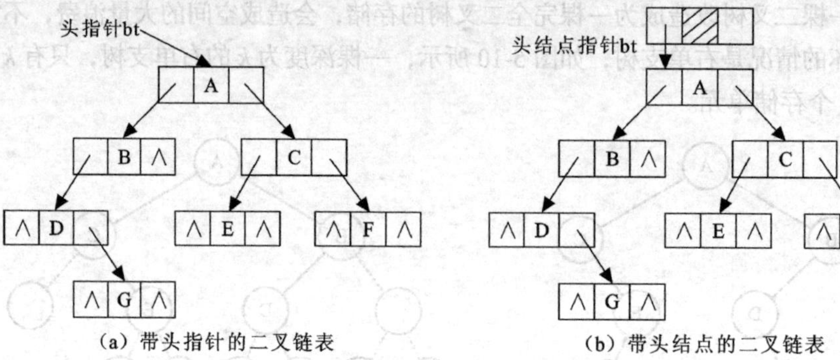

图 5-11　图 5-7（b）所示二叉树的二叉链表表示示意图

二叉链表的表示中，链表中一些指针域由于没有左孩子或右孩子，该指针域值为空，由于度为 1 的结点将产生一个空域，度为 0 的结点将产生两个空域，因此，一个带头指针的二叉链表中的空域数 m 满足下式：

$$m = 2n_0 + n_1 \tag{5-4}$$

结合性质 3：$n_0 = n_2 + 1$，以及式（5-1）：$n = n_0 + n_1 + n_2$，可以得出：$m = n + 1$。

即在一个具有 n 个结点的二叉树的二叉链表表示中，有 $n+1$ 个空指针。

（2）三叉链表存储

每个结点由 4 个域组成，具体结构为：

lchild	data	parent	rchild

其中，data、lchild 以及 rchild 3 个域的意义与二叉链表结构一致；parent 域为指向该结点双亲结点的指针。这种存储结构既便于查找孩子结点，又便于查找双亲结点，但是，相对于二叉链表存储结构而言，它增加了空间开销。

图 5-12 给出了图 5-7（b）所示的一棵二叉树的三叉链表表示。

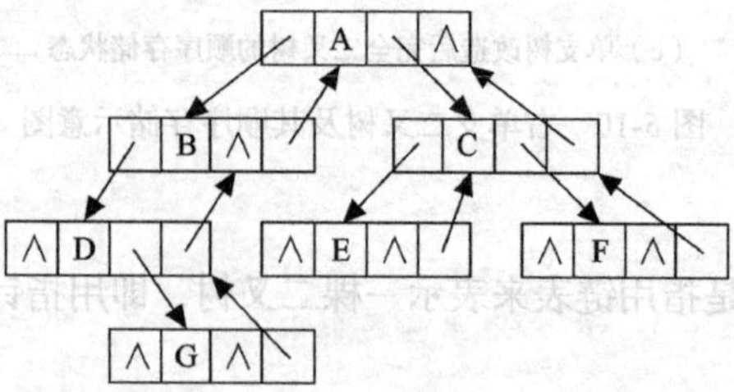

图 5-12　图 5-7（b）所示二叉树的三叉链表表示示意图

尽管在二叉链表中无法由结点直接找到其双亲，但由于二叉链表结构灵活，操作方便，对于一般情况的二叉树，甚至比顺序存储结构还节省空间。因此，二叉链表是最常用的二叉树存储方式。后面部分所涉及到的二叉树的链式存储结构不加特别说明都是指二叉链表结构。

二叉树的二叉链表存储表示可描述为：

```
typedef  char ElemType;                          //默认数据类型为 char
typedef struct BiNode{
   ElemType data;
   struct BiNode *lchild,*rchild;                //左右孩子指针
}BiNode;
```

二叉树的基本操作通常有以下几种。

（1）Initiate（bt）建立一棵空二叉树。

（2）Create（x，lbt，rbt）生成一棵以 x 为根结点的数据域信息，以二叉树 lbt 和 rbt 为左子树和右子树的二叉树。

（3）InsertL（bt，x，parent）将数据域信息为 x 的结点插入到二叉树 bt 中作为结点 parent 的左孩子结点。如果结点 parent 原来有左孩子结点，则将其原来的左孩子结点作为结点 x 的左孩子结点。

（4）InsertR（bt，x，parent）将数据域信息为 x 的结点插入到二叉树 bt 中作为结点 parent 的右孩子结点。如果结点 parent 原来有右孩子结点，则将其原来的右孩子结点作为结点 x 的右孩子结点。

（5）DeleteL（bt，parent）在二叉树 bt 中删除结点 parent 的左子树。

（6）DeleteR（bt，parent）在二叉树 bt 中删除结点 parent 的右子树。

（7）Search（bt，x）在二叉树 bt 中查找数据元素 x。

（8）Traverse（bt）按某种方式遍历二叉树 bt 的全部结点。

二叉树遍历是二叉树较为常用的操作，下一节将详细介绍其实现方法。

5.3　二叉树遍历

5.3.1　二叉树遍历

二叉树遍历是指按照某种顺序访问二叉树中的每个结点，使每个结点被访问一次且仅被访问一次。

遍历是二叉树中经常要用到的一种操作。因为在实际应用问题中，常常需要按一定顺序对二叉树中的每个结点进行访问，查找具有某一特点的结点，然后对这些满足条件的结点进行处理。

通过一次完整的遍历，可使二叉树中的结点信息由非线性排列变为某种意义上的线性序列。也就是说，遍历操作使非线性结构线性化。

由二叉树的定义可知，一棵二叉树由根结点、根结点的左子树和根结点的右子树 3 部分组成。因此，只要依次遍历这 3 部分，就可以遍历整个二叉树。若以 D、L、R 分别表示访问根结点、遍历根结点的左子树、遍历根结点的右子树，则二叉树的遍历方式有 6 种：DLR、LDR、LRD、DRL、RDL 和 RLD。如果限定先左后右，则只有前 3 种方式，即 DLR（前序遍历）、LDR（中序遍历）和 LRD（后序遍历）。

1. 前序遍历（DLR）

前序遍历的递归过程为：若二叉树为空，遍历结束。否则：

（1）访问根结点；

（2）前序遍历根结点的左子树；

（3）前序遍历根结点的右子树。

图 5-13（a）所示的二叉树的前序遍历过程如图 5-13（b）所示。先访问根结点 A，然后访问 A 的左子树的根 B，由于 B 的左子树为空，则访问其右子树的根 D，D 的左、右子树为空，则访问 A 的右子树 C，C 的左、右子树为空，遍历结束，该树的前序遍历序列为：ABDC。

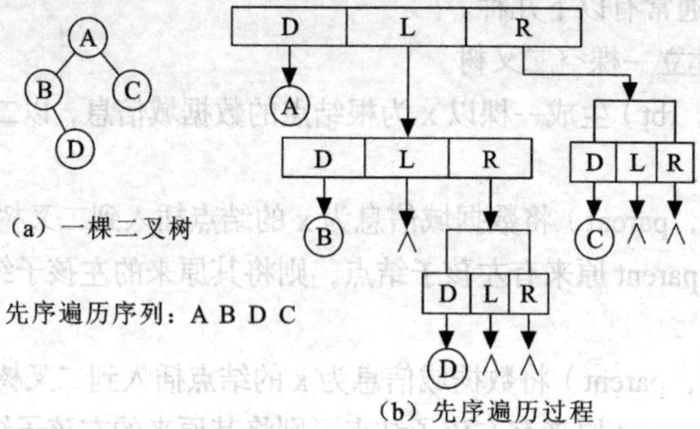

图 5-13　前序遍历过程示意图

前序遍历二叉树的递归算法如下。

【算法 5-1：前序遍历二叉树】

```
void PreOrder(BiNode *bt)
{
    if (bt == NULL)  return;                //递归调用的结束条件
    else {
        Visit(bt->data);                    //访问根结点 bt 的数据域
        PreOrder(bt->lchild);               //前序递归遍历 bt 的左子树
        PreOrder(bt->rchild);               //前序递归遍历 bt 的右子树
    }
}
void Visit(ElemType data)
{
    printf("%c",data);
}
```

对于图 5-13（a）所示的二叉树，算法的执行过程如下。

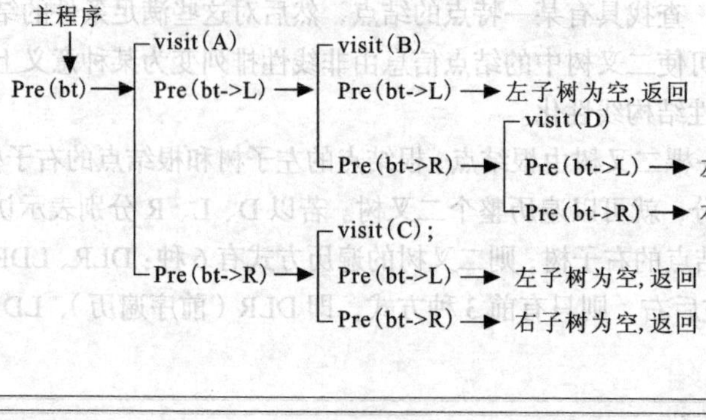

对于图 5-7（b）所示的二叉树，按前序遍历所得到的结点序列为：

A B D G C E F

2. 中序遍历（LDR）

中序遍历的递归过程为：若二叉树为空，遍历结束。否则，

（1）中序遍历根结点的左子树；

（2）访问根结点；

（3）中序遍历根结点的右子树。

图 5-14（a）所示的二叉树的中序遍历过程如图 5-14（b）所示。先遍历根结点 A 的左子树 B，B 没有左子树，则访问根 B，然后遍历 B 的右子树，其右子树 D 的左子树为空，则访问根 D，D 的右子树为空，则遍历 A 的右子树，其右子树 C 的左子树为空，访问根 C，C 的右子树为空，遍历结束，该树的中序遍历序列为：BDAC。

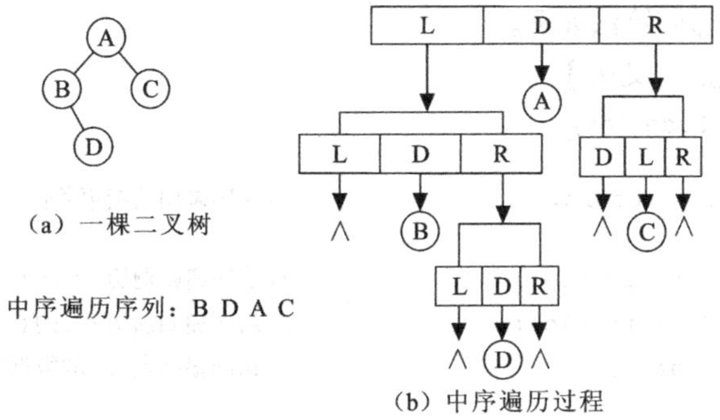

图 5-14　中序遍历过程示意图

中序遍历二叉树的递归算法如下。

【算法 5-2：中序遍历二叉树】

```
void InOrder (BiNode *bt)
{
    if (bt == NULL) return;                  //递归调用的结束条件
    else {
        InOrder(bt->lchild);                 //中序递归遍历 bt 的左子树
        Visit(bt->data);                     //访问根结点 bt 的数据域
        InOrder(bt->rchild);                 //中序递归遍历 bt 的右子树
    }
}
```

对于图 5-7（b）所示的二叉树，按中序遍历所得到的结点序列为：

D G B A E C F

3. 后序遍历（LRD）

后序遍历的递归过程为：若二叉树为空，遍历结束。否则，

（1）后序遍历根结点的左子树；

（2）后序遍历根结点的右子树；

（3）访问根结点。

图 5-15（a）所示的二叉树的后序遍历过程如图 5-15（b）所示。先遍历根结点 A 的左子树 B，B 没有左子树，遍历其右子树 D，D 没有左右子树，则访问根 D，然后访问 D 的根 B，接下来遍

历 A 的右子树，其右子树 C 的左右子树都为空，则访问根 C，最后访问根 A，遍历结束，该树的后序遍历序列为：DBAC。

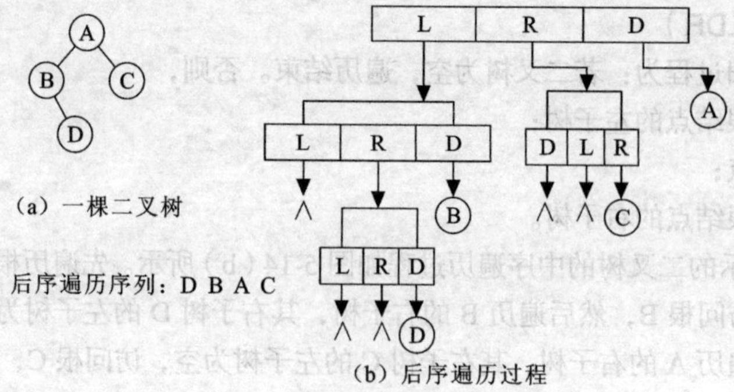

图 5-15　后序遍历过程示意图

后序遍历二叉树的递归算法如下。

【算法 5-3：后序遍历二叉树】

```
void PostOrder(BiNode *bt)
{
    if (bt == NULL) return;                 //递归调用的结束条件
    else {
        PostOrder(bt->lchild);              //后序递归遍历 bt 的左子树
        PostOrder(bt->rchild);              //后序递归遍历 bt 的右子树
        Visit(bt->data);                    //访问根结点 bt 的数据域
    }
}
```

对于图 5-7（b）所示的二叉树，按前序遍历所得到的结点序列为：

G D B E F C A

4. 层次遍历

所谓二叉树的层次遍历，是指从二叉树的第一层（根结点）开始，从上至下逐层遍历，在同一层中，则按从左到右的顺序对结点逐个访问。对于图 5-7（b）所示的二叉树，按层次遍历所得到的结果序列为：

A B C D E F G

下面讨论层次遍历的算法。

由层次遍历的定义可以推知，在进行层次遍历时，对一层结点访问完后，再按照它们的访问次序对各个结点的左孩子和右孩子顺序访问，这样一层一层进行，先遇到的结点先访问，这与队列的操作原则比较吻合。因此，在进行层次遍历时，可以使用队列结构作为辅助。算法如下。

（1）队列 Q 初始化。

（2）如果二叉树非空，将根指针入队。

（3）循环执行以下步骤直到队列 Q 为空：

　（a）指针 q 指向队列 Q 的队头元素，出队；

　（b）访问结点 q 的数据域；

　（c）若结点 q 存在左孩子，则将左孩子指针入队；

　（d）若结点 q 存在右孩子，则将右孩子指针入队。

此过程不断进行，当队列为空时，二叉树的层次遍历结束。

在下面的层次遍历算法中，二叉树以二叉链表形式存放，一维数组 Queue[MAXNODE]用以实现队列，变量 front 和 rear 分别表示当前队首元素和队尾元素在数组中的位置。

【算法 5-4：层次遍历二叉树】

```
void LeverOrder(BiNode *bt)
{
    int front,rear;
    BiNode *Q[MAXNODE],*q;
    front = rear = 0;                          //采用循环队列
    if (bt == NULL) return;                    //二叉树为空，算法结束
    Q[rear] = bt;rear=(rear+1)%MAXNODE;        //根指针入队
    while (front != rear)                      //当队列非空时
    {
        q = Q[front]; front=(front+1)%MAXNODE;  //出队
        Visit(q->data);
        if (q->lchild != NULL){
        Q[rear] = q->lchild;rear=(rear+1)%MAXNODE;}
        if (q->rchild != NULL){
        Q[rear] = q->rchild;rear=(rear+1)%MAXNODE;}
    }
}
```

5. 二叉树的遍历操作

若已知一棵二叉树的前序（或中序，或后序，或层次）序列，能否唯一确定这棵二叉树呢？例如已知前序序列为 ABC，则可能的二叉树有 5 种，如图 5-16 所示。

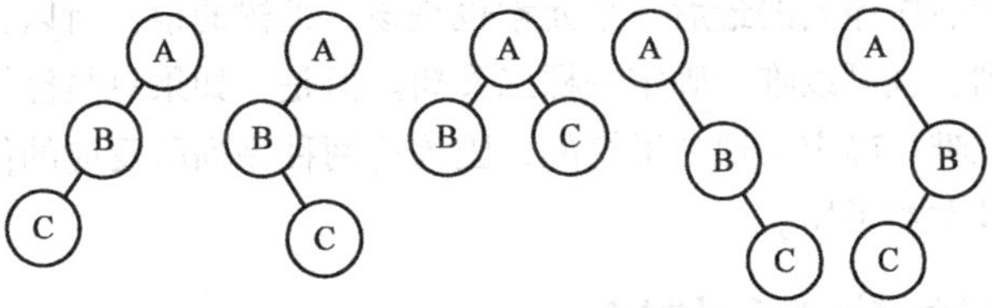

图 5-16　前序序列为 ABC 的二叉树

由此可见，仅由二叉树的前序是无法唯一确定一棵二叉树的，但如果还知道该二叉树的中序序列是 BAC，则只有图 5-16 中的第三棵树满足该条件。所以，如果已知一棵二叉树的前序序列和中序序列，是可以唯一确定该二叉树的。

例如，已知一棵二叉树的前序遍历序列和中序遍历序列分别为 ABCDEFGHI 和 BCAEDGHFI，确定该二叉树的方法如下。

（1）根据前序序列的第一个元素确定根结点。

（2）在中序序列中找到该元素，该元素左边的元素为其左子树，该元素右边的元素为其右子树。

（3）在其左子树的前序和中序序列中重复步骤（1）和（2），直到每一个子树为空或只有一个结点。

（4）在其右子树的前序和中序序列中重复步骤（1）和（2），直到每一个子树为空或只有一个结点。

首先，由前序可以找到该二叉树的根 A，在中序中，A 的左边是 BC，可以确定 BC 为其左子

树，EDGHFI在A的右边，可以确定其为A的右子树，如图5-17（a）所示；在结点BC中，前序是BC，根为B，中序是BC，所以C是B的右子树，如图5-17（b）所示；在结点EDGHFI中，前序的第一个结点是D，则D为根，中序中D的左边为E，则E为其左子树，GHFI为其右子树，如图5-17（c）所示；在结点GHFI中，前序的第一个结点是F，则F为根，中序中F的左边为GH，则GH为其左子树，I为其右子树，如图5-17（d）所示；在结点GH中，前序是GH，根为G，中序是GH，所以H是G的右子树，如图5-17（e）所示。

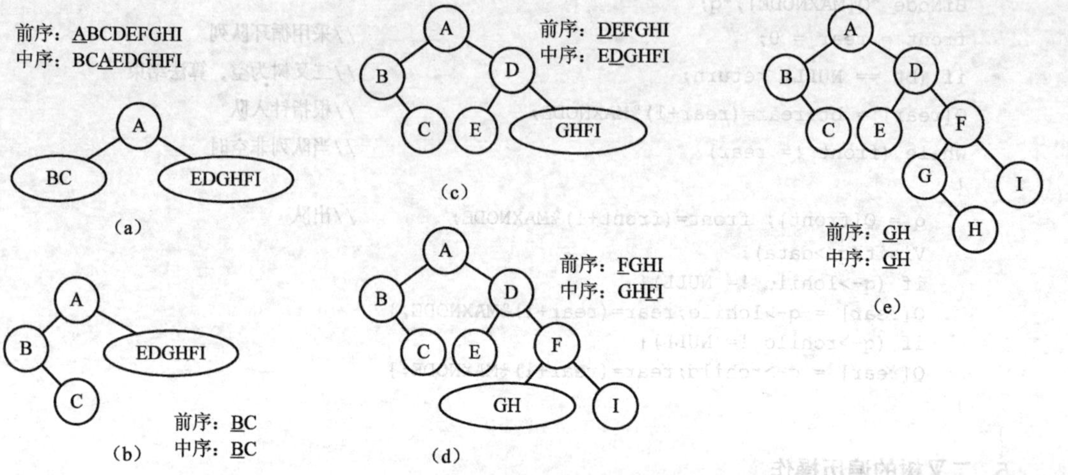

图5-17　由前序序列和中序序列确定二叉树

从该例可以看出，从前序中可以找到一棵二叉树的根，从中序可以找到根的左右子树，从而唯一确定一棵树，由于后序序列的最后一个元素也是该二叉树的根，所以，如果已知一棵二叉树的后序序列和中序序列，也可以唯一确定一棵二叉树。但是，如果只是已知一棵二叉树的前序序列和后序序列，是不能唯一确定一棵二叉树的，因为这两种序列所反应的信息是一样的，都只是该树的根，无法确定其左右子树。

5.3.2　二叉树的建立和销毁

遍历是二叉树各种操作的基础，可以在遍历的过程中进行各种操作，例如建立一棵二叉树。为了建立一棵二叉树，可将二叉树中每个结点的空指针引出一个虚结点，其值为一特定值如“#”，以标识其为空，把这样处理后的二叉树称为原二叉树的扩展二叉树。图5-18所示为一二叉树的扩展二叉树。

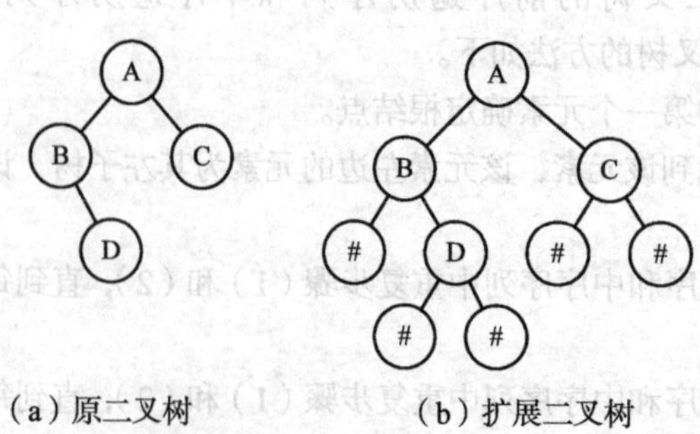

图5-18　二叉树的扩展二叉树

该扩展二叉树的前序遍历序列：AB#D##C##。

设二叉树中的结点均为一个字符。假设扩展二叉树的前序遍历序列由键盘输入，root 为指向根结点的指针，二叉链表的建立过程是：首先输入根结点，若输入的是一个 “#” 字符，则表明该二叉树为空树，即 root=NULL；否则输入的字符应该赋给 root->data，之后依次递归建立它的左子树和右子树 。

【算法 5-5：前序创建二叉树】

```
BiNode *Creat()
{
    BiNode *bt;
    ElemType ch;
    scanf("%c",&ch);                    //输入结点的数据信息，假设为字符
    if (ch =='#') bt = NULL;            //建立一棵空树
    else
    {
        bt = (BiNode*)malloc(sizeof(BiNode));;
        bt->data = ch;                  //生成一个结点，数据域为 ch
        bt->lchild = Creat();           //递归建立左子树
        bt->rchild = Creat();           //递归建立右子树
    }
    return bt;
}
```

二叉树的销毁也可以基于遍历来完成。二叉树销毁的后序递归过程为：若二叉树为空，遍历结束。否则，

（1）后序遍历根结点的左子树；

（2）后序遍历根结点的右子树；

（3）销毁根结点。

【算法 5-6：后序销毁二叉树】

```
void Release(BiNode *bt)
{
    if (bt == NULL) return;             //递归调用的结束条件
    else
    {
        Release(bt->lchild);            //后序递归遍历 bt 的左子树
        Release(bt->rchild);            //后序递归遍历 bt 的右子树
        free(bt);                       //销毁根结点 bt
    }
}
```

主函数如下所示，运行结果如图 5-19 所示。

【main 函数】

```
int main()
{
        BiNode *bt=Creat(); //创建一个二叉树 bt
        printf("前序遍历:");
        PreOrder(bt);       //前序遍历
        printf("\n 中序遍历:");
```

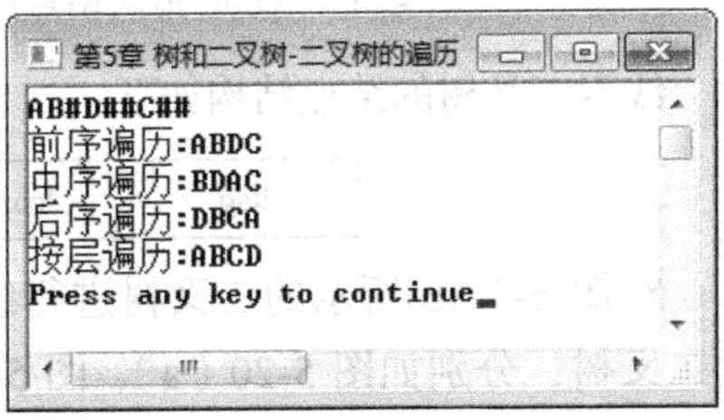

图 5-19　二叉树遍历算法运行结果

```
    InOrder(bt);                        //中序遍历
    printf("\n后序遍历:");
    PostOrder(bt);                      //后序遍历
    printf("\n按层遍历:");
    LeverOrder(bt);                     //按层遍历
    printf("\n");
    Release(bt);                        //销毁二叉树
}
```

5.3.3 线索二叉树

1. 线索二叉树的定义

按照某种遍历方式对二叉树进行遍历，可以把二叉树中所有结点排列为一个线性序列。在该序列中，除第一个结点外，每个结点有且仅有一个直接前驱结点；除最后一个结点外，每个结点有且仅有一个直接后继结点。但是，二叉树中每个结点在这个序列中的直接前驱结点和直接后继结点是什么，在二叉树的存储结构中并没有反映出来，只能在对二叉树遍历的动态过程中得到这些信息。为了保留结点在某种遍历序列中直接前驱和直接后继的位置信息，可以利用二叉树的二叉链表存储结构中的空指针域来指示。这些将二叉链表中的空指针域指向前驱结点和后继结点的指针被称为线索（Thread），把二叉链表中结点的空链域存放其前驱或后继信息的过程称为线索化，加了线索的二叉树称为线索二叉树。线索二叉树将为二叉树的遍历提供许多方便。

2. 线索二叉树的结构

一个具有 n 个结点的二叉树若采用二叉链表存储结构，在 $2n$ 个指针域中只有 $n-1$ 个指针域用来存储结点孩子的地址，而另外 $n+1$ 个指针域存放的都是 NULL。因此，可以利用某结点空的左指针域（lchild）指向该结点在某种遍历序列中的直接前驱结点的存储地址，利用结点空的右指针域（rchild）指向该结点在某种遍历序列中的直接后继结点的存储地址。对于那些非空的指针域，则仍然存放指向该结点左、右孩子的指针。这样，就得到了一棵线索二叉树。

由于序列可由不同的遍历方法得到，因此，线索树有前序线索二叉树、中序线索二叉树和后序线索二叉树 3 种。

为了区别某结点指针域内存放的是指针还是线索，通常为每个结点增设两个标志位域 ltag 和 rtag，令：

$$\text{ltag}=\begin{cases}0 & \text{lchild 指向结点的左孩子}\\ 1 & \text{lchild 指向结点的前驱结点}\end{cases}$$

$$\text{ltag}=\begin{cases}0 & \text{rchild 指向结点的右孩子}\\ 1 & \text{rchild 指向结点的后继结点}\end{cases}$$

线索二叉树的结点结构如下。

ltag	lchild	data	rchild	ltag

对图 5-7 (b)所示的二叉树进行线索化，得到前序线索二叉树、中序线索二叉树和后序线索二叉树，分别如图 5-20（a）、图 5-20（b）、图 5-20（c）所示。图中实线表示指针，虚线表示线索。

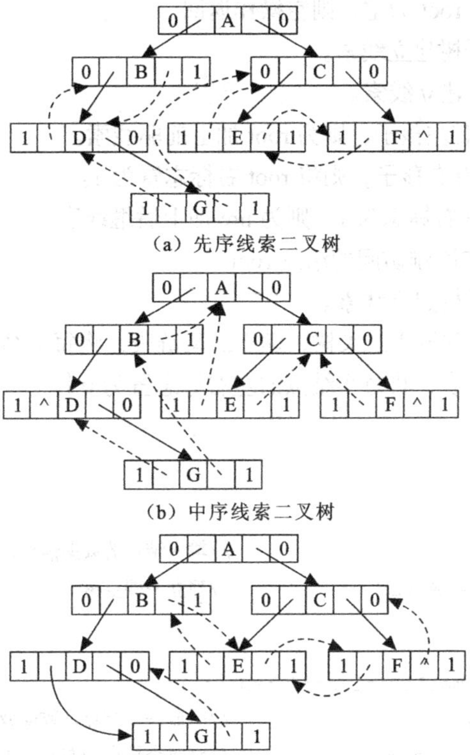

（a）先序线索二叉树

（b）中序线索二叉树

（c）后序线索二叉树

图 5-20 线索二叉树

5.3.4 线索二叉树的基本操作实现

在线索二叉树中，结点的结构可以定义为如下形式。

```
typedef  char ElemType;    //默认数据类型为char
typedef struct ThrNode
{
    ElemType data;
    struct ThrNode  *lchild, *rchild;
    int ltag, rtag;
}ThrNode;
```

下面以中序线索二叉树为例，讨论线索二叉树的建立、线索二叉树的遍历以及在线索二叉树上查找前驱结点和后继结点等操作的实现算法。

1. 建立一棵中序线索二叉树

建立线索二叉树，或者说对二叉树线索化，实质上就是遍历一棵二叉树。在遍历过程中，访问结点的操作是检查当前结点的左、右指针域是否为空，如果为空，将它们改为指向前驱结点或后继结点的线索。为实现这一过程，设指针 pre 始终指向刚刚访问过的结点，即若指针 p 指向当前结点，则 pre 指向它的前驱，以便增设线索。

中序线索链表的建立算法如下。

（1）建立二叉链表，将每个结点的左右标志置为 0。

（2）遍历二叉链表，建立线索。

（a）如果二叉链表 root 为空，则空操作返回。

（b）对 root 的左子树建立线索。

（c）对根结点 root 建立线索。

① 若 root 没有左孩子，则为 root 加上前驱线索。

② 若 root 没有右孩子，则将 root 右标志置为 1。

③ 若结点 pre 右标志为 1，则为 pre 加上后继线索。

④ 令 pre 指向刚刚访问的结点 root。

（d）对 root 的右子树建立线索。

下面算法按扩展前序序列输入二叉树，建立二叉链表，将每个结点的左右标志置为 0。

【算法 5-7：建立二叉链表，将每个结点的左右标志置为 0】

```
ThrNode *Creat()
{
    ThrNode *bt;
    ElemType ch;
    scanf("%c",&ch);                    //输入结点的数据信息，假设为字符
    if (ch =='#') bt = NULL;            //建立一棵空树
    else
    {
        bt =(ThrNode*)malloc(sizeof(ThrNode));
        bt->data = ch;                  //生成一个结点，数据域为 ch
        bt->ltag=0;bt->rtag=0;          //将每个结点的左右标志置为 0
        bt->lchild = Creat();           //递归建立左子树
        bt->rchild = Creat();           //递归建立右子树
    }
    return bt;
}
```

下面算法遍历二叉链表，并建立中序线索。

【算法 5-8：遍历二叉链表，并建立中序线索】

```
void ThrBiTree(ThrNode*bt,ThrNode *pre)
{
    if (bt == NULL) return;
    ThrBiTree(bt->lchild, pre);
    if (bt->lchild == NULL)                 //对 bt 的左指针进行处理
    {
        bt->ltag = 1;
        bt->lchild = pre;                   //设置 pre 的前驱线索

    if (bt->rchild == NULL) bt->rtag = 1;   //对 bt 的右指针进行处理
    //设置 pre 的后继线索
    if (pre!=NULL&&pre->rtag==1)pre->rchild =bt;
    pre = bt;
    ThrBiTree(bt->rchild, pre);
}
```

CreatInThrBiTree 将调用上面的两个算法，完成二叉树的创建和中序线索。

```
ThrNode * CreatInThrBiTree()
{
    ThrNode *bt=Creat();            //前序建立二叉树
```

```
    ThrBiTree(bt,NULL);              //创建中序线索二叉树
    return bt;
}
```

2. 在中序线索二叉树上查找任意结点的中序前驱结点

对于中序线索二叉树上的任一结点，寻找其中序的前驱结点，有以下两种情况。

（1）如果该结点的左标志为 1，那么其左指针域所指向的结点便是它的前驱结点。

（2）如果该结点的左标志为 0，表明该结点有左孩子。根据中序遍历的定义，它的前驱结点是以该结点的左孩子为根结点的子树的最右结点，即沿着其左子树的右指针链向下查找，当某结点的右标志为 1 时，就是所要找的前驱结点。

在中序线索二叉树上寻找结点 p 的中序前驱结点的算法如下。

【算法 5-9：中序线索二叉树上寻找中序前驱结点】

```
ThrNode *PreNode(ThrNode *p)
{
    ThrNode *q;
    if(p->ltag==1)q = p->lchild;            //ltag 为 1，可以直接得到前驱结点
    else
    {
        q=p->lchild;                        //指向结点 p 的左孩子
        while(q->rtag==0)q=q->rchild;       //查找 p 的左子树的最右下结点
    }
    return q;
}
```

3. 在中序线索二叉树上查找任意结点的中序后继结点

对于中序线索二叉树上的任一结点，寻找其中序的后继结点，有以下两种情况。

（1）如果该结点的右标志为 1，那么其右指针域所指向的结点便是它的后继结点。

（2）如果该结点的右标志为 0，表明该结点有右孩子。根据中序遍历的定义，它的前驱结点是以该结点的右孩子为根结点的子树的最左结点，即沿着其右子树的左指针链向下查找，当某结点的左标志为 1 时，就是所要找的后继结点。

在中序线索二叉树上寻找结点 p 的中序后继结点的算法如下。

【算法 5-10：中序线索二叉树上找中序后继结点】

```
ThrNode *NextNode(ThrNode *p)
{
    ThrNode *q;
    if(p->rtag==1)q = p->rchild;            //rtag 为 1，可以直接得到后继结点
    else
    {
        q=p->rchild;                        //指向结点 p 的右孩子
        while(q->ltag==0)q=q->lchild;       //查找 p 的右子树的最左下结点
    }
    return q;
}
```

以上给出的仅是在中序线索二叉树中寻找某结点的前驱结点和后继结点的算法。在前序线索二叉树中寻找结点的后继结点以及在后序线索二叉树中寻找结点的前驱结点可以采用同样的方法分析和实现。在此就不再讨论了。

5.4 树和森林

5.4.1 树的存储结构

在计算机中，树的存储有多种方式，既可以采用顺序存储结构，也可以采用链式存储结构，但无论采用何种存储方式，都要求存储结构不但能存储各结点本身的数据信息，还要能唯一地反映树中各结点之间的逻辑关系。下面介绍几种基本的树的存储方式。

1. 双亲表示法

由树的定义可以知道，树中的每个结点都有唯一的一个双亲结点。根据这一特性，可用一组连续的存储空间（一维数组）存储树中的各个结点，数组中的一个元素表示树中的一个结点，数组元素为结构体类型，其中包括结点本身的信息以及结点的双亲结点在数组中的序号，树的这种存储方法称为双亲表示法。

图 5-1（a）所示的树的双亲表示如图 5-21 所示。图中用 parent 域的值为-1 表示该结点无双亲结点，即该结点是一个根结点。

可以看出，树的双亲表示法的特点是找双亲容易，找孩子难。每个结点的双亲，可以通过其 parent 域直接找到，但若要找某结点的孩子结点，则需要查询整个数组。此外，这种存储方式不能反映各兄弟结点之间的关系。

序号	data	parent
0	A	-1
1	B	0
2	C	0
3	D	1
4	E	1
5	F	1
6	G	2
7	H	4
8	I	4

图 5-21　图 5-1（a）所示树的双亲表示法示意

2. 孩子链表表示法

孩子链表法是将树按图 5-22 所示的形式存储。其主体是一个与结点个数一样大小的一维数组，数组的每一个元素由两个域组成，一个域用来存放结点信息，另一个用来存放指针，该指针指向由该结点孩子组成的单链表的首位置。单链表的结构也由两个域组成，一个存放孩子结点在一维数组中的序号，另一个是指针域，指向下一个孩子。

在孩子链表表示法中查找双亲比较困难，查找孩子却十分方便，故孩子链表表示法适用于对孩子操作多的应用。

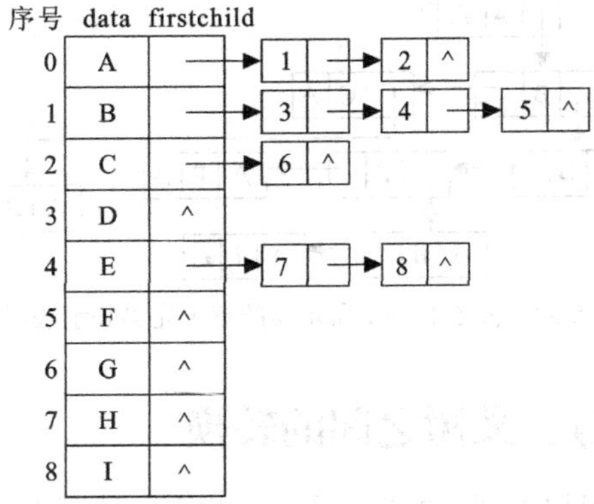

图 5-22　图 5-1（a）所示树的孩子链表表示法示意

3. 双亲孩子表示法

双亲孩子表示法是将双亲表示法和孩子表示法相结合的结果。该方法仍将各结点的孩子结点分别组成单链表，同时用一维数组顺序存储树中的各结点，数组元素除了包括结点本身的信息和该结点的孩子结点链表的头指针之外，还增设一个域，存储该结点的双亲结点在数组中的序号。图 5-23 所示为图 5-1（a）的树采用这种方法的存储示意图。

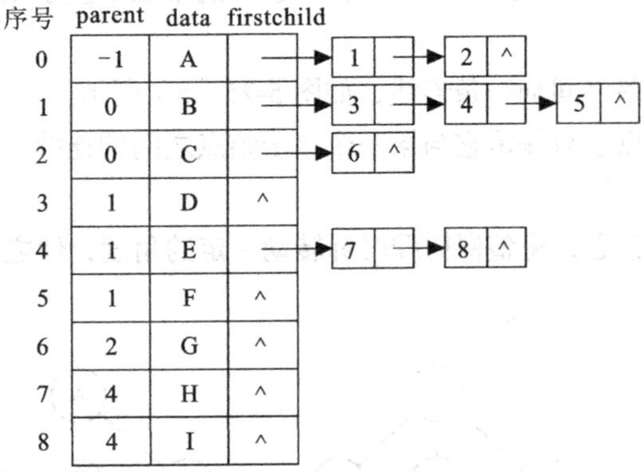

图 5-23　图 5-1（a）所示树的双亲孩子表示法示意

4. 孩子兄弟表示法

这是一种常用的存储结构。具体方法：在树中，每个结点除其信息域外，再增加两个分别指向该结点的第一个孩子结点和下一个兄弟结点的指针。在这种存储结构下，树中结点的存储表示可描述为：

```
typedef  char ElemType;     //默认数据类型为 char
typedef struct TNode
{
    ElemType data;
    struct TNode *firstchild, *rightsib;
} TNode;
```

图 5-24 给出了图 5-1（a）所示的树采用孩子兄弟表示法时的存储示意图。

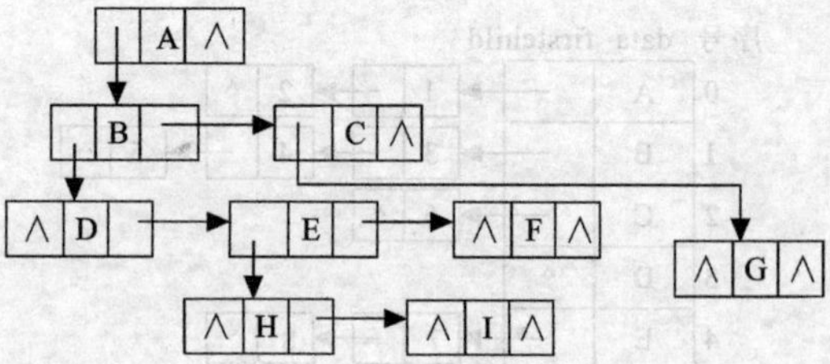

图 5-24　图 5-1（a）所示树的孩子兄弟表示法示意

5.4.2　树和森林与二叉树之间的转换

从树的孩子兄弟表示法可以看到，如果设定一定规则，就可用二叉树结构表示树和森林，这样，对树的操作就可以借助二叉树存储，利用二叉树上的操作来实现。本节将讨论树和森林与二叉树之间的转换方法。

1. 树转换为二叉树

对于一棵无序树，树中结点的各孩子的次序是无关紧要的，而二叉树中结点的左、右孩子结点是有区别的。为避免发生混淆，约定树中每一个结点的孩子结点按从左到右的次序顺序编号。如图 5-25（a）所示的一棵树，根结点 A 有 B、C、D 3 个孩子，可以认为结点 B 为 A 的第一个孩子结点，结点 C 为 A 的第二个孩子结点，结点 D 为 A 的第三个孩子结点。将该树转换为二叉树的方法如下。

（1）树中所有相邻兄弟之间加一条连线，如图 5-25（b）所示。

（2）对树中的每个结点，只保留它与第一个孩子结点之间的连线，删去与其他孩子结点之间的连线，如图 5-25（c）所示。

（3）以树的根结点为轴心，将整棵树顺时针转动一定的角度，使之结构层次分明，如图 5-25（d）所示。

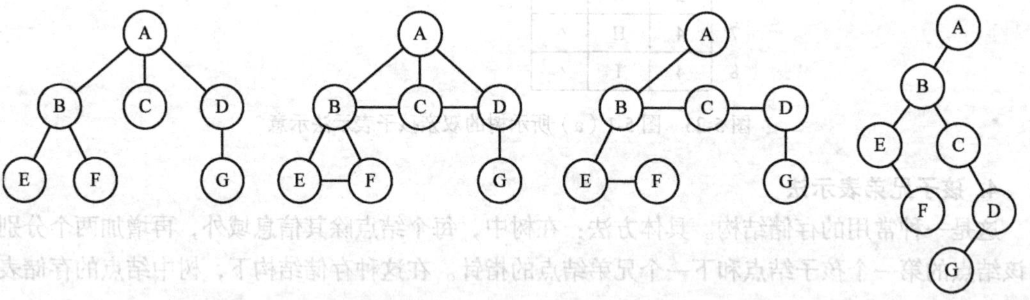

（a）一颗树　　（b）相邻兄弟加连线　　（c）删去双亲与其他孩子间的连线　　（d）转动一定的角度

图 5-25　树转换为二叉树的过程示意

可以证明，树做这样的转换所构成的二叉树是唯一的。由上面的转换可以看出，在二叉树中，左分支上的各结点在原来的树中是父子关系，而右分支上的各结点在原来的树中是兄弟关系。由于树的根结点没有兄弟，所以变换后的二叉树的根结点的右孩子必为空。

事实上，一棵树采用孩子兄弟表示法所建立的存储结构与它所对应的二叉树的二叉链表存储结构是完全相同的。

2. 森林转换为二叉树

由森林的概念可知，森林是若干棵树的集合，只要将森林中各棵树的根视为兄弟，每棵树又可以用二叉树表示，这样，森林也同样可以用二叉树表示。

森林转换为二叉树的方法如下。

（1）将森林中的每棵树转换成相应的二叉树。

（2）第一棵二叉树不动，从第二棵二叉树开始，依次把后一棵二叉树的根结点作为前一棵二叉树根结点的右孩子，当所有二叉树连起来后，此时所得到的二叉树就是由森林转换得到的二叉树。图 5-25 给出了森林及其转换为二叉树的过程。

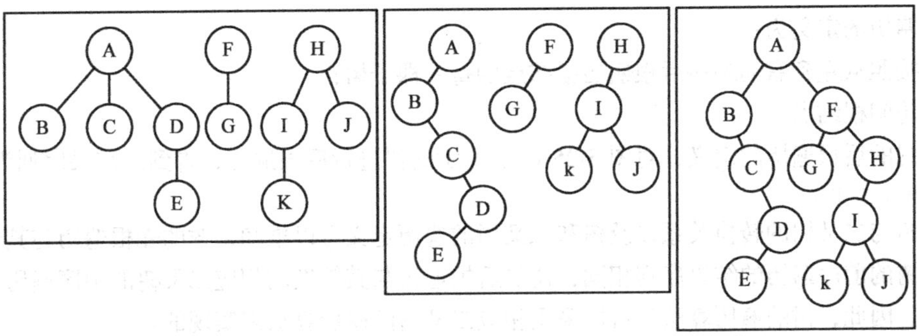

（a）一个森林　（b）森林中的每棵二叉树　（c）所有二叉树连起来后的二叉树

图 5-26　森林及其转换为二叉树的过程示意

3. 二叉树转换为树和森林

树和森林都可以转换为二叉树，二者不同的是树转换成的二叉树的根结点无右分支，而森林转换后的二叉树的根结点有右分支。显然这一转换过程是可逆的，即可以依据二叉树的根结点有无右分支，将一棵二叉树还原为树或森林，具体方法如下。

（1）若某结点是其双亲的左孩子，则把该结点的右孩子、右孩子的右孩子……，依次都与该结点的双亲结点用线连起来。

（2）删去原二叉树中所有的双亲结点与右孩子结点的连线。

（3）整理由（1)、(2）两步所得到的树或森林，使之结构层次分明。

图 5-27 给出了一棵二叉树还原为森林的过程示意。

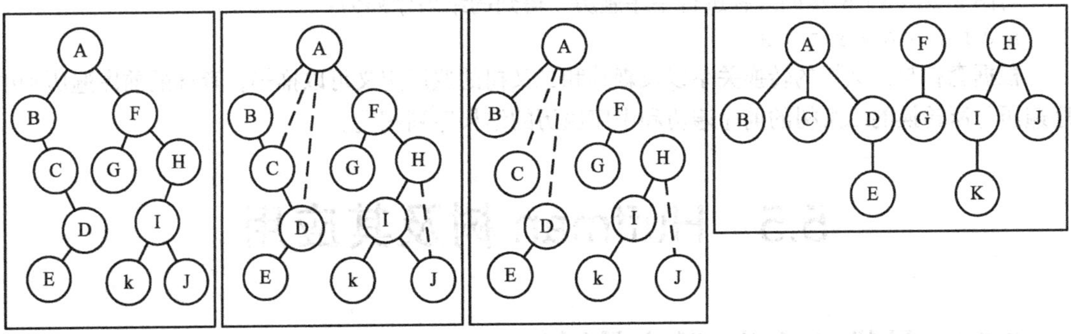

（a）一颗二叉树　（b）加连线　（c）删除右子树连线　（d）还原后的森林

图 5-27　二叉树还原为树和森林的过程示意

5.4.3 树和森林遍历

1. 树的遍历

树的遍历通常有以下两种方式：先根遍历和后根遍历。

先根遍历的定义为：

（1）访问根结点；

（2）按照从左到右的顺序先根遍历根结点的每一棵子树。

按照树的先根遍历的定义，对图 5-25（a）所示的树进行先根遍历，得到的结果序列为：

A B E F C D G

后根遍历的定义为：

（1）按照从左到右的顺序后根遍历根结点的每一棵子树；

（2）访问根结点。

按照树的后根遍历的定义，对图 5-25（a）所示的树进行后根遍历，得到的结果序列为：

E F B C G D A

根据树与二叉树的转换关系以及树和二叉树的遍历定义可以推知，树的先根遍历与其转换的相应二叉树的前序遍历的结果序列相同；树的后根遍历与其转换的相应二叉树的中序遍历的结果序列相同。因此，树的遍历算法是可以采用相应二叉树的遍历算法来实现的。

2. 森林的遍历

森林的遍历有前序遍历和中序遍历两种方式。

前序遍历的定义为：

（1）访问森林中第一棵树的根结点；

（2）前序遍历第一棵树的根结点的子树；

（3）前序遍历去掉第一棵树后的子森林。

对图 5-26（a）所示的森林进行前序遍历，得到的结果序列为：

A B C D E F G H I K J

中序遍历的定义为：

（1）中序遍历第一棵树的根结点的子树；

（2）访问森林中第一棵树的根结点；

（3）中序遍历去掉第一棵树后的子森林。

对图 5-26（a）所示的森林进行中序遍历，得到的结果序列为：

B C E D A G F K I J H

根据森林与二叉树的转换关系以及森林和二叉树的遍历定义可以推知，森林的前序遍历和中序遍历与所转换的二叉树的前序遍历和中序遍历的结果序列相同。

5.5 Huffman 树及其应用

5.5.1 最优二叉树（哈夫曼树）

最优二叉树也称哈夫曼（Huffman）树，是指对一组带有确定权值的叶结点，构造的具有最小带权路径长度的二叉树。

二叉树的路径长度是指由根结点到所有叶结点的路径长度之和，而叶子结点的权值是指对叶子结点赋予的一个有意义的数值量。如果二叉树中的叶结点都具有一定的权值，则可将这一概念加以推广。设二叉树具有 n 个带权值的叶结点，那么从根结点到各个叶结点的路径长度与相应结点权值的乘积之和叫做二叉树的带权路径长度，记为：$WPL=\sum_{k=1}^{n}W_k \times L_k$。

其中，W_k 为第 k 个叶结点的权值，L_k 为第 k 个叶结点的路径长度。如图 5-28 所示的二叉树，它的带权路径长度值 $WPL=2\times2+4\times2+5\times2+3\times2=28$。

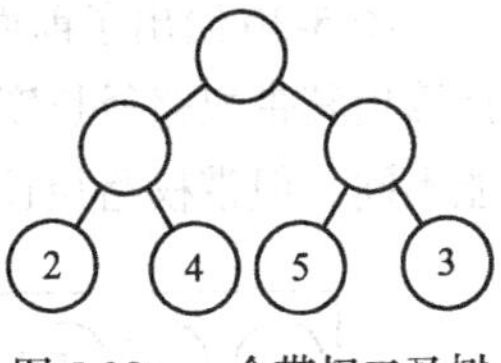

图 5-28　一个带权二叉树

给定一组具有确定权值的叶结点，可以构造出不同的带权二叉树。例如，给出 4 个叶结点，设其权值分别为 1、3、5、7，我们可以构造出形状不同的多个二叉树。这些形状不同的二叉树的带权路径长度将各不相同。图 5-29 给出了其中 5 个不同形状的二叉树。

这 5 棵树的带权路径长度分别为：

（a）$WPL=1\times2+3\times2+5\times2+7\times2=32$；

（b）$WPL=1\times3+3\times3+5\times2+7\times1=29$；

（c）$WPL=1\times2+3\times3+5\times3+7\times1=33$；

（d）$WPL=7\times3+5\times3+3\times2+1\times1=43$；

（e）$WPL=7\times1+5\times2+3\times3+1\times3=29$。

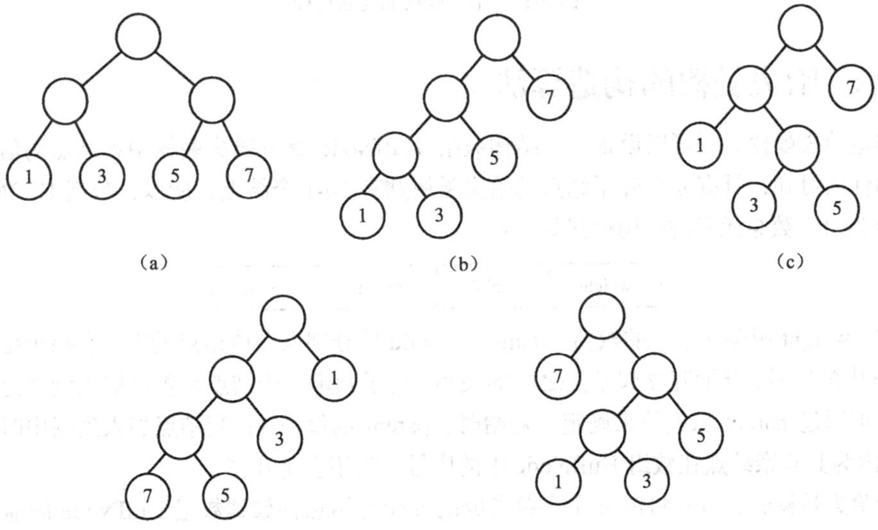

图 5-29　具有相同叶子结点和不同带权路径长度的二叉树

由此可见，由相同权值的一组叶子结点所构成的二叉树有不同的形态和不同的带权路径长度，而带权路径长度最小的二叉树（即哈夫曼树）的特点如下所示。

（1）权值越大的叶子结点越靠近根结点，而权值越小的叶子结点越远离根结点。

（2）只有度为 0（叶子结点）和度为 2（分支结点）的结点，不存在度为 1 的结点。

哈夫曼（Huffman）依据这一特点提出了一种找到带权路径长度最小的二叉树的方法，这种方法的基本思想如下。

（1）由给定的 n 个权值$\{W_1, W_2, \cdots, W_n\}$构造 n 棵只有一个叶结点的二叉树，从而得到一个二叉树的集合 $F=\{T_1, T_2, \cdots, T_n\}$。

（2）在 F 中选取根结点权值最小和次小的两棵二叉树作为左、右子树，构造一棵新的二叉树，这棵新二叉树根结点的权值为其左、右子树根结点权值之和。

（3）在集合 F 中删除作为左、右子树的两棵二叉树，并将新建立的二叉树加入到集合 F 中。

（4）重复（2）、（3）两步，当 F 中只剩下一棵二叉树时，这棵二叉树便是所要建立的哈夫曼树。

图 5-30 给出了前面提到的叶结点权值集合为 $W=\{1, 3, 5, 7\}$的哈夫曼树的构造过程，可以计算出其带权路径长度为 29。由此可见，对于同一组给定叶结点所构造的哈夫曼树，树的形状可能不同，但带权路径长度值是相同的，并且一定是最小的。

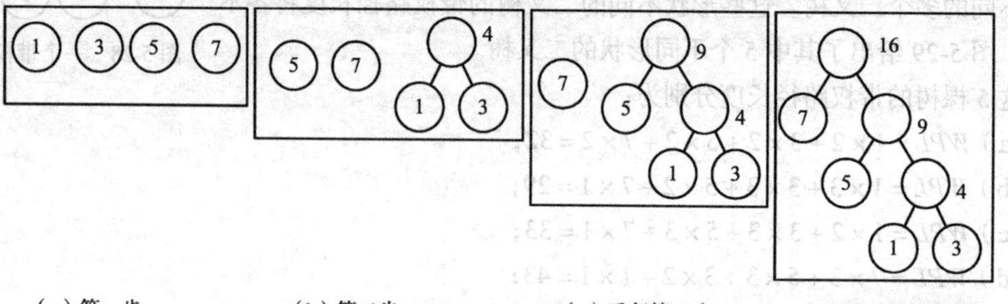

（a）第一步　　（b）第二步　　（c）重复第二步　　（d）形成哈夫曼树

图 5-30　哈夫曼树的建立过程

5.5.2　哈夫曼树的构造算法

在构造哈夫曼树时，可以设置一个结构数组 HuffNode 保存哈夫曼树中各结点的信息。根据二叉树的性质可知，具有 n 个叶子结点的哈夫曼树共有 $2n$-1 个结点，所以，数组 HuffNode 的大小设置为 $2n$-1，数组元素的结构形式如下：

weight	lchild	rchild	parent

其中，weight 域保存结点的权值，lchild 和 rchild 域分别保存该结点的左、右孩子结点在数组 HuffNode 中的序号，从而建立起结点之间的关系。为了判定一个结点是否已加入到要建立的哈夫曼树中，可通过 parent 域的值来确定。初始时，parent 的值为-1；当结点加入到树中时，该结点 parent 的值为其双亲结点在数组 HuffNode 中的序号，就不会是-1 了。

构造哈夫曼树时，首先将由 n 个字符形成的 n 个叶结点存放到数组 HuffNode 的前 n 个分量中，然后根据前面介绍的哈夫曼方法的基本思想，不断将两个小子树合并为一个较大的子树，每次构成的新子树的根结点顺序放到 HuffNode 数组中的前 n 个分量的后面。

算法思想如下。

（1）数组 HuffNode 初始化，所有元素结点的双亲、左右孩子都置为-1。

（2）数组 HuffNode 的前 n 个元素的权值置为给定值 $w[n]$。

（3）进行 n-1 次合并。

（a）在二叉树集合中选取两个权值最小的根结点，其下标分别为 i_1、i_2。

（b）将二叉树 i_1、i_2 合并为一棵新的二叉树 k。

下面给出哈夫曼树的构造算法。

【算法 5-11：哈夫曼树的构造】

```
void HuffmanTree(element HuffNode[ ], int w[ ], int n ) {
    for (i = 0; i <2*n-1; i++) {
        HuffNode [i].parent = -1;
        HuffNode [i].lchild = -1;
        HuffNode [i].rchild = -1;
    }
    for (i = 0; i < n; i++)
        HuffNode [i].weight = w[i];
    for (k = n; k < 2*n-1; k++) {
        //在二叉树集合中选取两个权值最小的根结点，并赋值给 i1 和 i2
        Select(huffTree, i1, i2); //该函数请读者自己补充
        HuffNode[k].weight=
                HuffNode[i1].weight+HuffNode[i2].weight;
        HuffNode [i1].parent = k; HuffNode [i2].parent = k;
        HuffNode [k].lchild = i1; HuffNode [k].rchild = i2;
    }
}
```

5.5.3 哈夫曼树在编码问题中的应用

在数据通信中，经常需要将传送的文字转换成由二进制字符 0、1 组成的二进制串，称之为编码。例如，假设要传送的电文为 ABACCDA，电文中只含有 A、B、C、D 4 种字符，若这 4 种字符采用图 5-31（a）所示的编码，则电文的代码为 000010000100100111000，长度为 21。在传送电文时，我们希望传送时间尽可能短，这就要求电文代码尽可能短，显然，这种编码方案产生的电文代码不够短。图 5-31（b）所示为另一种编码方案，用此方案对上述电文进行编码所建立的代码为 00010010101100，长度为 14。在这种编码方案中，4 种字符的编码均为两位，是一种等长编码。如果在编码时考虑字符出现的频率，让出现频率高的字符采用尽可能短的编码，出现频率低的字符采用稍长的编码，构造一种不等长编码，则电文的代码有可能更短。如当字符 A、B、C、D 采用图 5-31（c）所示的编码时，上述电文的代码为 0110010101110，长度仅为 13。

A	
字符	编码
A	000
B	010
C	100
D	111

B	
字符	编码
A	00
B	01
C	10
D	11

C	
字符	编码
A	0
B	110
C	10
D	111

D	
字符	编码
A	01
B	010
C	001
D	10

图 5-31　字符的 4 种不同的编码方案

哈夫曼树可用于构造使电文的编码总长最短的编码方案。具体做法如下：设需要编码的字符集合为$\{d_1, d_2, \cdots, d_n\}$，它们在电文中出现的次数或频率集合为$\{w_1, w_2, \cdots, w_n\}$，以 d_1，d_2，…，d_n 作为叶结点，w_1，w_2，…，w_n 作为它们的权值，构造一棵哈夫曼树，规定哈夫曼树中的左分支代表 0，右分支代表 1，则从根结点到每个叶结点所经过的路径分支组成的 0 和 1 的序列便为该结点对应字符的编码，我们称之为哈夫曼编码。

在哈夫曼编码树中，树的带权路径长度的含义是各个字符的码长与其出现次数的乘积之和，也就是电文的代码总长，所以采用哈夫曼树构造的编码是一种能使电文代码总长最短的不等长编码。

在建立不等长编码时，必须使任何一个字符的编码都不是另一个字符编码的前缀，这样才能保证译码的唯一性。例如图 5-31 所示（d）的编码方案，字符 A 的编码 01 是字符 B 的编码 010 的前缀部分，这样对于代码串 0101001，既是 AAC 的代码，也是 ABD 和 BDA 的代码，因此，这样的编码不能保证译码的唯一性，我们称之为具有二义性的译码。

然而，采用哈夫曼树进行编码，则不会产生上述二义性问题。因为，在哈夫曼树中，每个字符结点都是叶结点，它们不可能在根结点到其他字符结点的路径上，所以一个字符的哈夫曼编码不可能是另一个字符的哈夫曼编码的前缀，从而保证了译码的非二义性。

求哈夫曼编码，实质上就是根据字符出现的频率构造 Huffman 树，然后将树中结点引向其左孩子的分支标“0”，引向其右孩子的分支标“1”。每个字符的编码即为从根到每个叶子的路径上得到的 0、1 序列。

如要传输的字符集 *D*=｛C，A，S，T，;｝，字符出现频率 *W*={2，4，2，3，3}，则对应的哈夫曼树和哈夫曼编码如图 5-32 所示。如要传送的电文是{CAS;CAT;SAT;AT}，则其对应的哈夫曼编码应为“11010111011101000011111000011000”。

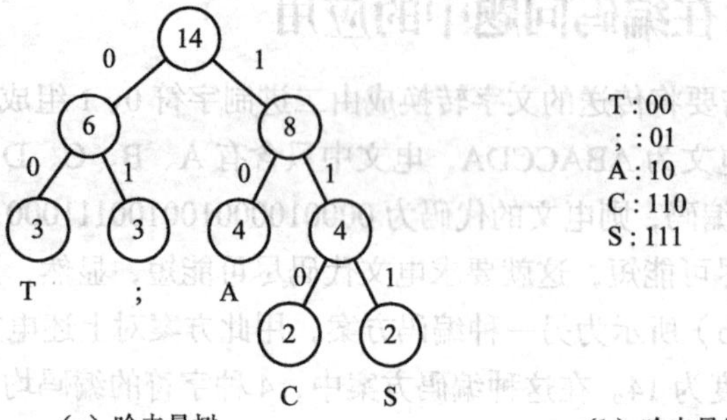

（a）哈夫曼树　　　　（b）哈夫曼编码

图 5-32　字符集 D 的哈夫曼树和哈夫曼编码

译码时，应从哈夫曼树根开始，从待译码电文中逐位取码。若编码是“0”，则向左走；若编码是“1”，则向右走，一旦到达叶子结点，则译出一个字符，再重新从根出发，直到电文结束。如电文为“1101000”，则其译文只能是“CAT”。

5.6　习题与解析

一、填空题

1. 由 3 个结点所构成的二叉树有__________种形态。

2. 满二叉树是指__________，完全二叉是指__________。

3. 假定一棵树的广义表表示为 A(B(E), C(F(H, I, J), G), D)，则该树的度为__________，树的深度为__________，终端结点的个数为__________，单分支结点的个数为__________，双分支结点的个数为__________，三分支结点的个数为__________，C 结点的双亲结点为__________，其孩子结点为__________和__________结点。

4. 对于一个有 n 个结点的二叉树，当它为一棵__________二叉树时，具有最小高度，即为__________；当它为一棵单支树时，具有__________高度，即为__________。

5. 如果结点 A 有 3 个兄弟，而且 B 是 A 的双亲，则 B 的度是__________。

6. 一棵深度为 6 的满二叉树有__________个分支结点和__________个叶子。

7. 一棵具有 257 个结点的完全二叉树，它的深度为__________。

8. 设一棵完全二叉树有 700 个结点，则共有__________个叶子结点。

9. 设一棵完全二叉树具有 1000 个结点，则此完全二叉树有__________个叶子结点，有个度为 2 的结点，有__________个结点只有非空左子树，有__________个结点只有非空右子树。

10. 一棵有 n 个结点的满二叉树有__________个度为 1 的结点，有__________个分支（非终端）结点和__________个叶子，该满二叉树的深度为__________。

11. 在一棵二叉树中，度为零的结点的个数为 N_0，度为 2 的结点的个数为 N_2，则有 N_0 =__________。

12. 一棵含有 n 个结点的 k 叉树，可能达到的最大深度为__________，最小深度为__________。

13. 对于一棵具有 n 个结点的二叉树，当进行链接存储时，其二叉链表中的指针域的总数为__________个，其中__________个用于链接孩子结点，__________个空闲着。

14. 设高度为 h 的二叉树中只有度为 0 和度为 2 的结点，则此类二叉树中所包含的结点数至少为__________。

15. 一棵含有 n 个结点的 k 叉树，__________形态达到最大深度，__________形态达到最小深度。

16. 对于一棵具有 n 个结点的二叉树，若一个结点的编号为 $i(1\leqslant i\leqslant n)$，则它的左孩子结点的编号为__________，右孩子结点的编号为__________，双亲结点的编号为__________。

17. 二叉树的链式存储结构有__________和__________两种。

18. 若已知一棵二叉树的前序序列是 BEFCGDH，中序序列是 FEBGCHD，则它的后序序列必是__________。

19. 二叉树的先序序列和中序序列相同的条件是__________。

20. 已知一棵二叉树的前序序列为 abdecfhg，中序序列为 dbeahfcg，则该二叉树的根为__________，左子树中有__________， 右子树中有__________。

21. 若一个二叉树的叶子结点是某子树中序遍历序列中的最后一个结点，则它必是该子树__________序列中的最后一个结点。

22. 设 F 是由 T_1、T_2、T_3 三棵树组成的森林，与 F 对应的二叉树为 B，已知 T_1、T_2、T_3 的结点数分别为 n_1、n_2 和 n_3，则二叉树 B 的左子树中有__________个结点，右子树中有__________个结点。

23. 线索二元树的左线索指向其__________，右线索指向其__________。

24. 线索是指__________。

25. 线索链表中的 rtag 域值为__________时，表示该结点无右孩子，此时__________域为指向该结点后继线索的指针。

26. 哈夫曼树是指__________的二叉树。

27. 有一份电文中共使用 6 个字符:a，b，c，d，e，f，它们出现的频率依次为 2，3，4，7，8，9，试构造一棵哈夫曼树，则其加权路径长度 WPL 为__________，字符 c 的编码是__________。

28. 由带权为 3，9，6，2，5 的 5 个叶子结点构成一棵哈夫曼树，则带权路径长度为__________。

29. 用 5 个权值{3, 2, 4, 5, 1}构造的哈夫曼（Huffman）树的带权路径长度是________。

二、单项选择题

1. 在一棵度为 3 的树中，度为 3 的结点数为 2 个，度为 2 的结点数为 1 个，度为 1 的结点数为 2 个，则度为 0 的结点数为（　　）个。

A. 4　　B. 5　　C. 6　　D. 7

2. 在下述结论中，正确的是（　　）。

① 只有一个结点的二叉树的度为 0

② 二叉树的度为 2

③ 二叉树的左右子树可任意交换

④ 深度为 K 的完全二叉树的结点个数小于或等于深度相同的满二叉树

A. ①②③　　B. ②③④　　C. ②④　　D. ①④

3. 有关二叉树下列说法正确的是（　　）

A. 二叉树的度为 2　　B. 一棵二叉树的度可以小于 2

C. 二叉树中至少有一个结点的度为 2　　D. 二叉树中任何一个结点的度都为 2

4. 下面叙述正确的是（　　）。

A. 二叉树是特殊的树　　B. 二叉树等价于度为 2 的树

C. 完全二叉树必为满二叉树　　D. 二叉树的左、右子树没有次序之分

5. 假设在一棵二叉树中，度为 2 的结点数为 15，度为 1 的结点数为 30 个，则叶子结点数为（　　）个。

A. 15　　B. 16　　C. 17　　D. 47

6. 若一棵二叉树具有 10 个度为 2 的结点，5 个度为 1 的结点，则度为 0 的结点个数是（　　）。

A. 9　　B. 11　　C. 15　　D. 不确定

7. 假定一棵三叉树的结点数为 50，则它的最小高度为（　　）。

A. 3　　B. 4　　C. 5　　D. 6

8. 在一棵二叉树上，第 4 层的结点数最多为（　　）。

A. 2　　B. 4　　C. 6　　D. 8

9. 二叉树的第 I 层上最多含有结点数为（　　）。

A. 2^I　　B. $2^{I-1}-1$　　C. 2^{I-1}　　D. 2^I-1

10. 一棵树高为 k 的完全二叉树至少有（　　）个结点。

A. 2^k-1　　B. $2^{k-1}-1$　　C. 2^{k-1}　　D. 2^k

11. 已知一棵完全二叉树的结点总数为 9 个，则最后一层的结点数为（　　）。

A. 1　　B. 2　　C. 3　　D. 4

12. 用顺序存储的方法将完全二叉树中的所有结点逐层存放在数组中 R[1..n]，结点 R[i]若有左孩子，其左孩子的编号为结点（　　）。

A. R[2i+1]　　B. R[2i]　　C. R[i/2]　　D. R[2i-1]

13. 任何一棵二叉树的叶子结点在先序、中序和后序遍历序列中的相对次序（　　）。

A. 不发生改变　　B. 发生改变　　C. 不能确定　　D. 以上都不对

14. 根据先序序列 ABDC 和中序序列 DBAC 确定对应的二叉树，该二叉树（　　）。

A. 是完全二叉树　　B. 不是完全二叉树　　C. 是满二叉树　　D. 不是满二叉树

15. 一棵二叉树的前序遍历序列为 ABCDEFG，它的中序遍历序列可能是（　　）。

A. CABDEFG　　B. ABCDEFG　　C. DACEFBG　　D. ABDCFEG

16. 某二叉树中序序列为 ABCDEFG，后序序列为 BDCAFGE，则前序序列是（　　）。

A. EGFACDB　　B. EACBDGF　　C. EAGCFBD　　D. 上面的都不对

17. 某二叉树的前序序列和后序序列正好相反，则该二叉树一定是（　　）的二叉树。

A. 空或只有一个结点　　B. 任一结点无左子树

C. 高度等于其结点数　　D. 任一结点无右子树

18. 设 n、m 为一棵二叉树上的两个结点，在中序遍历序列中 n 在 m 前的条件是（　　）。

A. n 在 m 右方　　B. n 在 m 左方　　C. n 是 m 的祖先　　D. n 是 m 的子孙

19. 欲实现任意二叉树的后序遍历的非递归算法而不必使用栈，最佳方案是二叉树采用（　　）存储结构。

A. 三叉链表　　B. 广义表　　C. 二叉链表　　D. 顺序

20. 线索二叉树是一种（　　）结构。

A. 逻辑　　B. 逻辑和存储　　C. 物理　　D. 线性

21. 一棵左子树为空的二叉树在先序线索化后，其中空链域的个数是（　　）。

A. 不确定　　B. 0　　C. 1　　D. 2

22. n 个结点的线索二叉树上含有的线索数为（　　）。

A. $2n$　　B. $n-1$　　C. $n+1$　　D. n

23. 若 X 是二叉中序线索树中一个有左孩子的结点，且 X 不为根，则 X 的前驱为（　　）。

A. X 的双亲　　B. X 的右子树中最左的结点

C. X 的左子树中最右结点　　D. X 的左子树中最右叶结点

24. 线索二叉树中，结点 p 没有左子树的充要条件是（　　）。

A. p->lc=NULL　　B. p->ltag=1

C. p->ltag=1 且 p->lc=NULL　　D. 以上都不对

25. 引入二叉线索树的目的是（　　）。

A. 加快查找结点的前驱或后继的速度

B. 为了能在二叉树中方便地进行插入与删除

C. 为了能方便地找到双亲

D. 使二叉树的遍历结果唯一

26. 如果 F 是由有序树 T 转换而来的二叉树，那么 T 中结点的前序就是 F 中结点的（　　）。

A. 中序　　B. 前序　　C. 后序　　D. 层次序

27. 设森林 F 对应的二叉树为 B，它有 m 个结点，B 的根为 p，p 的右子树结点个数为 n，森林 F 中第一棵树的结点个数是（　　）。

A. $m-n$　　B. $m-n-1$　　C. $n+1$　　D. 条件不足，无法确定

28. 设 F 是一个森林，B 是由 F 变换得的二叉树。若 F 中有 n 个非终端结点，则 B 中右指针域为空的结点有（　　）个。

A. $n-1$　　B. n　　C. $n+1$　　D. $n+2$

29. 由权值分别为 3，8，6，2，5 的叶子结点生成一棵哈夫曼树，它的带权路径长度为（　　）。

A. 24　　B. 48　　C. 72　　D. 53

三、判断题

（　　）1. 二叉树中每个结点的度不能超过 2，所以二叉树是一种特殊的树。

（ ）2. 若二叉树用二叉链表作存储结构，则在 n 个结点的二叉树链表中只有 n-1 个非空指针域。

（ ）3. 具有 12 个结点的完全二叉树有 5 个度为 2 的结点。

（ ）4. 二叉树的后序遍历序列与前序遍历序列反映了同样的信息（它们反映的信息不独立）。

（ ）5. 二叉树的前序遍历并不能唯一确定这棵树，但是，如果还知道该树的根结点是哪一个，则可以确定这棵二叉树。

（ ）6. 二叉树的前序遍历中，任意结点均处在其孩子结点之前。

（ ）7. 在中序线索二叉树中，每一非空的线索均指向其祖先结点。

（ ）8. 由二叉树的先序序列和后序序列可以唯一确定一棵二叉树。

（ ）9. 树的后序遍历与其对应的二叉树的后序遍历序列相同。

（ ）10. 满二叉树也是完全二叉树。

（ ）11. 哈夫曼树一定是完全二叉树。

（ ）12. 一棵哈夫曼树的带权路径长度等于其中所有分支结点的权值之和。

（ ）13. 哈夫曼树是带权路径长度最短的树，路径上权值较大的结点离根较近。

四、应用题

1. 已知一棵树边的集合为{<i，m>，<i，n>，<e，i>，<b，e>，<b，d>，<a，b>，<g，j>，<g，k>，<c，g>，<c，f>，<h，l>，<c，h>，<a，c>}，请画出这棵树，并回答下列问题。

（1）哪个是根结点？

（2）哪些是叶子结点？

（3）哪个是结点 g 的双亲？

（4）哪些是结点 g 的祖先？

（5）哪些是结点 g 的孩子？

（6）哪些是结点 e 的孩子？

（7）哪些是结点 e 的兄弟？哪些是结点 f 的兄弟？

（8）结点 b 和 n 的层次号分别是什么？

（9）树的深度是多少？

（10）以结点 c 为根的子树深度是多少？

2. 一棵度为 2 的树与一棵二叉树有何区别？

3. 试分别画出具有 3 个结点的树和二叉树的所有不同形态。

4. 一棵深度为 H 的满 k 叉树有如下性质：第 H 层上的结点都是叶子结点，其余各层上每个结点都有 k 棵非空子树，如果按层次自上至下，从左到右顺序从 1 开始对全部结点编号，回答下列问题。

（1）各层的结点数目是多少？

（2）如果编号为 n 的结点的父结点存在，编号是多少？

（3）如果编号为 n 的结点的第 i 个孩子结点存在，编号是多少？

（4）编号为 n 的结点有右兄弟的条件是什么？其右兄弟的编号是多少？

5. 已知用一维数组存放的一棵完全二叉树：ABCDEFGHIJKL，写出该二叉树的先序、中序和后序遍历序列。

6. 给定二叉树的两种遍历序列，前序遍历序列：D，A，C，E，B，H，F，G，I； 中序遍历序列：D，C，B，E，H，A，G，I，F，试画出二叉树 B，并简述由任意二叉树 B 的前序遍历序列和中序遍历序列求二叉树 B 的思想方法。

7. 假设一棵二叉树的先序序列为 EBADCFHGIKJ，中序序列为 ABCDEFGHIJK，请写出该二叉树的后序遍历序列。

8. 假设一棵二叉树的后序序列为 DCEGBFHKJIA，中序序列为 DCBGEAHFIJK，请写出该二叉树的后序遍历序列。

9. 一棵二叉树的先序、中序和后序序列分别如下，其中有一部分未显示出来，试求出空格处的内容，并画出该二叉树。

先序序列：_ B _ F _ I C E H _ G

中序序列：D _ K F I A _ E J C _

后序序列：_ K _ F B H J _ G _ A

10. 找出所有满足下列条件的二叉树。

（1）它们在先序遍历和中序遍历时，得到的遍历序列相同。

（2）它们在后序遍历和中序遍历时，得到的遍历序列相同。

（3）它们在先序遍历和后序遍历时，得到的遍历序列相同。

11. 对图 5-33 所示的二叉树分别按前序、中序、后序遍历，给出相应的结点序列，同时给二叉树加上中序线索。

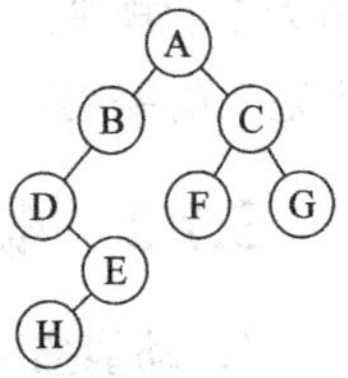

图 5-33 一棵二叉树

12. 设二叉树 BT 的存储结构如下。

结点编号	1	2	3	4	5	6	7	8	9	10
Lchild	0	0	2	3	7	5	8	0	10	1
Data	J	H	F	D	B	A	C	E	G	I
Rchild	0	0	0	9	4	0	0	0	0	0

其中，BT 为树根结点的指针，其结点编号为 6，Lchild 和 Rchild 分别为结点的左、右孩子指针域，data 为结点的数据域。试完成下列各题。

（1）画出二叉树 BT 的逻辑结构。

（2）写出按前序、中序、后序遍历该二叉树所得到的结点序列。

（3）画出二叉树的后序线索树。

13. 设 A、B、C、D、E、F 6 个字母出现的概率分别为 7、19、2、6、32、3。试写出为这 6 个字母设计的 HUFFMAN 编码，并画出对应的 HUFFMAN 树。

14. 设有正文 MNOPPPOPMMPOPOPPOPNP，字符集为 M，N，O，P，设计一套二进制编码，使得上述正文的编码最短。

5.7 项 目 实 例

5.7.1 项目说明

1. 问题描述

利用哈夫曼编码进行信息通信可以大大提高信道利用率，缩短信息传输的时间，降低传输成本。但是，前提要求必须在发送端通过一个编码系统对准备传输的数据进行预先编码，而在接收端将传输来的数据进行译码。本次实例要实现一个简单的哈夫曼编译器。已知该系统字符频度，如表 5-1 所示。

表 5-1　　　　　　　　　　　　系统字符频度

字符	A	B	C	D	E	F	G	H	I	J	K	L	M	N
频度	186	64	13	22	32	103	21	15	47	57	1	2	32	20
字符	O	P	Q	R	S	T	U	V	W	X	Y	Z		
频度	57	63	15	1	48	51	80	23	8	18	1	16		

2. 问题分析

构造哈夫曼树时，首先将由 *n* 个字符形成的 *n* 个叶子结点存放到数组 HTNode 的前 *n* 个分量中，然后根据前文介绍的哈夫曼方法的基本思想，不断将两个小子树合并为一个较大的子树，每次构成的新子树的根结点顺序放到 HTNode 数组中的前 *n* 个分量的后面。并按左子树为 0，右子树为 1 的规则形成哈夫曼编码。编码时，根据输入的字符，查找对应的哈夫曼编码，译码时，根据输入的编码查找该编码的相应的字符。

5.7.2　概要设计

1. 功能描述

程序执行的命令包括以下几点。（也即一套完整的简单编码译码系统应该具有以下功能）

（1）初始化。从终端读入字符集大小 *n*，以及 *n* 个字符和 *n* 个权值，建立哈夫曼树。

（2）编码。利用已建好的哈夫曼树，对输入的字符串进行编码。

（3）译码。利用已建好的哈夫曼树，对输入的代码进行译码。

（4）打印编码或译码。

（5）运算结束。运算完毕，退出主程序。

2. 流程图

哈夫曼编译器的主要功能是先建立哈夫曼树，然后利用建立好的哈夫曼树生成的哈夫曼编码进行译码，所以此处只给出建立哈夫曼树算法流程图，如图 5-34 所示。编码和译码流程图由读者思考自行完成。

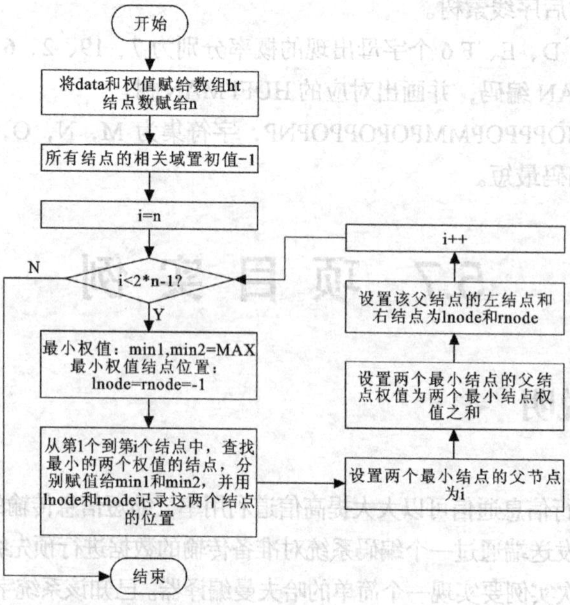

图 5-34　哈夫曼树算法流程图

5.7.3　系统功能实现

1. 数据结构

系统采用顺序存储结构存储哈夫曼树，每一个哈夫曼结点的结构采用结构 HTNode 定义。HTNode 的定义如下。

```
typedef struct
{
    char data;                    //结点值
    int weight;                   //权值
    int parent;                   //双亲结点
    int lchild;                   //左孩子结点
    int rchild;                   //右孩子结点
}HTNode;
```

HCode 用来表示相应的哈夫曼编码，结构如下。

```
typedef struct
{
    char cd[N];                   //存放哈夫曼编码
    int start;                    //从 start 开始读 cd 中的哈夫曼编码
}HCode;
```

2. 系统主界面

系统的主界面用 main()函数完成，main()函数中包含显示主菜单代码，用户根据主菜单上面的提示选择想要使用的功能，当输入的编号与 main()函数中 switch 语句入口匹配时，则调用相应功能模块。本系统主要包含 3 个功能模块，分别是显示对应编码、进行编码及进行译码，如图 5-35 所示。

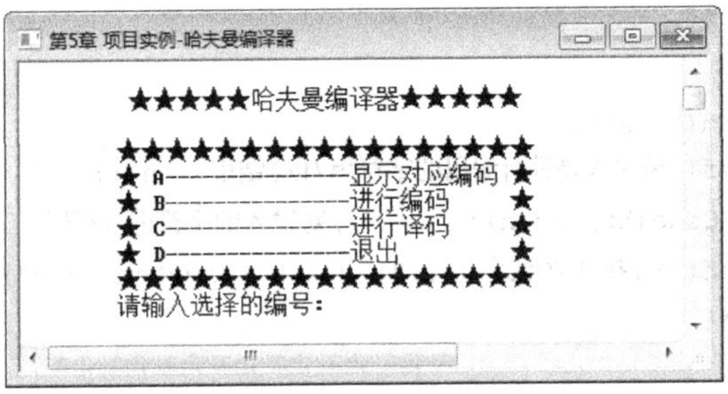

图 5-35　系统主界面

代码如下。

```
void main()
{
    int n=26,i;
    char orz,back,flag=1;
    char str[]={'A','B','C','D','E','F','G','H','I','J',
                'K','L','M','N','O','P','Q','R','S','T',
                'U','V','W','X','Y','Z'};                    //初始化
    int fnum[]={186,64,13,22,32,103,21,15,47,57,1,2,32,
                20,57,63,15,1,48,51,80,23,8,18,1,16};        //初始化
    HTNode ht[M];                                            //建立结构体
```

```
    HCode hcd[N];                          //建立结构体
    for (i=0;i<n;i++)                      //把初始化的数据存入 ht 结构体中
    {
        ht[i].data=str[i];
        ht[i].weight=fnum[i];
    }
    while (flag)                           //菜单函数，当 flag 为 0 时跳出循环
    {
        printf("\n");
        printf("        ★★★★★哈夫曼编译器★★★★★\n\n");
        printf("       ★★★★★★★★★★★★★★★★★★★");
        printf("\n         ★ A---------------显示对应编码 ★");
        printf("\n         ★ B---------------进行编码     ★");
        printf("\n         ★ C---------------进行译码     ★");
        printf("\n         ★ D---------------退出         ★\n");
        printf("       ★★★★★★★★★★★★★★★★★★★");
        printf("\n");
        printf("       请输入选择的编号:");
        scanf("%c",&orz);
        switch(orz)
        {
        case 'a':
        case 'A':
            system("cls");             //清屏函数
            CreateHT(ht,n);            //创建哈夫曼树
            CreateHCode(ht,hcd,n);     //创建哈夫曼编码
            DispHCode(ht,hcd,n);       //显示哈夫曼编码
            printf("\n 按任意键返回...");getch();system("cls");
            break;
        case 'b':
        case 'B':
            system("cls");
            printf("请输入要进行编码的字符串(以#结束):\n");
            editHCode(ht,hcd,n);       //对输入的字符进行编码
            printf("\n 按任意键返回...");getch();system("cls");
            break;
        case 'c':
        case 'C':
            system("cls");
            DispHCode(ht,hcd,n);
            printf("请输入编码(以#结束):\n");
            deHCode(ht,hcd,n);         //对输入的字符进行译码
            printf("\n 按任意键返回...");getch();system("cls");
            break;
        case 'd':
        case 'D':
            flag=0;break;
        default:
            system("cls");
        }
    }
}
```

3. 显示对应编码

当选中编号 A/a 时，系统将会显示对权值进行处理，通过建立哈夫曼树，最终完成对 26 个字符编码的工作。这一部分是系统的核心，后面的编码和译码全部是在此基础上完成的，所以该系统在编码或译码之前必须要先执行此步操作。操作界面如图 5-36 所示。

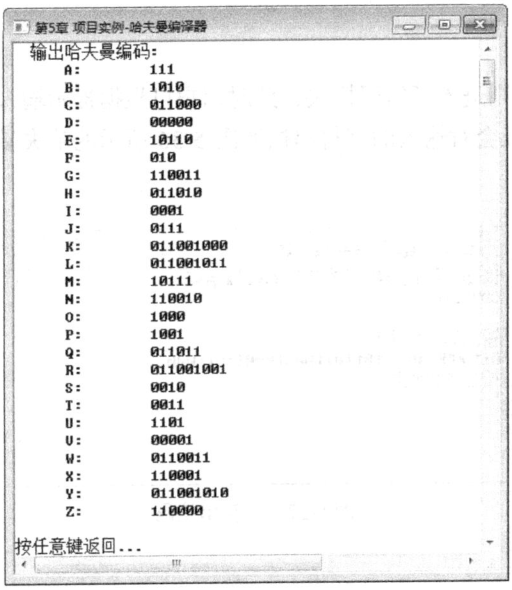

图 5-36　显示对应编码

代码如下。

```
void CreateHT(HTNode ht[],int n)                //调用输入的数组 ht[]和结点数 n
{
    int i,k,lnode,rnode;
    int min1,min2;
    for (i=0;i<2*n-1;i++)                       //所有结点的相关域置初值-1
        ht[i].parent=ht[i].lchild=ht[i].rchild=-1;
    for (i=n;i<2*n-1;i++)                       //构造哈夫曼树
     {
        min1=min2=32767;                        //设 int 的最大值是 32767
        lnode=rnode=-1;                         //lnode 和 rnode 记录最小权值的两个结点位置
        for (k=0;k<=i-1;k++)
        {
              if (ht[k].parent==-1)             //只在尚未构造二叉树的结点中查找
              {
                   if (ht[k].weight<min1)       //若权值小于最小的左结点的权值
                   {
                        min2=min1;rnode=lnode;
                        min1=ht[k].weight;lnode=k;
                   }
                   else if (ht[k].weight<min2)
                        min2=ht[k].weight;rnode=k;
              }
          }
        //两个最小结点的父结点是 i
```

```
        ht[lnode].parent=i;ht[rnode].parent=i;
        //两个最小结点的父结点权值为两个最小结点权值之和
        ht[i].weight=ht[lnode].weight+ht[rnode].weight;
        //父结点的左结点和右结点
        ht[i].lchild=lnode;ht[i].rchild=rnode;
    }
}
```

4. 编码

当选中编号 B/b 时，则进入了编码模块，此时用户可根据提示输入想要编码的字符串。本系统要求以“#”结尾。系统会对输入的字符串按照图 5-36 所示的哈夫曼编码进行编码工作，如图 5-37 所示。

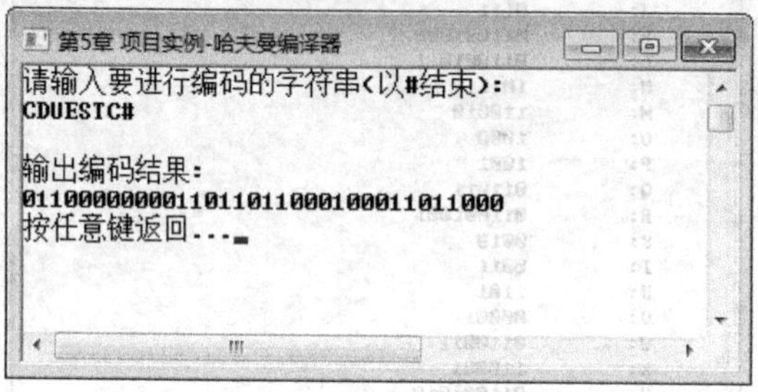

图 5-37　字符串编码

代码如下。

```
void editHCode(HTNode ht[],HCode hcd[],int n)   //编码函数
{
    char string[MAXSIZE];
    int i,j,k;
    scanf("%s",string);                          //把要进行编码的字符串存入 string 数组中
    printf("\n 输出编码结果:\n");
    for (i=0;string[i]!='#';i++)                 //#为终止标志
    {
        for (j=0;j<n;j++)
        {
            //循环查找与输入字符相同的编号，相同的就输出这个字符的编码
            if(string[i]==ht[j].data)
            {
                for (k=hcd[j].start;k<=n;k++)
                printf("%c",hcd[j].cd[k]);
                break;                           //输出完成后跳出当前 for 循环
            }
        }
    }
}
```

5. 译码

当选中编号 C/c 时，就进入了译码模块，此模块的工作与编码模块刚好相反，要求用户输入一系列串的编码。本系统仍然要求用“#”结束。系统会对输入的一系列编码逆向操作，翻译出对应的字符串，如图 5-38 所示。

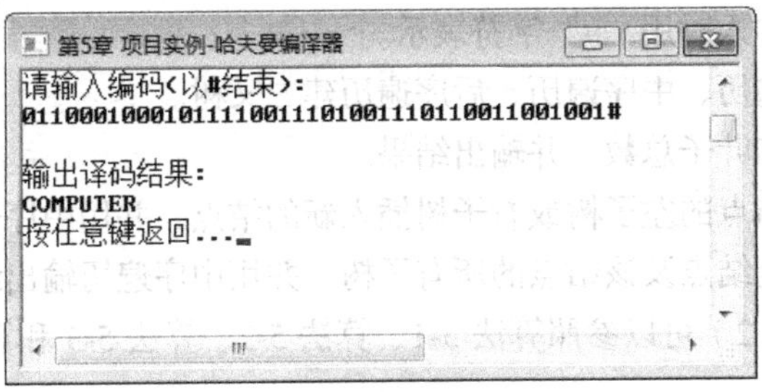

图 5-38 译码

代码如下。

```
void deHCode(HTNode ht[],HCode hcd[],int n)       //译码函数
{
    char code[MAXSIZE];
    int i,j,l,k,m,x;
    scanf("%s",code);                               //把要进行译码的字符串存入 code 数组中
    printf("\n 输出译码结果:\n");
    while(code[0]!='#')
    for (i=0;i<n;i++)
    {
        m=0;                                        //m 为相同编码个数的计数器
        //j 为记录所存储字符的编码个数
        for (k=hcd[i].start,j=0;k<=n;k++,j++)
        {
            if(code[j]==hcd[i].cd[k])               //当有相同编码时，m 值加 1
                m++;
        }
        //当输入的字符串与所存储的编码字符串个数相等时，则输出 data 数据
        if(m==j)
        {
            printf("%c",ht[i].data);
            //把已经使用过的 code 数组里的字符串删除
            for(x=0;code[x-1]!='#';x++)
                code[x]=code[x+j];
        }
    }
}
```

5.8 实 训

一、实习目的

1. 掌握二叉树的二叉链表存储结构。
2. 掌握有关二叉树的操作算法并能用 C 语言实现。

二、实训内容

采用二叉链表作为存储结构，完成二叉树的建立，前序、中序和后序遍历的操作，以及求所有叶子及结点总数的操作等，具体实现要求如下。

（1）基于先序遍历的构造算法：输入二叉树的先序序列，但必须在其中加入虚结点以示空指

针的位置。假设虚结点输入时用“#”字符表示。

（2）分别利用前序遍历、中序遍历、后序遍历建二叉树。

（3）求二叉树结点和叶子总数，并输出结果。

（4）在二叉树指定结点的左子树或右子树插入新的结点，并用中序遍历输出结果。

（5）删除二叉树指定结点及该结点的所有子树，并用中序遍历输出结果。

【解析】 要求（1）、（2）可以参照算法 5-1、算法 5-2、算法 5-3 和算法 5-5 实现。要求（3）可以参照下面算法实现。

```
//计算二叉树的结点数和叶结点数
int nodeNum,leafNum;
void ComputeNode(BiNode *bt)
{
    if (bt) {                                  //递归调用的结束条件为 bt 为空
        nodeNum++;                             //记录结点数
        if(bt->lchild==NULL&&bt->rchild==NULL) leafNum++;  //记录叶结点数
        ComputeNode(bt->lchild);               //先序递归遍历 bt 的左子树
        ComputeNode(bt->rchild);               //先序递归遍历 bt 的右子树
    }
}
```

要求（4）可以参照下面算法实现。

```
//在二叉树中查找值为 e 的结点，找到后返回该结点的地址，否则返回 NULL
BiNode *SelectNode(BiNode *bt,ElemType e)
{
    if (bt == NULL) return NULL;               //递归调用的结束条件
    else
    {
        SelectNode(bt->lchild,e);              //中序查找 bt 的左子树
        if(e==bt->data)return bt;              //找到结点，并返回
        SelectNode(bt->rchild,e);              //中序查找 bt 的右子树
    }
}
//在 x 的左子树中插入值为 y 的结点，x 的左子树应为空
void InsertNodeL(BiNode *bt,ElemType x,ElemType y)
{
    BiNode *p,*s;
    p=SelectNode(bt,x);
    if(p==NULL)printf("没有找到值为%c 的结点，无法插入！\n",x);
    else if(p->lchild!=NULL)printf("结点%c 的左子树不为空，无法插入！\n",x);
    else
    {
        s=(BiNode *)malloc(sizeof(BiNode));
        s->data=y;
        s->lchild=s->rchild=NULL;
        p->lchild=s;
    }
}
```

在 x 的右子树中插入值为 y 的结点的算法和 InsertNodeL 类似，读者可以自行完成。要求（5）可以参照下面算法实现。

```
//在二叉树中查找值为 e 的结点的双亲，找到后返回该结点的地址，否则返回 NULL
BiNode *SelectParentsNode(BiNode *bt,ElemType e)
{
    if (bt == NULL) return NULL;                    //递归调用的结束条件
    else
    {
         if(bt->lchild!=NULL)
             if(e==bt->lchild->data)return bt;
             else SelectParentsNode(bt->lchild,e);
         if(bt->rchild!=NULL)
             if(e==bt->rchild->data)return bt;
             else SelectParentsNode(bt->rchild,e);
    }
}
//删除值为 x 的结点，包括其左、右子树
void DelectNode(BiNode *bt,ElemType x)
{
    BiNode *p;
    if(bt->data==x)Release(bt);                     //删除根结点
    else
    {
        p= SelectParentsNode (bt,x);                //查找要删除结点的父结点
        if(p==NULL)
            printf("没有找到值为%c 的结点，无法删除！ \n",x);
        else
        {
            if(p->lchild->data==x)
            {
                Release(p->lchild);p->lchild=NULL;
            }
            else
            {
                Release(p->rchild);p->rchild=NULL;
            }
        }
    }
}
```

第6章 图

总体要求

- 了解图的定义和术语
- 掌握图的两种存储结构及其构造算法
- 掌握图的两种遍历算法
- 了解图的连通性问题及其判断
- 了解有向无环图及其应用（拓扑排序和关键路径）
- 了解最短路径问题的解决方法

相关知识点

- 图的常用术语：有向图、无向图、完全图、有向完全图、稀疏图、稠密图、网、邻接点、路径、简单路径、回路或环、简单回路、连通、连通图、强连通图、生成树
- 图的邻接矩阵存储表示和邻接表存储表示
- 图的深度优先遍历（Depth-First Search，DFS）和图的广度优先遍历（Breadth-First Search，BFS）
- 最小生成树
- 拓扑排序和关键路径
- 最短路径

学习重点

- 图的存储结构
- 图的遍历算法

学习难点

- 图的应用算法：最小生成树、拓扑排序、关键路径和最短路径

图（Graph）是一种较线性表和树更为复杂的数据结构。在线性表中，数据元素之间仅有线性关系，每个数据元素仅有一个直接前驱和一个直接后继。在树形结构中，数据元素之间有着明显的层次关系，并且每一层上的数据元素可能和下一层中多个元素（即它的孩子结点）相关，但只能和上一层中的一个元素（即它的父结点）相关。而在图形结构中，结点之间的关系可以是任意的，图中任意两个数据元素之间都可能相关。因此，图的应用极其广泛，特别是随着近年来的迅速发展，它已渗入到诸如语言学、逻辑学、物理、化学、电信工程、计算机科学以及数学的其他分支中。

6.1 概 述

6.1.1 图的定义

图中的数据元素通常称为顶点，图 G（Graph）是由顶点集合（Vertex）及顶点之间的关系集合组成的一种数据结构，记为 $G=(V, E)$。

例如，对于图 6-1 所示的无向图 G_1 和有向图 G_2，它们的数据结构可以描述为：

$G_1=(V_1, E_1)$，其中 $V_1=\{A, B, C, D, E\}$，$E_1=\{(A, D), (B, C), (B, D), (B, E)\}$

$G_2=(V_2, E_2)$，其中 $V_2=\{A, B, C, D\}$，$E_1=\{<A, B>, <A, C>, <D, A>, <D, B>\}$

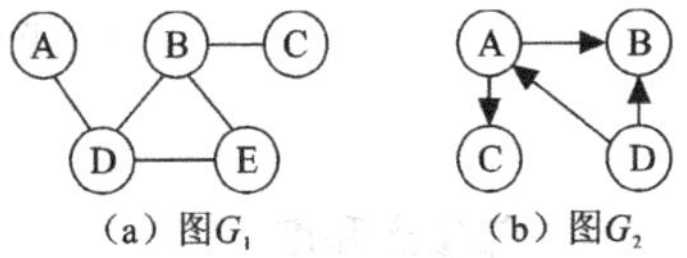

图 6-1 无向图和有向图

6.1.2 图的常用术语及含义

1. 有向图和无向图

在图中，根据顶点之间的关系是否有方向性可将图分为**有向图**、**无向图**。对于无向图，顶点的关系为无向边，用圆括号表示，如（x，y）。由于无向边没有方向性，所以（x，y）和（y，x）是等价的，是同一条边。对于有向图来说，顶点间的关系称为有向边，用尖括号表示。如$<x, y>$表示从顶点 x 发向顶点 y 的边，x 为始点，y 为终点。有向边也称为弧，则$<x, y>$中的 x 为弧尾，y 为弧头，而$<y, x>$表示 y 为弧尾，x 为弧头的另一条弧。

2. 完全图、稠密图、稀疏图、网

一般用 n 表示图中顶点数目，用 e 表示图中边或弧的数目。

对于无向图，顶点数为 n，边数为 e，则：

$$0 \leqslant e \leqslant \frac{n(n-1)}{2}$$

当一个无向图边数满足：$e=n(n-1)/2$ 时，则称该图为**完全图**，如图 6-2（a）所示。

对于有向图，顶点数为 n，弧数为 e，则：

$$0 \leqslant e \leqslant n(n-1)$$

当一个有向图弧数满足：$e=n(n-1)$ 时，则称该图为**有向完全图**，如图 6-2（b）所示。

当一个图接近完全图时，称之为**稠密图**；相反地，当一个图中含有较少的边或弧时，则称之为**稀疏图**。

如果图的边具有相关的数据，则称该数据为边的权(Weight)。权值可以是距离、时间、价格等。带权的图称为网，如图 6-2（c）所示。

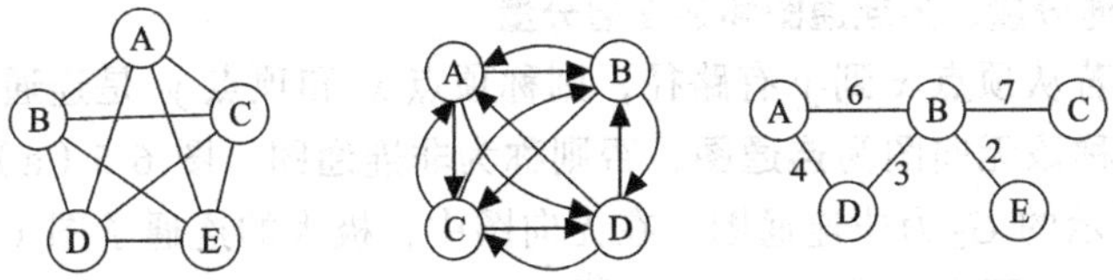

图 6-2 完全图、有向完全图、网

3. 子图

若有两个图 G_1 和 G_2，其中 $G_1=(V_1,E_2)$，$G_2=(V_2,E_2)$，且满足如下条件：

$$V_2 \subseteq V_1,\ E_2 \subseteq E_1$$

即 V_2 为 V_1 的子集，E_2 为 E_1 的子集，则称图 G_2 为图 G_1 的**子图**。图和子图的示例如图 6-3 所示。

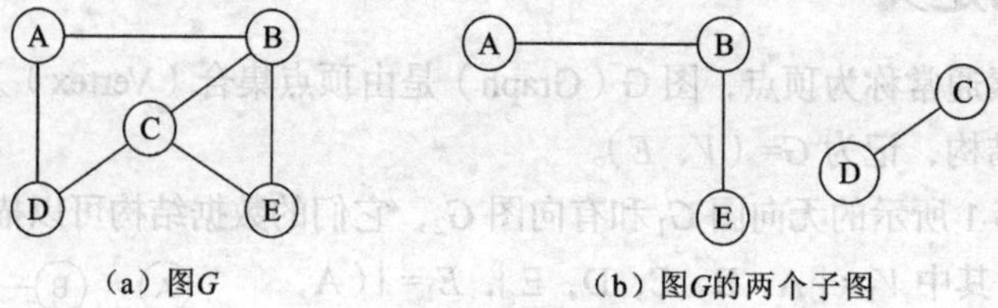

图 6-3　图与子图

4. 邻接点和度

对于无向图，假如顶点 v 和顶点 w 之间存在一条边，则称顶点 v 和 w 互为**邻接点**。和顶点 v 关联的边的数目定义为 v 的度，记为 $ID(V)$。如图 6-4（a）所示，在图 G_1 中，顶点 A 的邻接点有 B 和 E，其度为 2，记为 $ID(A)=2$，而 $ID(B)=3$。

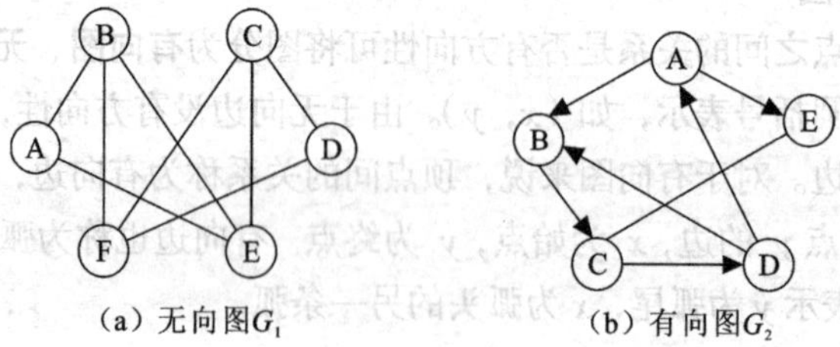

图 6-4　图的邻接点和度

对于有向图，由于弧有方向性，因此有入度和出度之分。顶点的**出度**是以顶点 v 为弧尾的弧的数目，记为 $OD(V)$。顶点的**入度**是以顶点 v 为弧头的弧的数目，记为 $ID(V)$。顶点的度记为 $TD(V)$，有 $TD(V)=OD(V)+ID(V)$。如图 6-4（b）所示，在图 G_2 中，顶点 B 的出度 $OD(B)=1$，$ID(B)=2$，$TD(B)=3$。

5. 路径、简单路径、简单回路

图中两个顶点之间的路径为两个顶点之间的顶点序列，路径上所含边的数目则为路径的**长度**。如图 6-4（a）所示，A 到 F 的路径为{A，B，F}，路径长度为 2，当然，在该图中，从 A 到 F 的路径并不唯一，如{A，E，C，F}，长度为 3。在有向图中，路径也是有向的，如图 6-4（b）所示，从 A 到 D 的路径{A，B，C，D}，长度为 3。序列中第一个顶点和最后一个顶点相同的路径称为**回路或环**。序列中顶点不重复出现的路径称为**简单路径**。序列中除第一个顶点和最后一个顶点相同外，其余顶点不重复出现的回路称为**简单回路**。

6. 连通图、连通分量、强连通图和强连通分量

在无向图中，若从顶点 x 到 y 有路径，则称顶点 x 和顶点 y 是连通的。若任意两个顶点都是连通的，则称该无向图为**连通图**，否则称为**非连通图**。图 6-5（a）所示的 G_1 为连通图，图 6-5（b）所示的 G_2 为非连通图。在无向图中，极大的连通子图（在满足连通的条件下，尽可能多的包含原图中的顶点和这些顶点之间的边）称为该图的**连通分量**。显然，任何连通图的连通分量只有一个，就是它本身，而非连通图则可能有多个连通分量。图 6-5（c）

所示的 G_2 有 2 个连通分量。

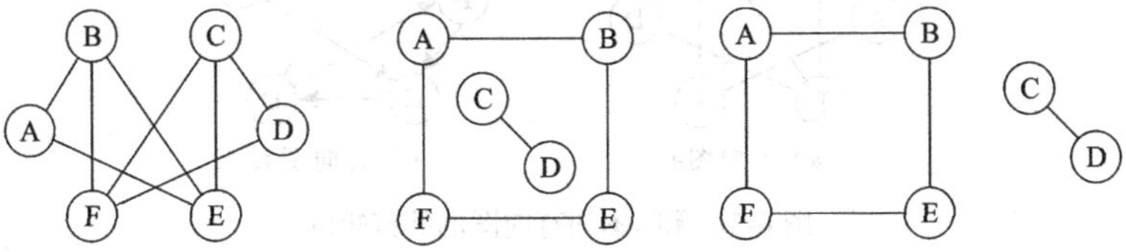

（a）连通图G_1　（b）非通图G_2　（c）G_2的两个连通分量

图 6-5 无向图及其连通分量

在有向图中，若从顶点 x 到顶点 y 有路径，则称顶点 x 和顶点 y 是连通的。若图中任意两个顶点之间都存在一条有向路径，则称此有向图为**强连通图**，否则称为非强连通图。如图 6-6（a）所示的 G_1 为强连通图，图 6-6（b）所示的 G_2 为非强连通图。在有向图中，极大的强连通子图称为该图的**强连通分量**。显然，任何强连通图的强连通分量只有一个，就是它本身，而非强连通图则有多个强连通分量。图 6-6（c）所示的 G_2 有 3 个连通分量。

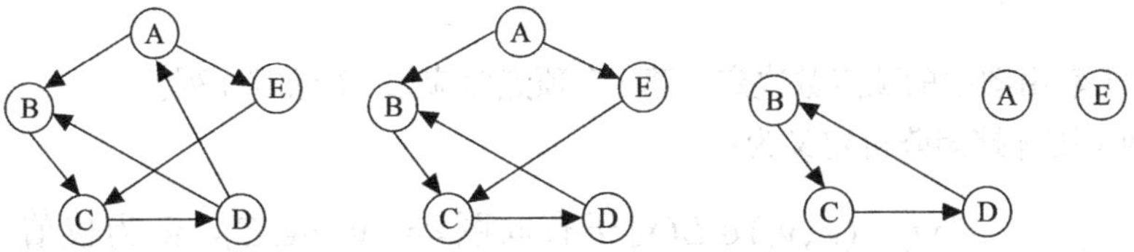

（a）强连通图G_1　（b）非强通图G_2　（c）G_2的3个强连通分量

图 6-6 有向图及其强连通分量

6.2 图的存储结构

图是一种复杂的数据结构，不仅各个顶点的度千差万别，而且顶点之间的逻辑关系也错综复杂。从图的定义可知，一个图的信息包括两部分：顶点的信息和描述顶点之间的关系——边或者弧的信息。因此，无论采用什么方法建立图的存储结构，都要完整、准确地反映这两方面的信息。图的存储结构有多种，这里只介绍两种基本的存储结构：邻接矩阵和邻接表。

6.2.1 邻接矩阵

邻接矩阵（Adjacency Matrix）是用两个数组来表示图的，一个数组是一维数组，存储图中顶点的信息，一个数组是二维数组即矩阵，存储顶点之间相邻的信息，也就是边（或弧）的信息，这是邻接矩阵名称的由来。

设图 $G=(V, E)$ 有 n 个顶点，则其所对应的邻接矩阵 A 是按如下定义的一个 $n \times n$ 二维数组。

$$A[i,j]=\begin{cases}1 & (v_i,v_j)\in E(\text{对于有向图}<v_i,v_j>\in E)\\0 & (v_i,v_j)\notin E(\text{对于有向图}<v_i,v_j>\notin E)\end{cases}$$

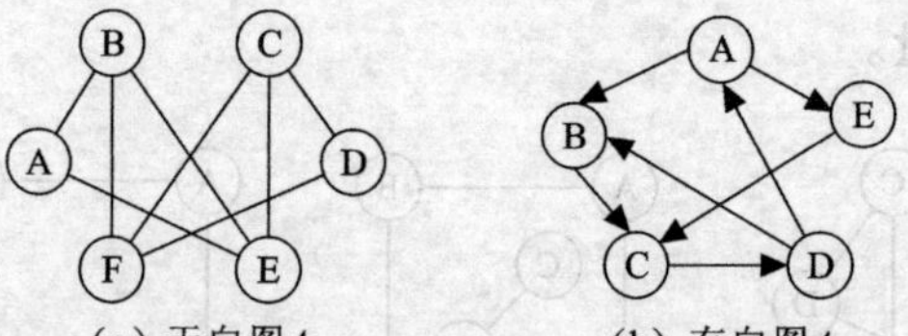

（a）无向图A_1　　（b）有向图A_2

图 6-7　无向图和有向图的邻接矩阵

例如，对于图 6-7 所示的无向图和有向图，它们的邻接矩阵分别为：

$$A_1=\begin{bmatrix}0&1&0&0&1&0\\1&0&0&0&1&1\\0&0&0&1&1&1\\0&0&1&0&0&1\\1&1&1&0&0&0\\0&1&1&1&0&0\end{bmatrix}\qquad A_2=\begin{bmatrix}0&1&0&0&1\\0&0&1&0&0\\0&0&0&1&0\\1&1&0&0&0\\0&0&1&0&0\end{bmatrix}$$

其行列的个数由图中的顶点数决定，第 i 个顶点对应第 i 行和第 i 列。

若 G 是网，则邻接矩阵可定义为：

$$A[i,j]=\begin{cases}w_{ij} & (v_i,v_j)\in E(\text{对于有向图}<v_i,v_j>\in E)\text{，}w_{ij}\text{为权值}\\ \infty & (v_i,v_j)\notin E(\text{对于有向图}<v_i,v_j>\notin E)\end{cases}$$

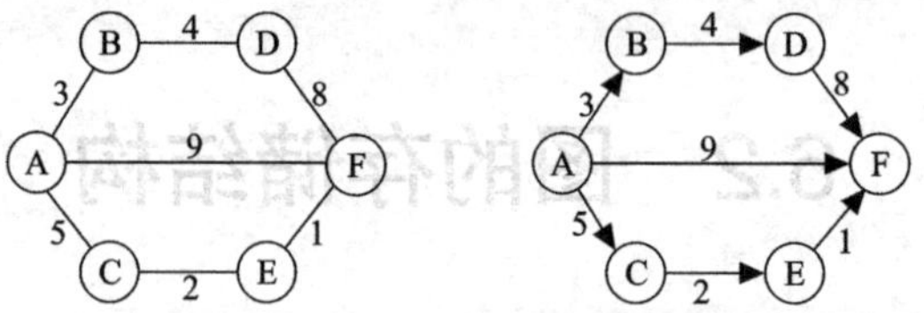

（a）无向图A_1　　（b）有向图A_2

图 6-8　无向图和有向图的邻接矩阵

例如，对于图 6-8 所示的无向图和有向图，它们的邻接矩阵分别为：

$$A_1=\begin{bmatrix}\infty&3&5&\infty&\infty&9\\3&\infty&\infty&4&\infty&\infty\\5&\infty&\infty&\infty&2&\infty\\\infty&4&\infty&\infty&\infty&8\\\infty&\infty&2&\infty&\infty&1\\9&\infty&\infty&8&1&\infty\end{bmatrix}\qquad A_2=\begin{bmatrix}\infty&3&5&\infty&\infty&9\\\infty&\infty&\infty&4&\infty&\infty\\\infty&\infty&\infty&\infty&2&\infty\\\infty&\infty&\infty&\infty&\infty&8\\\infty&\infty&\infty&\infty&\infty&1\\\infty&\infty&\infty&\infty&\infty&\infty\end{bmatrix}$$

从图的邻接矩阵表示法可以看出，这种表示法有以下特点。

（1）无向图的邻接矩阵一定是一个对称矩阵。因此，在具体存放邻接矩阵时，只需存放上（或下）三角矩阵的元素即可。

（2）对于无向图，邻接矩阵的第 i 行（或第 i 列）非零元素的个数正好是第 i 个顶点的度 $TD(V_i)$。

（3）对于有向图，邻接矩阵的第 i 行非零元素的个数正好是第 i 个顶点的出度 $OD(V_i)$。第 i 列非零元素的个数正好是第 i 个顶点的入度 $ID(V_i)$。

图的邻接矩阵存储方法的特点是：用邻接矩阵方法存储图，能够很容易确定图中任意两个顶点之间是否有边相连（邻接），但要确定图中有多少条边，则必须按行、列对每个元素进行检测，所花费的时间代价很大。同时，邻接矩阵存储空间为 $O(n^2)$，因此，适用于稠密图。

图的邻接矩阵数据的建立可以用以下算法来完成。

【图的邻接矩阵数据类型描述】

```
#define MAXSIZE 10
typedef char ElemType;                    //默认定义顶点类型为 char
typedef struct
{
    ElemType  V[MAXSIZE];                 //顶点信息
    int arcs[MAXSIZE][MAXSIZE];           //邻接矩阵
    int e;                                //边数
    int n;                                //顶点数
}Graph;//图的邻接矩阵数据类型
```

【算法 6-1：在图 *G* 中查找顶点】

```
//在图中查找顶点 v，找到后返回其在顶点数组中的索引号，若不存在，返回-1
int LocateVex(Graph G,ElemType v)
{
    int i;
    for(i=0;i<G.n;i++)if(G.V[i]==v)return i;
    return -1;
}
```

【算法 6-2：在屏幕上显示图 *G* 的邻接矩阵表示】

```
void DisplayAdjMatrix(Graph G)            //在屏幕上显示图 G 的邻接矩阵表示
{
    int i,j;
    printf("图的邻接矩阵表示：\n");
    for(i=0;i<G.n;i++){
        for(j=0;j<G.n;j++){
            printf("%3d",G.arcs[i][j]);
        }
        printf("\n");
    }
}
```

【算法 6-3：无向图的邻接矩阵的建立】

```
void CreateAdj(Graph *pg)                           //创建无向图的邻接矩阵
{
    int i,j,k;
    ElemType v1,v2;
    printf("请输入图的顶点数及边数\n");
    printf("顶点数 n=");scanf("%d",&pg->n);
    printf("边  数 e=");scanf("%d",&pg->e);
    printf("请输入图的顶点信息：\n");getchar();
    for(i=0;i<=pg->n;i++)scanf("%c",&pg->V[i]);      //构造顶点信息
    for(i=0;i<pg->n;i++)
```

```
        for(j=0;j<pg->n;j++)
            pg->arcs[i][j]=0;                          //初始化邻接矩阵
    printf("请输入图的边的信息：\n");
    for(k=0;k<pg->e;k++)
    {
        printf("请输入第%d条边的两个端点：",k+1);
        scanf("%c%c",&v1,&v2);getchar();               //输入一条边的两个顶点
        //确定两个顶点在图G中的位置
        i=LocateVex(*pg,v1);j=LocateVex(*pg,v2);     //算法 6-1
        if(i>=0&&j>=0){
            pg->arcs[i][j]=1;
            pg->arcs[j][i]=1;
        }
    }
}
```

【主函数】

```
int main()
{

    Graph G;
    CreateAdj(&G);                           //创建无向图的邻接矩阵,算法 6-3
    DisplayAdjMatrix(G);                     //在屏幕上显示该图的邻接矩阵表示，算法 6-2
    return 0;
}
```

按图 6-7（a）所示的无向图创建邻接矩阵，运行程序结果如图 6-9（a）所示。

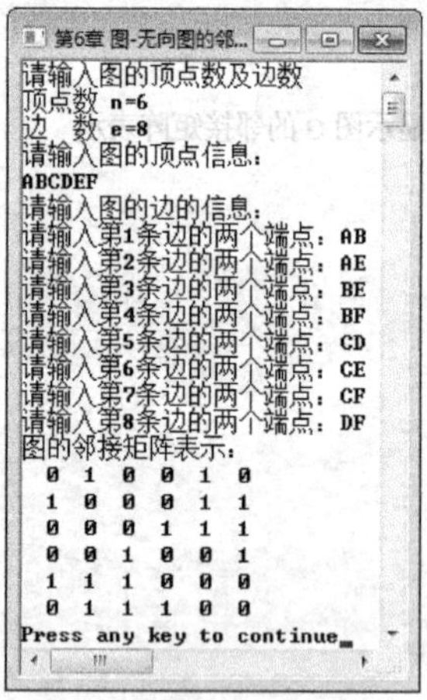

（a）无向图构建过程

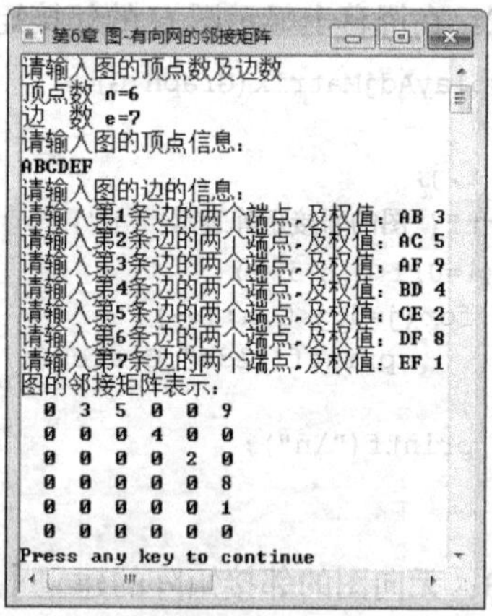

（b）有向网构建过程

图 6-9　图的邻接矩阵的建立算法运行结果

如果要建立有向图的邻接矩阵，需要把算法 6-3 最后一个 if 语句体中的

```
if(i>=0&&j>=0){
    pg->arcs[i][j]=1;
    pg->arcs[j][i]=1;
}
```

改为：

```
if(i>=0&&j>=0)pg->arcs[i][j]=1;
```

如果要建立有向网的邻接矩阵，并用 0 表示两个顶点间不是邻接点，要把算法 6-3 最后一个 for 循环语句改为：

```
for(k=0;k<pg->e;k++)
{
    printf("请输入第%d 条边的两个端点,及权值: ",k+1);
    scanf("%c%c%d",&v1,&v2,&w);              //输入一条边的两个顶点
    fflush(stdin);
    //确定两个顶点在图 G 中的位置
    i=LocateVex(*pg,v1);j=LocateVex(*pg,v2);
    if(i>=0&&j>=0)pg->arcs[i][j]=w;
}
```

按图 6-8（b）所示的有向图创建邻接矩阵，运行程序结果如图 6-9（b）所示。

该算法的时间消耗主要为算法 6-3，其中：

```
for(i=0;i<=pg->n;i++)scanf("%c",&pg->V[i]);      //构造顶点信息
```

时间复杂度为 $O(n)$；

```
for(i=0;i<pg->n;i++)
    for(j=0;j<pg->n;j++)
        pg->arcs[i][j]=0;                        //初始化邻接矩阵
```

时间复杂度为 $O(n^2)$；

```
for(k=0;k<pg->e;k++){…}
```

时间复杂度为 $O(e)$。

所以，该算法的时间复杂度为 $O(n^2)$。

6.2.2　邻接表

邻接表(Adjacency List)是图的一种顺序存储与链式存储相结合的存储方法。对于图 G 中的每个顶点 V_i，将所有邻接于 V_i 的顶点 V_j 链成一个单链表，这个单链表就称为顶点 V_i 的邻接表，再将所有顶点的邻接表表头放到数组中，就构成了图的邻接表。在邻接表表示中，包括两种结点结构。如图 6-10 所示第一个是顶点结点，每个顶点结点由两个域组成，其中 data 域存储顶点 V_i 的名或其相关信息，firstArc 指向顶点 V_i 的第一个邻接点的边结点。第二个是边结点，边结点由 3 个域组成。其中，abjVex 域存放与 V_i 邻接的点的序号，nextArc 指向 V_i 下一个邻接点的边结点，Info 域存储和边或弧相关的信息，如权值等。

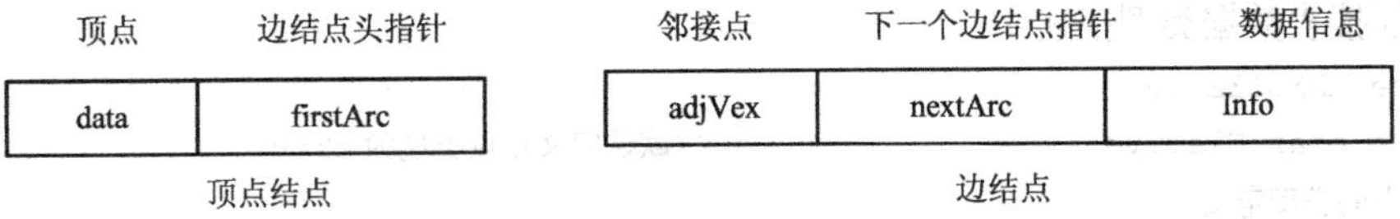

图 6-10　邻接表中的结点结构：

无向图的邻接表表示如图 6-11 所示。

无向图的邻接表具有如下性质。

（1）第 i 个链表中结点的数目为第 i 个顶点的度。

（2）所有链表中结点的数目的一半为图中边的数目。

（3）占用的存储单元数目为 $n+2e$（n 为顶点数，e 为边数）。

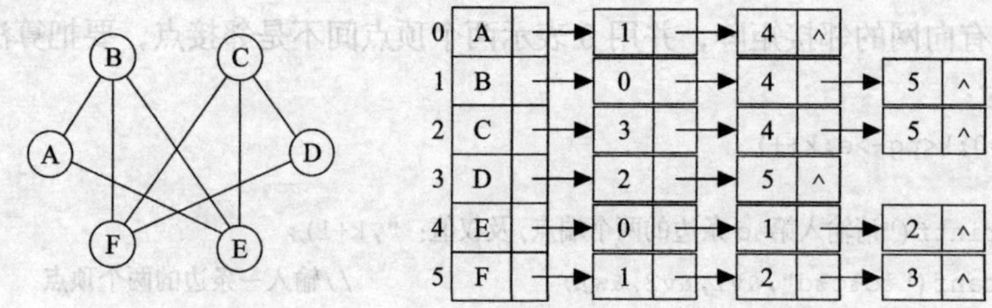

（a）无向图　　（b）无向图的邻接表

图 6-11　无向图邻接表存储

在有向图中，第 i 个链表的邻接表中的结点数只是顶点 V_i 的出度，为求入度，必须遍历整个邻接表。在所有邻接表中，其邻接顶点域的值为 i 的结点的个数，是顶点 V_i 的入度。所以，为了便于确定顶点的入度或者以顶点 V_i 为头的弧，可以建立一个有向图的逆邻接表，即对每个顶点 V_i 建立一个以 V_i 为头的弧的邻接表。如图 6-12 所示，图（b）为邻接表，也称出边表；图(c)为逆邻接表，也称入边表。

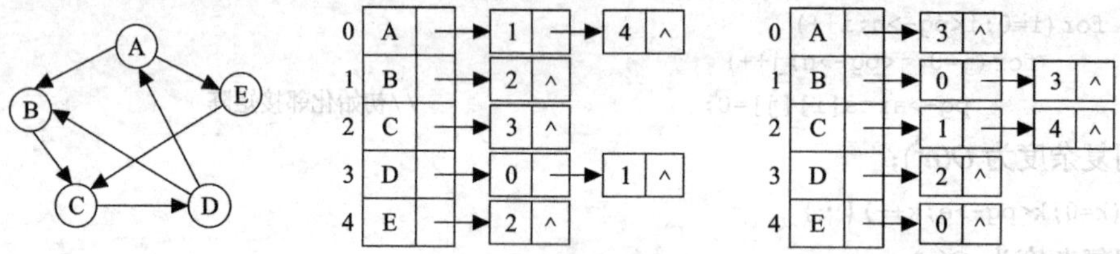

（a）有向图　　（b）邻接表——出边表　　（c）逆邻接表——入边表

图 6-12　无向图邻接表存储

有向图的邻接表具有如下性质。

（1）在邻接表中，第 i 个链表中结点的数目为顶点 i 的出度。在逆邻接表中，第 i 个链表中结点的数目为顶点 i 的入度。

（2）所有链表中结点的数目为图中弧的数目。

（3）占用的存储单元数目为 $n+e$。（n 为顶点数，e 为弧数）

可以看出，在邻接表上容易找到任一顶点的第一个邻接点和下一个邻接点，但要判定任意两个顶点（V_i 和 V_j）之间是否有边或弧相连，则需搜索第 i 个或第 j 个链表，因此，不及邻接矩阵方便。

图的邻接表数据的建立可以用如下算法来完成。

【图的邻接表数据类型描述】

```
#define MAXSIZE 10
typedef char ElemType;                    //默认定义顶点类型为 char
//边结点的类型定义
typedef struct ArcNode
{
    int adjVex;                           //存放与 Vi 邻接的点的序号
    struct ArcNode *nextArc;              //指向 Vi 下一个邻接点的边结点
    int weight;                           /*权值*/
}ArcNode;
//顶点结点类型定义
typedef struct VNode
```

```
{
    ElemType data;                       //存储顶点的名称或其相关信息
    ArcNode *firstArc;                   //指向顶点 Vi 的第一个邻接点的边结点
}VNode;
//图的邻接表数据类型
typedef struct
{
    VNode  adjList[MAXSIZE];             //顶点结点信息
    int n,e;                             //图的顶点数和弧数
}ALGraph;
```

【算法 6-4：在图 *G* 中查找顶点】

```
//在图 G 中查找顶点 v，找到后返回其在顶点数组中的索引号，若不存在，返回-1
int LocateVex(ALGraph G,ElemType v)
{
    int i;
    for(i=0;i<G.n;i++)
        if(G.adjList[i].data==v)return i;
    return -1;
}
```

【算法 6-5：在屏幕上显示图 *G* 的邻接表表示】

```
void DisplayAdjList(ALGraph G)                //在屏幕上显示图 G 的邻接表表示
{
    int i;
    ArcNode *p;
    printf("图的邻接表表示：");
    for(i=0;i<G.n;i++){
        printf("\n%4c",G.adjList[i].data);
        p=G.adjList[i].firstArc;
        while(p!=NULL){
            printf("-->%d",p->adjVex);p=p->nextArc;
        }
    }
    printf("\n");
}
```

【算法 6-6：无向图的邻接表的建立】

```
void CreateLink(ALGraph *pg)                  //创建无向图的邻接表
{
    int i,j,k;
    ElemType v1,v2;
    ArcNode *s;
    printf("请输入图的顶点数及边数\n");
    printf("顶点数 n=");scanf("%d",&pg->n);
    printf("边  数 e=");scanf("%d",&pg->e);
    printf("请输入图的顶点信息：\n");getchar();
    for(i=0;i<=pg->n;i++){
        scanf("%c",&pg->adjList[i].data);         //构造顶点信息
        pg->adjList[i].firstArc=NULL;
    }
    printf("请输入图的边的信息：\n");
    for(k=0;k<pg->e;k++)
```

```
    {
        printf("请输入第%d条边的两个端点：",k+1);
        scanf("%c%c",&v1,&v2);getchar();          //输入一条边的两个顶点
       //确定两个顶点在图G中的位置
        i=LocateVex(*pg,v1);j=LocateVex(*pg,v2);
        if(i>=0&&j>=0){
            s=(ArcNode *)malloc(sizeof(ArcNode));
            s->adjVex=j;
            s->nextArc=pg->adjList[i].firstArc;
            pg->adjList[i].firstArc=s;
            s=(ArcNode *)malloc(sizeof(ArcNode));
            s->adjVex=i;
            s->nextArc=pg->adjList[j].firstArc;
            pg->adjList[j].firstArc=s;
        }
    }
}
```

在最后一个 for 循环中，首先创建了一个以序号 j 为邻接点的序号的边结点，并将该边结点插入到第 i 个顶点结点的第一个邻接点中。对于无向图，边(V_i, V_j)将在边结点中出现两次，所以接下来创建了一个以序号 i 为邻接点的序号的边结点，并将该边结点插入到第 j 个顶点结点的第一个邻接点中。

【主函数】

```
int main()
{
    ALGraph G;
    CreateLink(&G);                       //创建无向图的邻接表，算法 6-6
    DisplayAdjList(G);                    //在屏幕上显示图邻接表表示，算法 6-5
    return 0;
}
```

按图 6-11（a）所示的无向图创建邻接表，运行程序结果如图 6-13（a）所示。

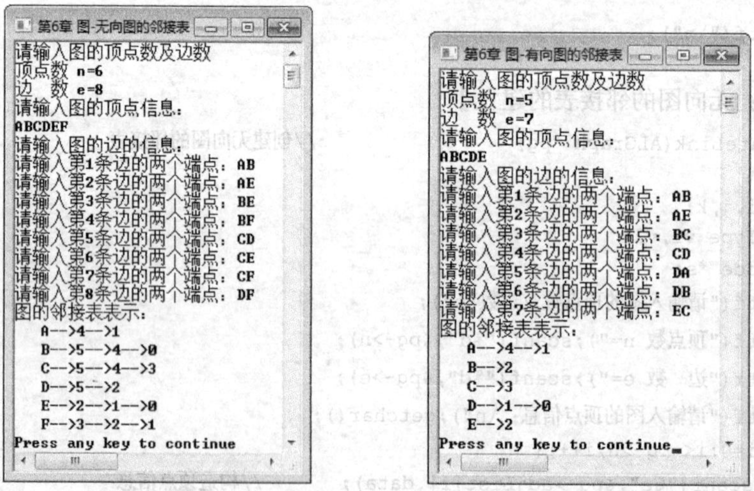

（a）无向图构建过程　　（b）有向图构建过程

图 6-13　图的邻接表的建立算法运行结果

如果要建立有向图的邻接表，需要把算法 6-6 的最后一个 if 语句体中的第二部分 s 节点的插入删除，因为在有向图中，一个顶点的邻接点只会在边结点中出现一次。代码如下。

```
if(i>=0&&j>=0){            //建立有向图的邻接表
    s=(ArcNode *)malloc(sizeof(ArcNode));
    s->adjVex=j;
    s->nextArc=pg->adjList[i].firstArc;
    pg->adjList[i].firstArc=s;
}
```

按图 6-12（b）所示的无向图创建邻接表，运行程序结果如图 6-13（b）所示。该算法求出的是图的邻接表（出边表），如果要求逆邻接表（入边表），把算法 6-6 最后一个 if 语句体改为下述代码即可。

```
if(i>=0&&j>=0){            //建立有向图的逆邻接表（入边表）
    s=(ArcNode *)malloc(sizeof(ArcNode));
    s->adjVex=i;
    s->nextArc=pg->adjList[j].firstArc;
    pg->adjList[j].firstArc=s;
}
```

该算法的时间消耗主要为算法 6-6，其中：

```
for(i=0;i<=n;i++){…};
```

时间复杂度为 $O(n)$；

```
for(k=0;k<e;k++){…}
```

时间复杂度为 $O(e)$。

所以，该算法的时间复杂度为 $O(n+e)$。

另外，需要注意的是，根据以上算法建立的邻接表不是唯一的，它与从键盘输入边或弧的顺序有关。

6.3 图的遍历

图的遍历是图的一种基本操作，图的许多其他操作都是建立在遍历操作基础之上的。和树的遍历操作功能相似，图的遍历操作是指从图中的任一顶点出发，对图中的所有顶点访问一次且只访问一次。

但是，由于图结构本身的复杂性，因此图的遍历操作也较复杂，主要表现在以下 4 个方面。

（1）在图结构中，没有一个“自然”的首结点，图中任意一个顶点都可作为第一个被访问的结点。

（2）在非连通图中，从一个顶点出发，只能够访问它所在的连通分量上的所有顶点，因此，还需考虑如何选取下一个出发点以访问图中其余的连通分量。

（3）在图结构中，如果有回路存在，那么一个顶点被访问之后，有可能沿回路又回到该顶点。

（4）在图结构中，一个顶点可以和其他多个顶点相连，当这样的顶点访问过后，存在如何选取下一个要访问的顶点的问题。

虽然有多种遍历图的方法，但最为重要的是深度优先搜索遍历和广度优先搜索遍历，它们对有向图和无向图均适用。

6.3.1 深度优先搜索

深度优先搜索（depth-first search，DFS）遍历类似于树的先根遍历，是树的先根遍历的推广。

假设给定图 G 的初态是所有顶点均未曾被访问过的，在 G 中任选顶点 V 为出发点（源点），则深度优先搜索遍历可如下定义。

（1）首先访问出发点 V。

（2）然后依次从 V 出发搜索 V 的每个邻接点 W，若 W 未曾被访问过，则以 W 为新的出发点继续进行深度优先搜索遍历，直至图中所有和源点 V 有路径相通的顶点（也称为从源点可达的顶点）均已被访问为止。

（3）若此时图中仍有未被访问的顶点，则另选一个尚未被访问的顶点作为新的源点，重复上述过程，直至图中所有顶点均已被访问为止。

显然，以上的遍历定义是递归的，其特点是尽可能先对纵深方向进行搜索，故这种搜索方法为深度优先搜索，相应地，利用这种方法遍历图就很自然地称之为深度优先搜索遍历。

利用上述思想进行深度优先搜索遍历的过程如图 6-14 所示。假设从顶点 V_1 出发进行搜索，在访问了顶点 V_1 之后，选择邻接点 V_2。因为 V_2 未曾被访问，所以从 V_2 出发进行搜索。依次类推，接着从 V_4、V_8、V_5 出发进行搜索。在访问了 V_5 之后，由于 V_5 的邻接点都已被访问，因此搜索回到 V_8。由于同样的理由，搜索继续回到 V_4、V_2 直至 V_1，此时，由于 V_1 的另一个邻接点未被访问，则搜索又从 V_1 到 V_3，再继续进行下去。由此，得到的顶点访问序列为：V_1、V_2、V_4、V_8、V_5、V_3、V_6、V_7。

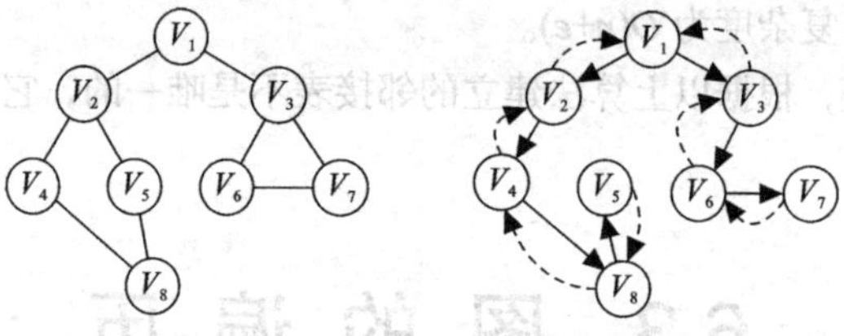

（a）无向图　　（b）深度优先搜索过程

图 6-14　图的深度优先搜索遍历

显然，根据深度优先搜索的思想，从顶点 V_1 出发的深度优先搜索遍历序列可能有多种。如上图中的遍历序列还可以为：

V_1、V_2、V_5、V_8、V_4、V_3、V_7、V_6

V_1、V_3、V_7、V_6、V_2、V_5、V_8、V_4

为了在遍历过程中便于区分顶点是否已被访问，需附设访问标志数组 visited[n]，其初值为“false”，一旦某个顶点被访问，则其相应的分量置为“true”。

另外，从图 6-14 的遍历结果可知，从一个顶点出发，图的遍历结果不是唯一的，但若给定图的存储结构，则从某一顶点出发的遍历结果是唯一的。

（1）用邻接矩阵实现图的深度优先搜索遍历。

利用邻接矩阵实现图的深度优先搜索遍历的算法描述如下。

【算法 6-7：利用邻接矩阵实现连通图的遍历】

```
int visited[MAXSIZE];                    //访问标志数组
void DFS(Graph G,int i)                  //从第 i 个顶点出发递归地深度优先遍历图
```

```
{
    int j;
    printf("%3c",G.V[i]);                    //访问第 i 个顶点
    visited[i]=1;
    for(j=0;j<G.n;j++)
    {
       if((G.arcs[i][j]==1)&&(visited[j]==0))
           DFS(G,j);                         //对 i 的尚未访问的邻接顶点 j 递归调用 DFS
    }
}
```

【算法 6-8：对图 *G* 进行深度优先遍历】

```
void DFSTraverse(Graph  G)                   //对图 G 进行深度优先遍历
{
   int v;
   for (v=0; v<G.n;v++)visited[v]=0;                  //初始化标志数组
   for  (v=0; v<G.n;v++)                              //保证非连通图的遍历
   if (!visited[v]) DFS(G,v);                         //从第 v 个顶点出发递归地深度优先遍历图
}
```

【主函数】

```
int main()
{
    Graph G;
    CreateAdj(&G);                                    //创建无向图的邻接矩阵，算法 6-3
    printf("图的深度优先遍历序列：\n");
    DFSTraverse(G);printf("\n");                      //对图 G 进行深度优先遍历，算法 6-8
    return 0;
}
```

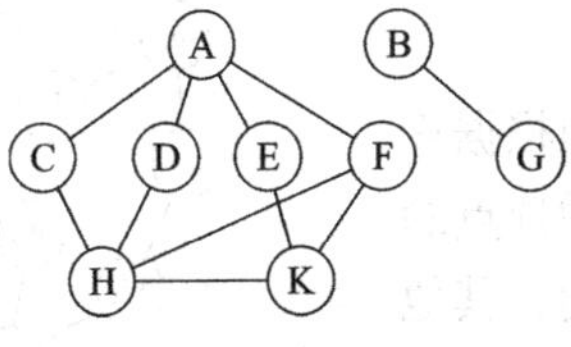

（a）无向图

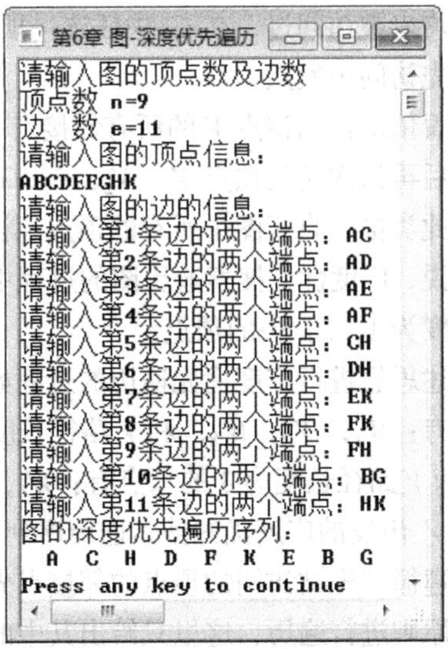

（b）深度优先遍历算法运行结果

图 6-15　图的深度优先遍历算法

按图 6-15（a）所示的无向图进行深度优先遍历，运行程序结果如图 6-15（b）所示。

（2）用邻接表实现图的深度优先搜索遍历。

如果利用邻接表实现图的深度优先搜索遍历的算法时，需修改算法 6-7，修改后的算法如下。

【算法 6-9：用邻接表实现连通图的遍历】

```
void DFS(ALGraph G,int i)
{
    ArcNode *p;
    printf("%3c",G.adjList[i].data);        //访问第 i 个顶点
    visited[i]=1;
    p=G.adjList[i].firstArc;
    while(p!=NULL)    {
        if(visited[p->adjVex]==0)
          DFS(G,p->adjVex);                 //对 i 的尚未访问的邻接顶点 j 递归调用 DFS
        p=p->nextArc;
    }
}
```

使用该算法对图 6-15（a）所示的无向图进行深度优先遍历时，如果按算法 6-6 创建邻接表，且输入顺序与图 6-15（b）相同，则深度优先遍历序列为：a，f，h，k，e，d，c，b，g。

上述算法在遍历时，对图中每个顶点至多调用一次 DFS 函数，因为一旦某个顶点被标志成已被访问，就不再从它出发进行搜索。因此，遍历图的过程实质上是对每个顶点查找其邻接点的过程。其耗费的时间则取决于所采用的存储结构。假设图有 n 个顶点，那么，当用邻接矩阵表示图时，搜索一个顶点的所有邻接点需花费的时间为 $O(n)$，则从 n 个顶点出发搜索的时间应为 $O(n^2)$，所以，算法 6-7 的时间复杂度是 $O(n^2)$；如果使用邻接表来表示图，需花费时间为 $O(n+e)$，其中，e 为无向图中的边数或有向图中弧的数目，所以，算法 6-9 的时间复杂度为 $O(n+e)$。

6.3.2 广度优先搜索

广度优先搜索（Breadth_First Search）遍历类似于树的按层次遍历的过程。设图 G 的初态是所有的顶点均未被访问过，在 G 中任选一顶点 V 为源点，则广度优先搜索遍历过程如下。

（1）首先访问出发点 V。

（2）接着依次访问顶点 V 的所有邻接点 V_1，V_2，…，V_t。

（3）然后再依次访问顶点 V_1，V_2，…，V_t 的所有邻接点。

（4）如此类推，直至图中所有的顶点都被访问到。

换句话说，广度优先搜索遍历图的过程中以 V 为起始点，由近至远，依次访问和 V 有路径相通且路径长度为 1，2，…的顶点。

利用上述思想进行广度优先遍历的过程如图 6-16 所示。若以顶点 V 为源点，和 V 路径长度为 1 的顶点有：W_1，W_2，W_8；和 V 路径长度为 2 的顶点有：W_7，W_3，W_5；和 V 路径长度为 3 的顶点有：W_6，W_4。

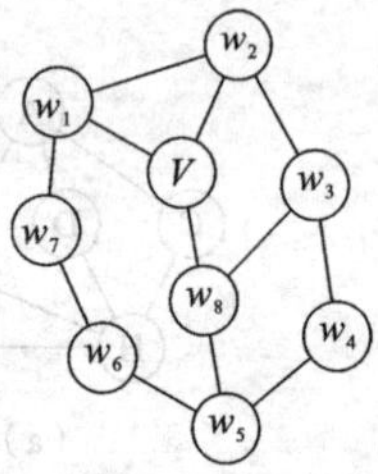

图 6-16　图的广度优先遍历算法

从顶点 V 出发的广度优先搜索遍历序列可能有多种，但根据算法思想，应遵循“先被访问的顶点的邻接点先于后被访问的顶点的邻接点”的原则进行遍历，这里只给出其中的 3 种遍历序列，其他的可类似分析。这 3 种广度优先搜索遍历序列为：

V，W_1，W_2，W_8，W_7，W_3，W_5，W_6，W_4

V，W_2，W_8，W_1，W_3，W_5，W_7，W_4，W_6

V，W_1，W_8，W_2，W_7，W_3，W_5，W_6，W_4

以上考虑的是连通图，对于非连通图，则只需对每个连通分量选一顶点作为开始点，都进行广度优先搜索遍历，然后将结果合起来，就得到非连通图的遍历结果。

（1）用邻接矩阵实现图的广度优先搜索遍历。

利用邻接矩阵实现图的广度优先搜索遍历的算法描述如下。

【算法 6-10：利用邻接矩阵实现连通图的广度优先搜索遍历】

```
int visited[MAXSIZE];
SqQueue Q;
//从第 k 个顶点出发广度优先遍历图 G,G 以邻接矩阵表示
void BFS(Graph G,int k){
    int i,j;
    InitQueue(&Q);                    //初始化队列
    printf("%3c",G.V[k]);             //访问第 k 个顶点
    visited[k]=1;
    EnQueue(&Q,k);                    //第 k 个顶点进队
    while(QueueEmpty(Q)!=0) {         //队列非空
        DeQueue(&Q,&i);
        for(j=0;j<G.n;j++){
          if((G.arcs[i][j]==1)&&(visited[j]==0)){
             printf("%3c",G.V[j]);     //访问第 i 个顶点的未曾被访问的顶点 j
             visited[j]=1;
             EnQueue(&Q,j);            //第 k 个顶点进队
          }
        }
    }
}
```

分析上述算法，每个顶点至多进一次队列，所以算法的内、外循环次数均为 n 次，该算法的时间复杂度为 $O(n^2)$。若图是非连通的或非强连通的，则从图中某个顶点出发，不能用广度优先搜索访问到所有顶点，而只能访问到一个连通子图（即连通分量）或一个强连通子图（即强连通分量）。这时，可在每个连通分量或每个强连通分量中都选一个顶点进行广度优先搜索遍历，最后将每个连通分量或每个强连通分量的遍历结果合起来，就得到整个非连通图的广度优先搜索遍历序列，参见算法 6-11。

【算法 6-11：对图进行广度优先遍历】

```
void BFSTraverse(Graph  G)            //对图 G 进行广度优先遍历
{
   int v;
   for (v=0; v<G.n;v++)               //初始化标志数组
      visited[v]=0;
   for(v=0; v<G.n;v++)                //保证非连通图的遍历
   if (!visited[v])BFS(G,v);          //从第 v 个顶点出发递归地深度优先遍历图 G
}
```

（2）用邻接表实现图的广度优先搜索遍历

如果利用邻接表实现图的广度优先搜索遍历的算法时，需修改算法 6-10，修改后的算法如下。

【算法 6-12：用邻接表实现连通图的广度优先搜索遍历】

```
void BFS(ALGraph G,int k){
     int i;
     ArcNode *p;
     InitQueue(&Q);                    //初始化队列
     printf("%3c",G.adjList[k].data);//访问第 k 个顶点
     visited[k]=1;
     EnQueue(&Q,k);                    //第 k 个顶点进队
     while(QueueEmpty(Q)==0) {         //队列非空
          DeQueue(&Q,&i);
          p=G.adjList[i].firstArc;     //获取第 1 个邻接点
          while(p!=NULL){
               if(visited[p->adjVex]==0){
               //访问第 i 个顶点的未曾被访问的顶点
                    printf("%3c",G.adjList[p->adjVex].data);
                    visited[p->adjVex]=1;
                    EnQueue(&Q,p->adjVex);//第 k 个顶点进队
               }
               p=p->nextArc;
          }
     }
}
```

6.4 生成树和最小生成树

6.4.1 生成树

在一个有 n 个顶点的连通图 G 中，存在一个极小的连通子图 G'，G'包含图 G 的所有顶点，但只有 n-1 条边，并且 G'是连通的，则称 G'为图 G 的生成树。注意，一个连通图的生成树不是唯一的。而对于非连通图，则称各个连通分量的生成树的集合为此非连通图的生成森林。

对于给定的连通图，如何求它的生成树呢？

设图 $G = (V, E)$是一个具有 n 个顶点的连通图，则从 G 的任一顶点出发，做一次深度优先搜索或广度优先搜索，就可将 G 中的所有顶点访问到。显然，在这两种搜索方法中，从一个已访问过的顶点 V_i 搜索到一个未曾访问过的邻接点 V_j，必定要经过 G 中的一条边（V_i ，V_j）。而两种方法对图中的 n 个顶点都只访问一次，因此除源点外，对其他 n-1 个顶点的访问一共要经过 G 中的 n-1 条边，这 n-1 条边将 G 中的 n 个顶点连接成一个极小连通子图，故它是 G 的一棵生成树，源点则是该生成树的根。

通常，由深度优先搜索得到的生成树称为深度优先生成树，简称为 DFS 生成树；由广度优先搜索得到的生成树称为广度优先生成树，简称为 BFS 生成树。图 6-17 给出了一个连通图及其生成树。

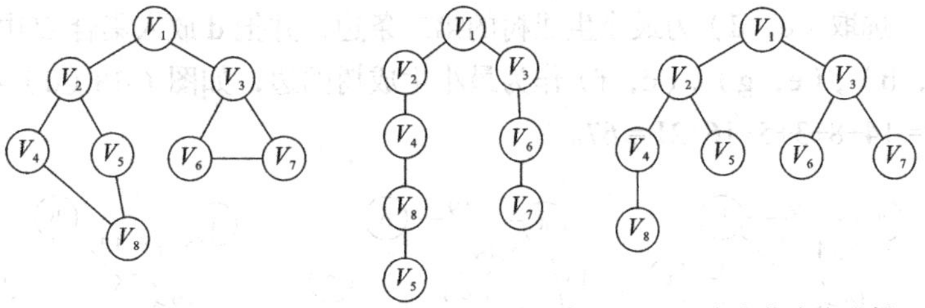

图 6-17 连通图及生成树

6.4.2 最小生成树

由以上讨论可知，图的生成树是不唯一的。连通图的一次遍历所经过的边的集合及图中所有顶点的集合就构成了该图的一棵生成树，对连通图的不同遍历，可能得到不同的生成树。如果无向连通图是带权图（连通网），则其生成树也是带权的。此时，把生成树 T 中各边的权值总和称为该树的权，记为：

$$W(T)=\sum_{(u,v)\in TE} w(u,v)$$

其中，TE 表示生成树 T 的边集，$w(u,v)$表示边(u,v)的权。那么，它的所有生成树中必有一棵边的权值总和最小，我们称这棵生成树为最小生成树，简称为最小生成树，记为 MST。

生成树和最小生成树有许多重要的应用。令图 G 的顶点表示城市，边表示连接两个城市之间的通信线路。n 个城市最多可设立的线路有 $n(n-1)/2$ 条，把 n 个城市连接起来至少要有 n-1 条线路，则图 G 的生成树表示建立通信网络的可行方案。如果给图中的边都赋予权，而这些权可表示两个城市之间通信线路的长度或建造代价，那么如何选择 n-1 条线路，使得建立的通信网络线路的总长度最短或总代价最小？该问题等价于：构造网的一棵最小生成树，即：在 e 条带权的边中选取 n-1 条边（不构成回路），使“权值之和”最小。

在带权的连通无向图 $G=(V,E)$ 上，构造最小生成树的算法有普里姆算法和克鲁斯卡尔算法。它们都是应用最小生成树中简称为 MST 的性质：U 是顶点 V 的一个非空子集，若（u, v）是一条具有最小权值的边，其中 $u\in U, v\in V-U$ ，则一定存在一棵包含边（u, v）的最小生成树。

1. 普里姆算法

设 $G=(V,E)$是具有 n 个顶点的网，T=（U, TE）为 G 的最小生成树，U 是 T 的顶点集合，TE 是 T 的边集合。

普里姆算法的基本思想为：首先从集合 V 中选取任一顶点（例如取顶点 v_0）放入集合 U 中，这时 U=｛v_0｝，TE=｛φ｝，然后选择这样的一条边，即一个顶点在集合 U 里，另一个顶点在集合 V-U 里，且权值最小的边（u, v）($u\in U$, $v\in V$-U)，并将该边放入 TE，将顶点 v 加入集合 U。重复上述操作，直到 U=V 为止。此时，TE 中有 n-1 条边，则 $T=(U,TE)$就是 G 的一棵最小生成树。

图 6-18 所示为在一个带权的连通无向图 G 中构造最小生成树的过程。初始选取顶点 a 放入集合 U 中，其余顶点在 V-U 中，U={a}，V-U={b,c,d,e,f,g}。在 a 到集合 V-U 中顶点的所有权值边中，（a，e）权值 14 为最少，如图 6-18（b）所示。因此，选取（a，e）为最小生成树的第一条边，并把 e 放入集合 U 中。而集合{a,e}到集合{b,c,d,f,g}的最小权值边为（e，d），权值为 8，如图 6-18

（c）所示。因此，选取（e，d）为最小生成树的第二条边，并把 d 放入集合 U 中。依次类推，选择（d，c），（c，b），（e，g），（d，f）作为最小生成树的边，如图 6-18（d）~（h）所示。所得生成树权值和= 14+8+3+5+16+21 = 67。

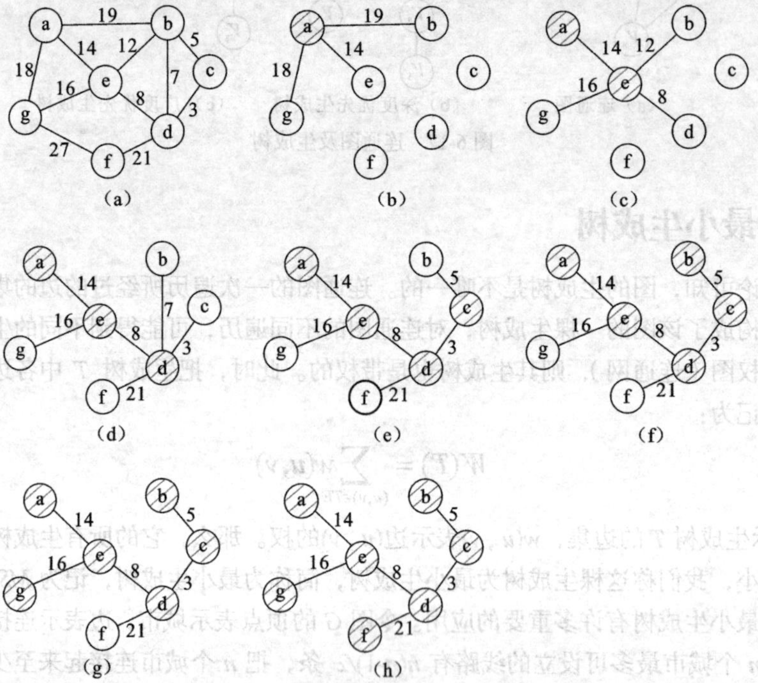

图 6-18　普里姆算法构造最小生成树过程

为了实现普里姆算法，需附设一个辅助数组 dge，以记录从 U 到 $V\text{-}U$ 具有最小权值的边，其数据类型定义如下。

```
typedef struct
{
    ElemType adjvax;
    int lowcost;
}closedge;
closedge dge[MAXSIZE];
```

对于每一个顶点 $V_i \in V\text{-}U$，在辅助数组 dge 中存在一个分量 dge[i]，dge[i]. lowcost 存储该边上的权值，该值应满足关系：$dge[i].\ lowcost=Min\ \{\ cost(u,v_i)|u\in U\}$，其中 $cost(u,v_i)$为边(u,v_i)上的权。一旦顶点 v_i 并入 U，则 dge[i]. lowcost 置为 0，而 dge[i]. adjvax 存储依附于该边的在 U 中的顶点。

假设连通图 G 用邻接矩阵表示，若两个顶点之间不存在边，则其权值用机内允许的最大数（Max）表示，如图 6-19 所示。普里姆算法如算法 6-1、算法 6-13、算法 6-14 所示，其中算法 6-1 确定起始顶点在网中的序号；算法 6-14 求出集合中 $V\text{-}U$ 依附于顶点 u（$u\in U$）的权值最小的顶点的序号。

普里姆算法的步骤如下。

（1）初始化 dge。

```
dge[j].adjvax=k;
dge[j].lowcost=arcs[k][j];
dge[k].lowcost=0
```

$$G=\begin{vmatrix} Max & 19 & Max & Max & 14 & Max & 18 \\ 19 & Max & 5 & 7 & 12 & Max & Max \\ Max & 5 & Max & 3 & Max & Max & Max \\ Max & 7 & 3 & Max & 8 & 21 & Max \\ 14 & 12 & Max & 8 & Max & Max & 16 \\ Max & Max & Max & 21 & Max & Max & 27 \\ 18 & Max & Max & Max & 16 & 27 & Max \end{vmatrix}$$

图 6-19　图 6-18 的邻接矩阵

其中 k 为第一个顶点序号，j=0，1，2，…，n，

（2）每次扫描数组 dge[ ].lowcost，找出值最小且不为 0 的 dge[ ].lowcost 的索引 k，得到最小生成树的一条边（dge[k].adjvax,G.V[k]），将其输出。

（3）令 dge[k].lowcost=0，将 k 并入到 U 中。

（4）修改数组 dge（dge[ ].lowcost[i]!=0 且 $i \in V\text{-}U$）。

（5）重复（2）、（3）、（4），直到 U=V（或循环 n-1 次）结束。

具体算法描述如下。

【算法 6-13：普里姆算法】

```
//从顶点 v 出发构造网 G 的最小生成树，并输出最小生成树的各条边
void MiniSpanTree_PRIM(Graph G,ElemType v)
{
    int i,j,k;
    closedge dge[MAXSIZE];
    k=LocateVex(G,v);                //确定顶点 v 在网 G 中的序号
    for(j=0;j<G.n;j++){              //初始化辅助数组
        if(j!=k){
            dge[j].adjvax=v;
            dge[j].lowcost=G.arcs[k][j];
        }
    }
     //初始顶点生成树集合，lowcost 值为 0，表示该顶点已并入生成树集合
    dge[k].lowcost=0;
    for(i=0;i<G.n-1;i++){
        k=Mininum(G,dge);            //求辅助数组中权值最小的顶点
     //输入最小生成树的一条边和对应权值
      printf("(%c,%c,%d)",
          dge[k].adjvax,G.V[k],dge[k].lowcost);
        dge[k].lowcost=0;            //将顶点 k 并入生成树集合
        for(j=0;j<G.n;j++){          //重新调整 dge
            if(G.arcs[k][j]<dge[j].lowcost) {
                dge[j].adjvax=G.V[k];
                dge[j].lowcost=G.arcs[k][j];
            }
        }
    }
}
```

【算法 6-14：求出集合中 *V-U* 依附于顶点 *u*（$u \in U$）的权值最小的顶点的序号】

```
//在辅助数组中求出权值最小的顶点序号
int Mininum(Graph G,closedge dge[]){
    int i,j,min;
    for(i=0;i<G.n;i++){
        if(dge[i].lowcost!=0)break;
    }
    min=i;
    for(j=i+1;j<G.n;j++){
        if(dge[j].lowcost!=0&&dge[j].lowcost<dge[min].lowcost)
            min=j;
    }
    return min;
}
```

【主函数】

```
int main()
{
    Graph G;
    CreateAdj(&G);                  //算法 6-3
    MiniSpanTree_PRIM(G,'a');       //算法 6-13
    return 0;
}
```

表 6-1 展示了在图 6-18 所示的构造最小生成树的过程中，辅助数组 dge 中各分量值的变化情况。

表 6-1　　　　构造最小生成树过程中辅助数组中各分量的值

closedge \ i	0	1	2	3	4	5	6	k	*TE*
	a	b	c	d	e	f	g		
adjvax		a	a	a	a	a	a	4	(a,e,14)
lowcost	0	19	Max	Max	14	Max	18		
adjvax		e	a	e	a	a	e	3	(e,d,8)
lowcost	0	12	Max	8	0	Max	16		
adjvax		d	d	e	a	d	e	2	(d,c,3)
lowcost	0	7	3	0	0	21	16		
adjvax		c	d	e	a	d	e	1	(c,b,5)
lowcost	0	5	0	0	0	21	16		
adjvax		c	d	e	a	d	e	6	(e,g,16)
lowcost	0	0	0	0	0	21	16		
adjvax		c	d	e	a	d	e	5	(d,f,21)
lowcost	0	0	0	0	0	21	0		

其中，*k* 值对应算法 6-13 中语句：

```
k=Mininum(G,dge);
```

TE 一列对应语句：

```
printf("(%c,%c,%d)",dge[k].adjvax,G.V[k],dge[k].lowcost);
```

假设网中有 n 个顶点，则普里姆算法的时间复杂度为 $O(n^2)$，它与网中边的数目无关。因此，普里姆算法适合于求边稠密的网的最小生成树。

2. 克鲁斯卡尔算法

另一种构造最小生成树的算法是按权值递增的次序来构造的，是由 Kruskal 于 1956 年提出的。克鲁斯卡尔算法考虑问题的出发点是使生成树上边的权值之和达到最小，因此应使生成树中每一条边的权值尽可能地小。具体做法是先构造一个只含 n 个顶点的子图 G'，然后从权值最小的边开始，若它的添加不会使 G'中产生回路，则在 G'上加上这条边，如此重复，直至加上 n-1 条边为止。

图 6-20（b）~（h）所示为按克鲁斯卡尔算法构造最小生成树的形成过程，图 6-20（a）为原图。

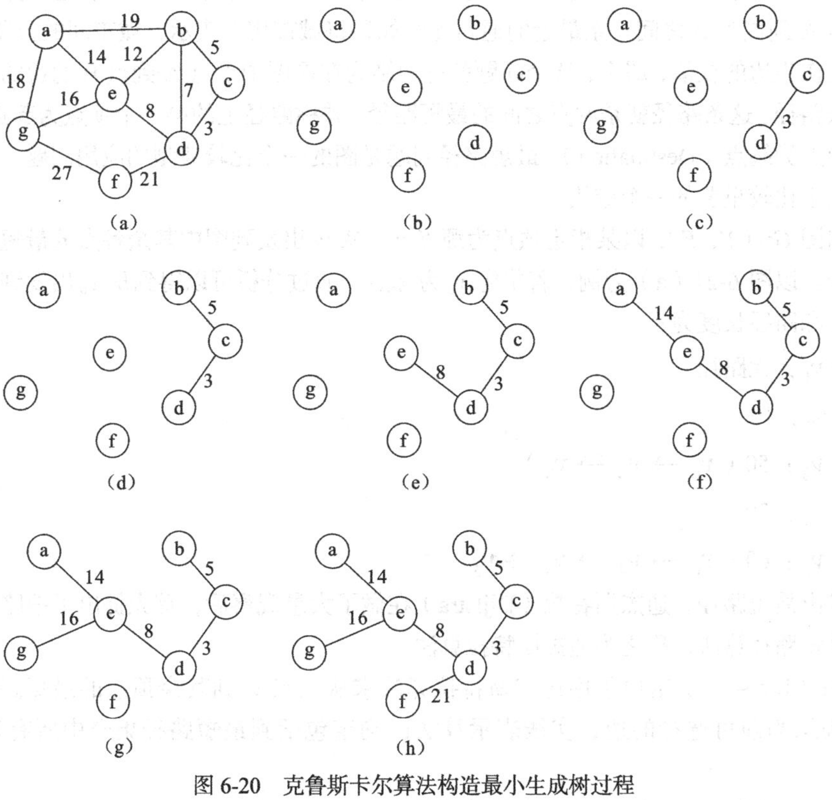

图 6-20 克鲁斯卡尔算法构造最小生成树过程

用克鲁斯卡尔算法构造最小生成树的步骤如下。

（1）开始时，设 T 的边集 TE 为空集，T 中只有 n 个顶点，每个顶点自成一个连通分量。

（2）在图的边集 E 中，选择权值最小的边，若选取的边使生成树 T 构不成回路，则把它并入到 TE 中，作为生成树 T 的一条边；若选取的边使生成树构成回路，则将其舍弃。

（3）重复步骤（2），直到 TE 中包含 n-1 条边为止。此时 T 即为最小生成树。

此算法可简单描述为：

```
T=(V, {φ});
While(T 中边数 e<n-1){
   从 E 中选取当前最短边(u, v);
```

```
    if((u, v)并入T之后不产生回路), 将边(u, v)并入T中;
    从E中删除边(u, v) ;
    }
```

可以证明克鲁斯卡尔算法的时间复杂度是 $O(e\log_2 e)$，其中 e 是图 G 的边数。克鲁斯卡尔算法适合于求边稀疏的网的最小生成树。

6.5 图的应用

6.5.1 最短路径

某一地区的一个公路网，给定了该网内的 n 个城市以及这些城市之间的相通公路的距离，能否找到城市 A 到城市 B 之间一条最近的通路呢？如果将城市用点表示，城市间的公路用边表示，公路的长度作为边的权值，那么，这个问题就可归结为在网图中求点 A 到点 B 的边的权值之和最短的那一条路径。这条路径就是两点之间的最短路径，并称路径上的第一个顶点为起点（Sourse），最后一个顶点为终点（Destination）。最短路径问题是图的一个比较典型的应用问题。而单源点最短路径是其中比较重要的一个应用。

设有向图 $G=(V, E)$，以某指定顶点为源点 v_0，从 v_0 出发到图中其余各点的最短路径称为单源最短路径。以图 6-21（a）为例，若指定 v_0 为源点，通过分析可以得到从 v_0 出发到其余各顶点的最短路径和路径长度为：

$v_0 \to v_1$：无路径

$v_0 \to v_2$：10

$v_0 \to v_3$：50（$v_0 \to v_4 \to v_3$）

$v_0 \to v_4$：30

$v_0 \to v_5$：60（$v_0 \to v_4 \to v_3 \to v_5$）

为了求出最短路径，迪杰斯特拉（Dijlstra）在做了大量观察后，首先提出了按路长递增产生各顶点的最短路径算法，称之为迪杰斯特拉算法。

图 6-21（b）~（f）给出了用迪杰斯特拉算法求从顶点 v_0 到其余顶点的最短路径的过程。图中虚线表示当前可选择的边，实线表示算法已确定包括到最短路径集合中所有顶点所对应的边。

第一步：列出顶点 v_0 到其余各顶点的路径长度，它们分别为 0、∞、10、∞、30、100。从中选取路径长度最小的顶点 v_2，如图 6-21（b）所示。

第二步：找到顶点 v_2 后，再观察从源点经顶点 v_2 到各个顶点的路径是否比第一步所找到的路径要小（已选取的顶点则不必考虑），可发现，源点到顶点 v_3 的路径长度为 60（v_0，v_2，v_3），其余的路径则不变。然后，从已更新的路径中找出路径长度最小的顶点 v_4（从源点到顶点 v_4 的最短路径为 30），如图 6-21（c）所示。

第三步：找到顶点 v_4 以后，再观察从源点经顶点 v_4 到各顶点的路径是否比第二步所找到的路径要小（已被选取的顶点不必考虑），可发现，源点到顶点 v_3 的路径长度更新为 50（v_0，v_4，v_3），源点到顶点 v_5 的路径长度更新为 90（v_0，v_4，v_5），其余的路径不变。然后，从已更新的路径中找出路径长度最小的顶点 v_3（从源点到顶点 v_3 的最短路径为 50），如图 6-21（d）所示。

第四步：找到顶点 v_3 后，再观察从源点经顶点 v_3 到各顶点的路径是否比上一步所找到的路径要小（已被选取的顶点不必考虑），可以发现，源点到顶点 v_5 的路径长度更新为 60（v_0，v_4，v_3，v_5），其余的路径则不变。然后，从已更新的路径中找出路径长度最小的顶点 v_5（从源点到顶点 v_5 的最短路径为 60），如图 6-21（e） 所示。此时从源点到其余各顶点的最短路径都已求出，如图 6-21（f）所示。

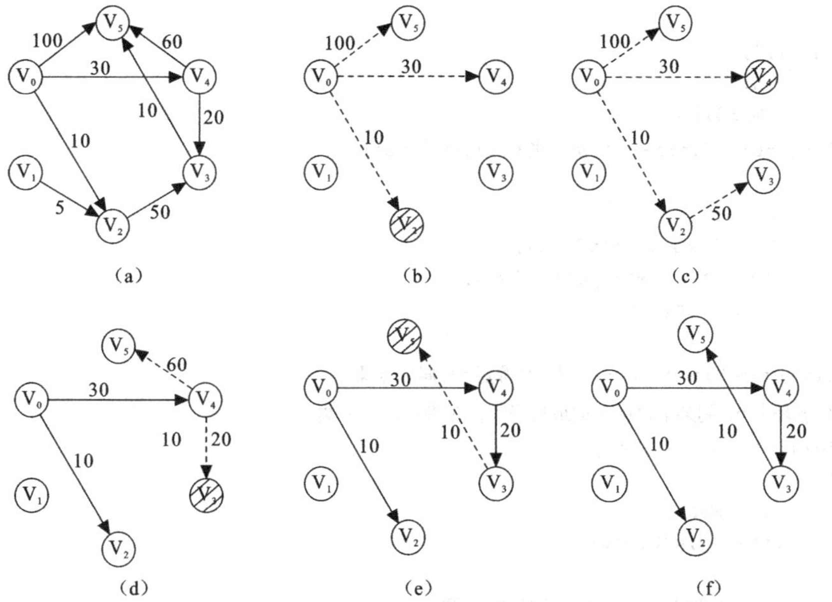

图 6-21 带权有向图

该算法的基本思想为：把图中所有顶点分成两组，第一组包括已确定最短路径的顶点（初始只包括 v_0），第二组包括尚未确定最短路径的顶点，然后按最短路径长度递增的次序逐个把第二组的顶点加到第一组中去，直至从 v_0 出发可以到达的所有顶点都包括到第一组中。在这个过程中，总保持从 v_0 到第一组各顶点最短路径长度都不大于从 v_0 到第二组的任何顶点的最短路径长度。另外，每一个顶点都对应一个距离值，第一组的顶点对应的距离值就是从 v_0 到此顶点的只包括第一组的顶点为中间顶点的最短路径长度。

设有向图 G 有 n 个顶点（v_0 为源点），其存储结构用邻接矩阵表示。算法实现时需要设置 3 个数组 s[n]、dist[n]、path[n]。

s 用来标记那些已经找到最短路径的顶点。若 s[i]=1，则表示已经找到源点到顶点 v_i 的最短路径；若 s[i]=0，则表示从源点到顶点 v_i 的最短路径尚未求得。数组的初始值为：s[0]=1，s[i]=0（i=1,2,...,n-1），即只有 v_0 已找到最短路径。

数组 dist 记录源点到其他各顶点当前的最短距离，其初值为：

```
dist[i]=arcs[0][i]      i=1, 2, …, n-1
```

path 数组用于存放最短路径，其中 path[i]表示从源点 v_0 到顶点 v_i 之间的最短路径上该顶点的前驱顶点，若从 v_0 到 v_i 无路径，则 path[i]=-1。

算法执行时，从 s 以外的顶点集合 V-S 中选出一个顶点 v_w，使 dist[w]的值最小。然后将 v_w 加入集合 s 中，即 s[w]=1。同时调整集合 V-S 中各个顶点的距离值，从原来的 dist[j]和 dist[w]+ G.

arcs[*w*][*j*]中选择较小的值作为新的 dist[*j*]。重复上述过程，直到 s 中包含图中所有顶点，或再也没有可加入到 s 的顶点为止。

迪杰斯特拉算法对用邻接矩阵存储的有向网求最短路径的描述如下。

【算法 6-15：迪杰斯特拉算法】

```
//求有向图 G 的 v0 顶点到其余顶点 v 的最短路径
//path[i]是 v0 到 vi 的最短路径上的前驱顶点，dist[i]是路径长度
void Dijkstra(Graph G,int v0,int path[],int dist[])
{
    int i,j,v,w;
    int min;
    int s[MAXSIZE];
    for(i=0;i<G.n;i++)//初始化 s, dist 和 path
    {
        s[i]=0;
        dist[i]=G.arcs[v0][i];
        if(dist[i]<Max)path[i]=v0;
        else path[i]=-1;
    }
    dist[v0]=0;s[v0]=1;//初始时源点 v0 属于 s 集
    //循环求 v0 到某个顶点 v 的最短路径，并将 v 加入 s 集
    for(i=1;i<G.n-1;i++)
    {
        min= Max;
        for(w=0;w<G.n;w++)
        {
            //顶点 w 不属于 s 集且离 v0 更近
            if(!s[w]&&dist[w]<min)
            {
                v=w;min=dist[w];
            }
        }
        s[v]=1;//顶点 v 并入 s
        for(j=0;j<G.n;j++)//更新当前最短路径及距离
        {
            if(!s[j]&&(min+G.arcs[v][j]<dist[j]))
            {
                dist[j]=min+G.arcs[v][j];
                path[j]=v;
            }
        }
    }
}
```

【算法 6-16：输出源点 v_0 到其余顶点的最短路径和路径长度】

```
void DisplayPath(Graph G,int v0,int path[],int dist[])
{
    int i,next;
    for(i=0;i<G.n;i++)
    {
        if(dist[i]< Max &&i!=v0)
```

```
        {
            printf("V%d<--",i);
            next=path[i];
            while(next!=v0)
            {
                printf("V%d<--",next);
                next=path[next];
            }
            printf("V%d:%d\n",v0,dist[i]);
        }
        else
            if(i!=v0)printf("V%d<--V%d:no path\n",i,v0);
    }
}
```

【主函数】

```
void main()
{
    int path[MAXSIZE];
    int dist[MAXSIZE];
    Graph G;
    CreateAdj(&G);                  //算法 6-3，创建有向网的邻接矩阵
    Dijkstra(G,0,path,dist);        //算法 6-14
    DisplayPath(G,0,path,dist);     //算法 6-15
}
```

对于图 6-21 所示的有向网，若两个顶点之间不存在边，则其权值用机内允许的最大数（Max）表示，其邻接矩阵如图 6-22 所示，利用算法 6-15、算法 6-16 计算从顶点 v_0 到其他各顶点的最短路径，动态执行过程如表 6-2 所示。最后的输出结果如图 6-23 所示。

$$G=\begin{vmatrix} \text{Max} & \text{Max} & 10 & \text{Max} & 30 & 100 \\ \text{Max} & \text{Max} & 5 & \text{Max} & \text{Max} & \text{Max} \\ \text{Max} & \text{Max} & \text{Max} & 50 & \text{Max} & \text{Max} \\ \text{Max} & \text{Max} & \text{Max} & \text{Max} & \text{Max} & 10 \\ \text{Max} & \text{Max} & \text{Max} & 20 & \text{Max} & 60 \\ \text{Max} & \text{Max} & \text{Max} & \text{Max} & \text{Max} & \text{Max} \end{vmatrix}$$

图 6-22 图 6-19 的邻接矩阵

表 6-2 迪杰斯特拉算法的动态执行情况

循环	选择 v	s[0]...s[5]	dist[0]...dist[5]	path[0]...path[5]
初始	—	1 0 0 0 0 0	0 ∞ 10 ∞ 30 100	-1 -1 0 -1 0 0
1	2	1 0 1 0 0 0	0 ∞ 10 60 30 100	-1 -1 0 2 0 0
2	4	1 0 1 0 1 0	0 ∞ 10 50 30 100	-1 -1 0 4 0 4
3	3	1 0 1 1 1 0	0 ∞ 10 50 30 60	-1 -1 0 4 0 3
4	5	1 0 1 1 1 1	0 ∞ 10 50 30 60	-1 -1 0 4 0 3
5	—	1 0 1 1 1 1	0 ∞ 10 50 30 60	-1 -1 0 4 0 3

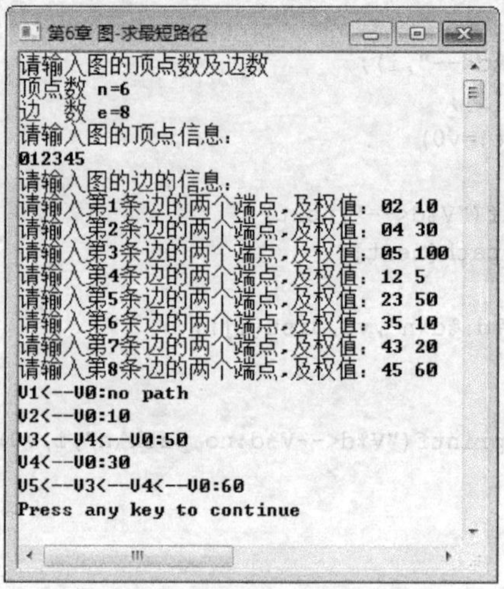

图 6-23　迪杰斯特拉算法运行结果

分析迪杰斯特拉算法，容易看出其时间复杂度为 $O(n^2)$。

6.5.2　拓扑排序

拓扑排序(Topological Sort)是图中重要的运算之一，在实际中应用很广泛。例如，很多工程都可分为若干个具有独立性的子工程，我们把这些子工程称为“活动”。每个活动之间有时存在一定的先决条件关系，即在时间上有着一定的相互制约的关系。也就是说，有些活动必须在其他活动完成之后才能开始，即某项活动的开始必须以另一项活动的完成为前提。在有向图中，若以图中的顶点表示活动，以弧表示活动之间的优先关系，则这样的有向图称为 AOV 网（Active On Vertex Network）。

在 AOV 网中，若从顶点 v_i 到顶点 v_j 之间存在一条有向路径，则称 v_i 是 v_j 的前驱，v_j 是 v_i 的后继。若 $\langle v_i, v_j\rangle$ 是 AOV 网中的弧，则称 v_i 是 v_j 的直接前驱，v_j 是 v_i 的直接后继。

例如，一个计算机专业的学生必须学习一系列的基本课程（如表 6-3 所示）。其中，有些课程是基础课，如《计算机导论》、《C 语言程序设计》，这些课程不需要先修课程；而另一些课程必须在先学完某些课程之后才能开始学习，如通常在学完《计算机导论》、《C 语言程序设计》之后才开始学习《数据结构》等。因此，可以用 AOV 网来表示各课程及其之间的关系，如图 6-24 所示。

表 6-3　　计算机专业课程名称与编号

课程编号	课程名称	先决条件	课程编号	课程名称	先决条件
C_1	计算机导论	无	C_7	计算机原理	C_6、C_{12}
C_2	普通物理	C_1	C_8	操作系统	C_4、C_6
C_3	C 语言程序设计	无	C_9	微机接口技术	C_6、C_7
C_4	数据结构	C_1、C_3	C_{10}	计算机网络	C_7、C_{12}
C_5	数据库基础	C_3	C_{11}	电路分析	C_1、C_2
C_6	汇编语言	C_3	C_{12}	电子技术基础	C_{11}

在 AOV 网中，不应该出现有向环路，因为有环意味着某项活动以自己作为先决条件，这样就进入了死循环。如果图 6-24 的有向图出现了有向环路，则教学计划将无法编排。因此，对给定的

AOV 网应首先判定网中是否存在环，检测的办法是对有向图进行拓扑排序（Topological Sort）。拓扑排序指按照有向图给出的次序关系，将图中顶点排成一个线性序列，对于有向图中没有限定次序关系的顶点，则可以人为加上任意的次序关系。由此所得的顶点的线性序列称为拓扑有序序列。

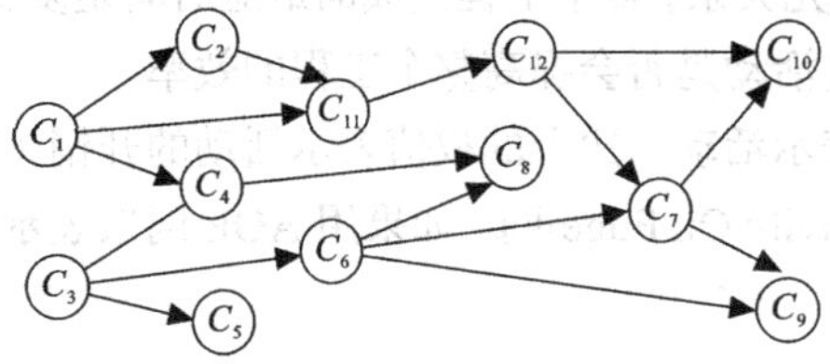

图 6-24　表示课程之间关系的 AOV 网

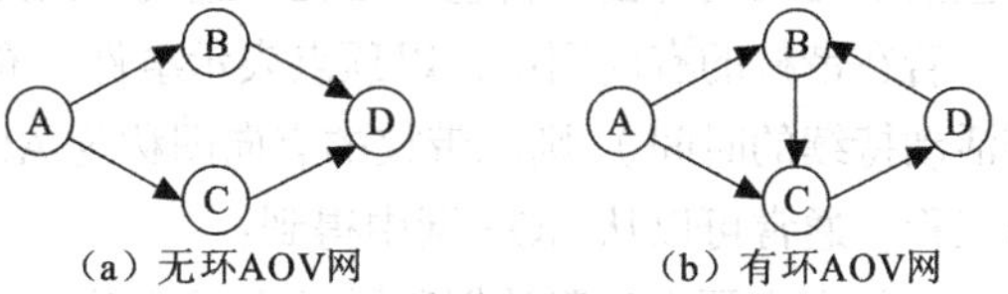

图 6-25　AOV 网的拓扑排序

显然，一个 AOV 网的拓扑排序序列是不唯一的。如图 6-25（a）所示，该图的拓扑序列有两个：（A，B，C，D）和（A，C，B，D）。而如果 AOV 网有环，则找不到该网的拓扑有序序列，如图 6-25（b）所示，存在一个（B，C，D）的回路。所以，检查有向图中是否存在回路的方法之一是对有向图进行拓扑排序。

对 AOV 网进行拓扑排序的方法步骤如下。

（1）从有向图中选取一个没有前驱的顶点，并输出。

（2）从有向图中删去此顶点以及所有以它为尾的弧。

重复上述两步，直至图空，或者图不空但找不到无前驱的顶点。当图为空时，说明网中不存在有向回路，拓扑排序成功，当图不空但找不到无前驱的顶点时，说明网中存在有向回路。

图 6-26 给出了图 6-24 所示的 AOV 网的拓扑排序过程。该图所示的拓扑有序序列是：

（C_1，C_3，C_2，C_4，C_5，C_6，C_8，C_{11}，C_{12}，C_7，C_{10}，C_9）。

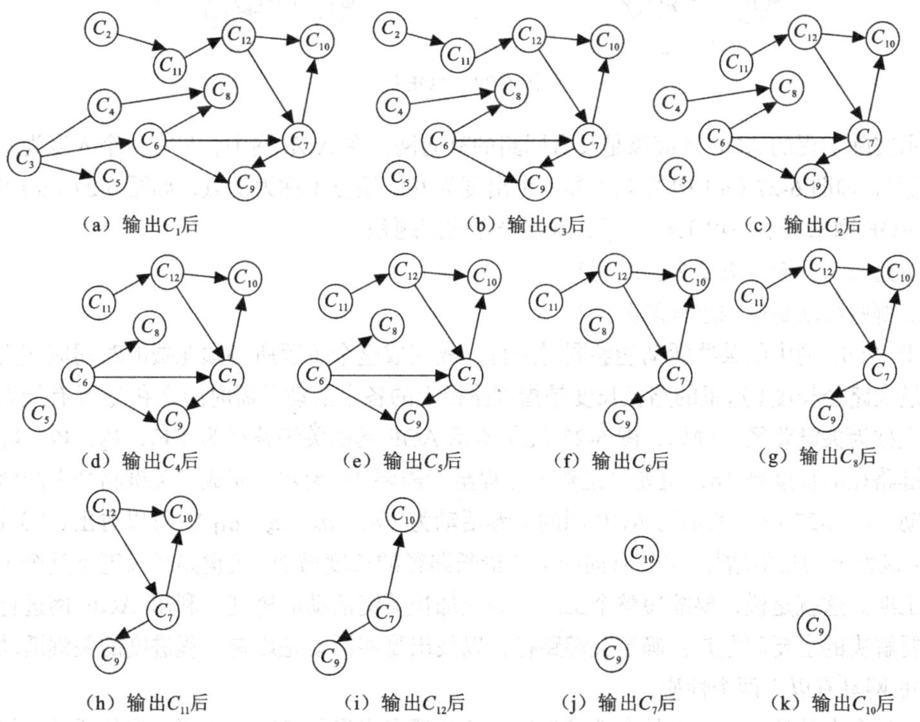

图 6-26　AOV 网的拓扑排序过程产生过程

当然，该 AOV 网的拓扑排序序列不是唯一的，还可以得到其他的拓扑有序序列。

6.5.3 关键路径

在一个工程中，一般需要考虑各个子工程之间的优先关系；整个工程完成的最短时间是多少；哪些活动的延期将会影响整个工程的进度，而加速这些活动是否会提高整个工程的效率。

若在带权的有向图中，以顶点表示事件，有向边表示活动，边上的权值表示活动的开销（如该活动持续的时间），则此带权的有向图称为 AOE (Activity On Edge)网。如果用 AOE 网来表示一项工程，通常可以从 AOE 网中得到：

（1）完成预定工程计划所需要进行的活动；

（2）每个活动计划完成的时间；

（3）要发生哪些事件以及这些事件与活动之间的关系。

从而可以确定该项工程是否可行，估算工程完成的时间以及确定哪些活动是影响工程进度的关键。

例如图 6-27（a）是一个工程的 AOE 网，其中有 9 个事件 V_1，V_2，V_3，…，V_9 和 11 项活动 a_1，a_2，a_3，…，a_{11}。每个事件表示在它之前的活动已经完成，在它之后的活动可以开始，如 V_1 表示整个工程开始，V_9 表示整个工程结束，V_5 表示活动 a_4 和 a_5 已经完成，a_7 和 a_8 可以开始，而每个活动的权值是执行该活动所需的时间，如活动 a_4 需要 1 天，活动 a_8 需要 7 天。

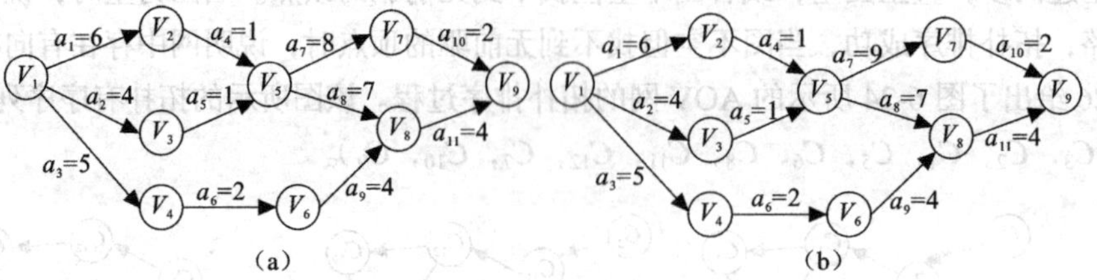

图 6-27 AOE 网

表示实际工程的 AOE 网应该是没有回路的有向网，在 AOE 网中，只有一个入度为 0 的顶点（称为源点，如图 6-27（a）中的 V_1）和一个出度为 0 的顶点（称为汇点，如图 6-27（a）中的 V_9。如果用 AOE 网来表示一项工程，那么需要研究的问题是：

（1）完成工程至少需要多少时间?

（2）哪些活动是影响进程的关键?

由于 AOE 网中的某些活动能够同时进行，故完成整个工程所必须花费的时间应该为源点到终点的最大路径长度（这里的路径长度是指该路径上的各个活动所需时间之和）。具有最大路径长度的路径称为**关键路径**。例如，图 6-27（a）所示 AOE 网的关键路径为（V_1，V_2，V_5，V_8，V_9），这条关键路径的长度是 18，也就是说整个工程至少需要 18 天才能完成。关键路径上的活动称为**关键活动**。图 6-27（a）所示的 AOE 网的关键活动为（a_1，a_4，a_8，a_{11}）。可以看出，“关键活动”指的是：该弧上的权值增加 将使有向图上的最长路径的长度增加。关键路径长度是整个工程所需的最短工期。这就是说，要缩短整个工期，必须加快关键活动的进度，利用 AOE 网进行工程管理时需要解决的主要问题是：确定关键路径，以找出哪些活动是影响工程进度的关键活动。

AOE 网具有以下两个性质。

（1）只有在某顶点所代表的事件发生后，从该顶点出发的各有向边所代表的活动才能开始，如图 6-27（a）所示，活动 a_8 要开始，必须在事件 V_5 发生后才能开始。

（2）只有在进入某一顶点的各有向边所代表的活动都已经结束，该顶点所代表的事件才能发生。如图 6-27（a）所示，事件 V_5 要发生，必须在活动 a_2 和 a_3 都已结束后才能开始。

为了寻找关键活动，确定关键活动，结合图 6-27（a）可以作如下定义。

（1）事件的最早发生时间 $Ve(i)$：从源点到顶点 V_i 的最大路径长度代表的时间，意味着所有以顶点 V_i 为弧头的活动的最早开始时间。

（2）事件的最迟发生时间 $Vl(i)$：在不推迟整个工期的前提下，事件 V_i 允许的最晚发生时间。

（3）活动 $<V_i, V_j>$ 所需的时间 $t(i,j)$。

（4）活动 $<V_i, V_j>$ 的最早开始时间 $e(i,j)$：根据 AOE 网的性质，活动 $<V_i, V_j>$ 的最早开始时间应等于事件 V_i 的最早发生时间，即 $e(i,j)= Ve(i)$。

（5）活动 $<V_i, V_j>$ 的最迟开始时间 $l(i,j)$：在不推迟整个工程完成日期的前提下，活动 $<V_i, V_j>$ 必须开始的最晚时间。活动 $<V_i, V_j>$ 的最迟开始时间应等于事件 V_j 的最迟发生时间和活动所需时间的差值，即 $l(i,j) = Vl(i)- t(i,j)$。

根据每个活动的最早开始时间 $e(i,j)$ 和最晚开始时间 $l(i,j)$ 就可判定该活动是否为关键活动：那些 $l(i,j)= e(i,j)$ 的活动就是关键活动。而那些 $l(i,j)> e(i,j)$ 的活动则不是关键活动，$l(i,j)- e(i,j)$ 的值为活动的时间余量。当关键活动确定之后，关键活动所在的路径就是关键路径。

求 $Ve(i)$ 的算法描述如下。

（1）令 $Ve(1)=0$，$i=2$。

（2）$Ve(i)=\text{Max}\{Ve(k)+t(k,i) \mid V_k\text{为}V_i\text{的直接前驱}\}$。

（3）$++i$，重复（2），直到 $i>n$。

求 $Vl(i)$ 的算法描述如下。

（1）令 $Vl(i)= Ve(n)$，$i=n-1$。

（2）$Vl(i)=\text{Min}\{Vl(k)-t(i,k) \mid V_k\text{为}V_i\text{的直接后继}\}$。

（3）$--i$，重复（2），直到 $i=0$。

这两个时间的计算必须分别在拓扑有序和逆拓扑有序的前提下进行。也就是说，$Ve(i)$ 必须在其所有前驱的最早发生时间求得之后才能确定，而 $Vl(i)$ 必须在其所有后继的最迟发生时间求得之后才能确定。因此，应该在拓扑排序的基础上计算 $Ve(i)$ 和 $Vl(i)$。

由此得到如下所述的求关键路径的算法（结合图 6-27（a）进行说明）。

（1）从源点 V_1 出发，令 $Ve[0]=0$，按拓扑有序序列求其余各顶点的最早发生时间 $Ve[i](1\leqslant i\leqslant n-1)$，如表 6-4 所示。

（2）从汇点 V_9 出发，令 $Vl[n-1]= Ve[n-1]$，按逆拓扑有序序列求其余各顶点的最迟发生时间 $Vl[i]\ (n-2\geqslant i\geqslant 0)$，如表 6-4 所示。

表 6-4　　图 6-27（a）所示 AOV 事件最早、最迟发生时间计算过程

时间＼事件	V_1	V_2	V_3	V_4	V_5	V_6	V_7	V_8	V_9
Ve	0	6	4	5	7	7	15	14	18
Vl	0	6	6	8	7	10	16	14	18

（3）求出 $Ve(i)$ 和 $Vl(i)$ 后，就可以简单计算出 $e(i,j)$ 和 $l(i,j)$，如表 6-5 所示。

表 6-5　　图 6-27（a）所示 AOV 活动最早、最迟开始时间计算过程

时间＼活动	a_1	a_2	a_3	a_4	a_5	a_6	a_7	a_8	a_9	a_{10}	a_{11}
	V_1，V_2	V_1，V_3	V_1，V_4	V_2，V_5	V_3，V_5	V_4，V_6	V_5，V_7	V_5，V_8	V_6，V_8	V_7，V_9	V_8，V_9
t(权)	6	4	5	1	1	2	8	7	4	2	4
e	0	0	0	6	4	5	7	7	7	15	14
l	0	2	3	6	6	8	8	7	10	16	14
	√			√				√			√

凡是 $l(i,j)=e(i,j)$的边为关键活动（a_1，a_4，a_8，a_{11}），关键活动所在的路径就是关键路径（V_1，V_2，V_5，V_8，V_9），路径长度为 18。一个 AOE 网的关键路径可能不止一条，如果图 6-27（a）所示 AOE 网的 a_7 改为 a_7=9，如图 6-27（b）所示，则（V_1，V_2，V_5，V_8，V_9）和（V_1，V_2，V_5，V_7，V_9）都是关键路径，路径长度都为 18。

然而，并不是加快任何一个关键活动都可以缩短整个工程的完成时间，只有加快那些包含在所有关键路径上的关键活动才能达到这个目的。例如，在图 6-27（b）所示的 AOE 网中，加快关键活动 a_7 的速度并不能缩短工期，这是因为另一条关键路径（V_1，V_2，V_5，V_8，V_9）不包括 a_7。而关键活动 a_1 是包括在所有的关键路径上的关键活动，如果 a_1 由 6 天完成缩短为 5 天完成，则整个工程的完成时间可由 18 天缩短为 17 天。可是若将 a_1 由 6 天缩短为 3 天，整个工程的完成时间不会由 18 天缩短为 15 天，因为此时（V_1，V_2，V_5，V_8，V_9）已不再为关键路径了。所以，只有在不改变 AOE 网的关键路径的前提下，加快包含在关键路径上的关键活动的速度才能缩短整个工程的完成时间。

6.6 项 目 实 例

6.6.1 项目说明

设计一个校园导游程序，为来访的客人提供信息查询服务，主要需求如下。

（1）设计学校的校园平面图。选取若干个有代表性的景点，抽象成一个无向带权图(无向网)，以图中顶点表示校内各景点，边上的权值表示两景点之间的距离。

（2）存放景点代号、名称、简介等信息供用户查询。

（3）为来访客人提供图中任意景点相关信息的查询。

（4）为来访客人提供图中任意景点之间的问路查询。

（5）可以为校园平面图增加或删除景点或边，修改边上的权值等。

6.6.2 概要设计

为了实现以上功能，可以从 3 个方面着手设计。

1. 主界面设计

为了实现校园导游系统各功能的管理，首先设计一个含有多个菜单项的主控菜单子程序以链接系统的各项子功能，方便用户使用本系统。

2. 存储结构设计

本系统采用图结构类型(Mgraph)存储抽象校园图的信息。其中，各景点间的邻接关系用图的邻接矩阵类型(AdjMatrix)存储；景点(顶点)信息用结构数组(Vexs)存储，其中每个数组元素是一个结构变量，包含景点编号、景点名称及景点介绍 3 个分量；图的顶点个数及边的个数由分量 vexNum、arcNum 表示，它们是整型数据。

此外，本系统还设置了 3 个全局变量：visited[ ] 数组用于存储顶点是否被访问标志；d[]数组用于存放边上的权值或存储查找路径顶点的编号；campus 是一个图结构的全局变量。

3. 系统功能设计

本系统除了要完成图的初始化功能外，还设置了 7 个子功能菜单，其功能图如图 6-28 所示。图的初始化由函数 Initgraph( )实现。依据读入的图的顶点个数和边的个数，分别初始化图结构中图的顶点向量数组和图的邻接矩阵。

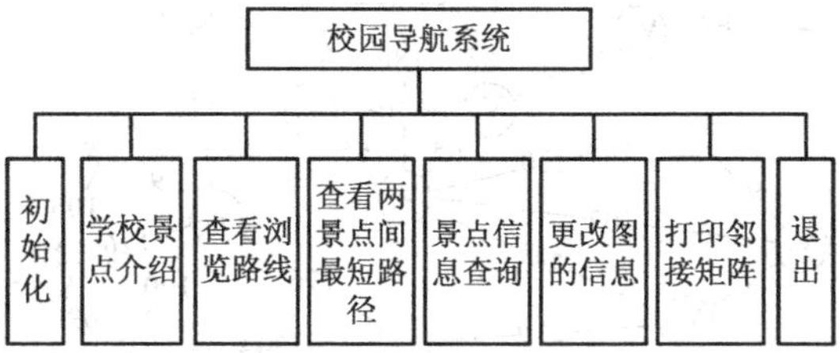

图 6-28　校园导航系统功能模块

7 个子功能的设计描述如下。

（1）学校景点介绍。

学校景点介绍由函数 IntroduceCompus( )实现。当用户选择该功能时，系统能输出学校全部景点的信息，包括景点编号、景点名称及景点简介。

（2）查看浏览路线。

查看浏览路线由函数 BrowsePath ( )实现。该功能采用迪杰斯特拉(Dijkstra)算法实现。当用户选择该功能时，系统能根据用户输入的起始景点编号，求出从该景点到其他景点的最短路径线路及距离。

（3）查看两景点间最短路径。

查看两景点间最短路径由函数 ShortestPath ( )实现。该功能采用弗洛伊德(Floyd)算法实现。当用户选择该功能时，系统能根据用户输入的起始景点及目的地景点编号，查询任意两个景点之间的最短路径线路及距离。

（4）景点信息查询。

景点信息查询由函数 SeeAbout( )实现。该功能根据用户输入的景点编号输出该景点的相关信息。例如，景点编号、名称等。

（5）更改图的信息。

更改图的信息功能由主调函数 ChangeGraph( )及若干个子函数完成，可以实现图的若干基本操作。例如，增加新的景点、删除边、重建图等。

（6）打印邻接矩阵。

该功能输出图的邻接矩阵的值，由函数 PrintMatrix( )实现。

（7）退出。

即退出校园导游系统，由 exit(0)函数实现。

6.6.3 详细设计

1. 校园抽象图设计

本设计以某学院主要景点为例，抽象完成的无向网如图 6-29 所示。全校共抽象出 23 个景点和 34 条道路。各景点分别用图中的顶点表示，景点编号从 V_0 ~ V_{22}；34 条道路分别用图中的边表示，边上的权值表示景点之间的模拟距离。

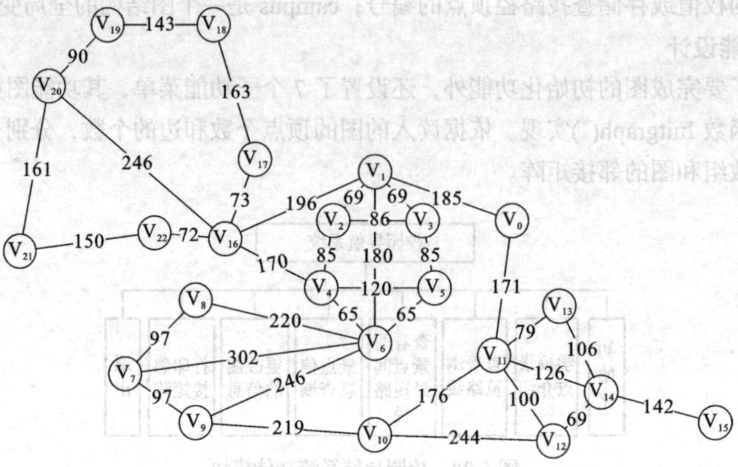

图 6-29　抽象的校图无向网

2. 系统子程序及功能设计

本系统共设置 16 个子程序，各子程序的函数名及功能说明如下。

```
(1) void MainWork();//用户主界面
(2) void IntroduceCompus(MGraph g);
//学校景点介绍，显示各景点的编号、名称和简介
(3) void BrowsePath(MGraph g);
// 查看游览路线，显示从给定景点出发，到其他景点的最短路径
(4) void ShortestPath(MGraph g);
//查询景点间最短路径,显示从给定景点出发到另一景点的最短路径
(5) void SeeAbout(MGraph g);
//景点信息查询，显示给定景点的编号、名称和简介
(6) int ChangeGraph(MGraph *g);              //更改图信息，可以对景点信息进行修改
(7) void PrintMatrix(MGraph g);              //打印学校景区图的邻接矩阵
(8)MGraph InitGraph( );                      //初始化校区景点
(9) int LocateVex(MGraph g,int v);           //查找景点在图中的序号
(10) int main() //主函数。设定界面的颜色和大小，调用 MainWork 函数
```

以下编号(11)~(16)是图的基本操作，包括：创建图、更新信息、删除、增加结点和边等。

```
(11)int CreatGragh(MGraph *g);               //创建图，以邻接矩阵表示
(12)int DelVex(MGraph *g);                   //删除景点（顶点）
(13)int DelArc(MGraph *g);                   //删除边
(14)int EnVex(MGraph *g);                    //添加景点（顶点）
(15)int EnArc(MGraph *g);                    //添加边
(16)int NewGraph(MGraph *g);                 //更新图信息
```

3. 函数主要调用关系图

校园导游系统 16 个子程序之间的主要调用关系如图 6-30 所示。图 6-30 中数字是各函数的编号。

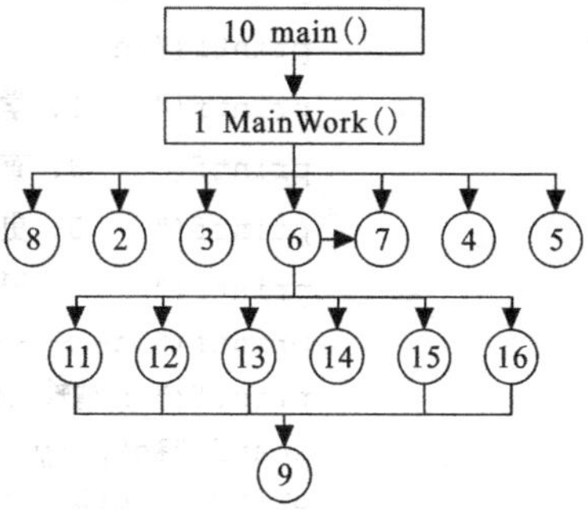

图 6-30　系统函数调用关系图

6.6.4　编码及实现

1. 数据类型定义

（1）无向带权图(无向网)的定义。

```
typedef struct
{
      int ID;                          //景点的编号
      char name[32];                   //景点的名称
      char introduction[256];          //景点的介绍
}Vexsinfo;                             //顶点信息
typedef struct
{
    Vexsinfo  vexs[MaxVertexNum];      //顶点信息
    int arcs[MAXSIZE][MAXSIZE];        //邻接矩阵,用整型值表示权值
    int arcNum;                        //边数
    int vexNum;                        //顶点数
}MGraph;                               //图结构信息，邻接矩阵表示
```

（2）全局变量定义。

```
int  visited[23];                      //用于标志顶点是否已经访问过
int  d[23];                            //用于存放权值或存储路径顶点编号
MGraph  campus;                        //图变量(大学校园)
```

（3）常量定义。

```
#define MaxVertexNum 100               //图中顶点的最大数量
#define Infinity  1000                 //两点为非邻接点时的权值
```

2. 系统主要子程序详细设计

（1）主程序及用户操作界面模块设计。

主函数：设定用户操作界面的颜色和大小，调用用户主界面函数。（函数编号：10）

```
int main()
{
    MainWork( );
    return 1;
}
```

用户主界面函数设计：实现用户操作的可视化界面。（函数编号：1）

```
void MainWork()
{
    int yourChoice;
    char iSExit;
    campus=InitGraph( );
    do{
        system("cls");
        yourChoice=0;
        printf("\n----------欢迎使用校园导游程序----------\n");
```

```
        printf("\n          欢迎来到电子科技大学成都学院!        \n\n");
        printf("\n                  菜 单 选 择               \n\n");
        printf("    1. 学校景点介绍          2. 查看游览路线    \n");
        printf("    3. 查询景点间最短路径    4. 景点信息查询    \n");
        printf("    5. 更改图信息            6. 打印邻接矩阵    \n");
        printf("    7. 退出                                     \n");
        printf("\n------------------------------------\n");
        printf("\n请输入你的选择: ");
        scanf("%d", &yourChoice);
        switch(yourChoice)
        {
            case 1:
            system("cls");IntroduceCompus(campus);system("pause");break;
            case 2:
            system("cls");BrowsePath(campus);system("pause");   break;
            case 3:
            system("cls");ShortestPath (campus); system("pause");break;
            case 4:
            system("cls"); SeeAbout(campus);system("pause");break;
            case 5:
            system("cls"); ChangeGraph(&campus);break;
            case 6:
            system("cls"); PrintMatrix(campus);system("pause"); break;
            case 7:
            printf("您确定要退出系统吗?(Y/N):");
            fflush(stdin);iSExit=getchar();system("cls");
            if(iSExit=='Y'||iSExit=='y') exit(0);
            else iSExit='n'; break;
            default:system("cls"); printf ("输入选择不明确,请重新输入\n");system("pause");
            getchar();break;
        }
    }while(yourChoice!=7||iSExit=='n');
}// MainWork
```

（2）初始化校区景点，用邻接矩阵表示。（函数编号：8）

```
MGraph InitGraph()
{
    int i=0,j=0;
    MGraph c;
    c.vexNum=MaxVertexNum;              //顶点个数
    c.arcNum =39;                       //边的个数
    for(i=0;i<c.vexNum ;i++)            //依次设置顶点编号
        c.vexs[i].ID =i;
    //依次输入顶点信息
    strcpy(c.vexs[0].name ,"学院侧门");
    strcpy(c.vexs[0].introduction ,"学院主要进出口，离公交车站很近，有 93、703、511、54、
305路等多路公交车");
    strcpy(c.vexs[1].name ,"音乐广场");
    strcpy(c.vexs[1].introduction ,"音乐广场，学院大门");
    strcpy(c.vexs[2].name ,"西办公楼");
    strcpy(c.vexs[2].introduction ,"学院西办公楼，楼高6层");
```

```
    //……此处省略部分顶点信息初始化语句，请读者自行补足或下载完整源代码
    for(i=0;i<c.vexNum ;i++)
        for(j=0;j<c.vexNum ;j++)
            c.arcs [i][j] =Infinity;  //先初始化图的邻接矩阵
    c.arcs[0][1]=185;c.arcs[0][11]=171;c.arcs[1][2]=69;
    //……此处省略部分邻接矩阵初始化语句，请读者自行补足或下载完整源代码
    for(i=0;i<c.vexNum ;i++)          //邻接矩阵是对称矩阵，对称赋值
        for(j=0;j<c.vexNum ;j++)
            c.arcs[j][i]=c.arcs[i][j];
    return c;
}//InitGraph
```

（3）学校景点介绍，显示各景点的编号、名称和简介。（函数编号：2）

```
void IntroduceCompus(MGraph c)          //显示所有景点信息
{
    int i;
    printf(" \n\n 编号      景点名称                 简介\n");
    printf("____________________________________________\n");
    for(i=0;i<c.vexNum ;i++)
    printf("%-10d%-25s%-80s\n",c.vexs[i].ID,c.vexs[i].name,c.vexs[i].introduction);
    printf("____________________________________________\n\n");
}
```

（4）查看游览路线，显示从给定景点出发到其他景点的最短路径。（函数编号：3）

```
//迪杰斯特拉算法，求从顶点 v0 到其余顶点的最短路径 p[ ]
//及其带权长度 d[v] （最短路径的距离）
//p[ ][ ]数组用于存放两顶点间是否有通路标志
//若 p[v][w]==1，则 w 是从 v0 到 v 的最短路径上的顶点
//final[ ]数组用于设置访问标志
void BrowsePath(MGraph c)
{
     int v, w, i, min, t=0, x, flag=1, v0;       //v0 为起始景点的编号
     int final[35], d[35], p[35][35];
     printf("\n 请输入一个起始景点的编号：");
     scanf("%d",&v0);    printf("\n\n");
     while(v0<0||v0>c.vexNum)
     {
       printf("\n 你所输入的景点编号不存在\n");
       printf("请重新输入：");
       scanf("%d",&v0);
     }//while
     for(v=0;v<c.vexNum ;v++)
     {
        final[v]=0;                          //初始化各顶点访问标志
        d[v]=c.arcs[v0][v];                  //v0 到各顶点 v 的权值赋值给 d[v]
        //初始化 p[ ][ ]数组，各顶点间的路径全部设置为空路径 0
        for(w=0;w<c.vexNum ;w++)
            p[v][w]=0;
        if(d[v]<Infinity)                    //v0 到 v 有边相连，修改 p[v][v0]的值为 1
        {
            p[v][v0]=1;
```

```
            p[v][v]=1;                  //各顶点自己到自己要连通
        }
    }//for
    d[v0]=0;                            //自己到自己的权值设为 0
    final[v0]=1;                        // v0 的访问标志设为 1，v 属于 s 集
    //对其余 c.vexNum-1 个顶点 w，依次求 v 到 w 的最短路径
    for(i=1;i<c.vexNum ;i++)
    {
        min=Infinity;
        //在未被访问的顶点中，查找与 v0 最近的顶点 v
        for(w=0;w<c.vexNum ;w++)
          if(!final[w])
            if(d[w]<min)                //v0 到 w （有边）的权值<min
            {
                v=w;min=d[w];
            }//if
        final[v]=1;                     //v 的访问标志设置为 1，v 属于 s 集
        //修改 v0 到其余各顶点 w 的最短路径权值 d[w]
        for(w=0;w<c.vexNum ;w++)
            //若 w 不属于 s，且 v 到 w 有边相连
            if(!final[w]&&(min+c.arcs[v][w] <d[w]))
            {
                d[w]=min+c.arcs[v][w];//修改 v0 到 w 的权值 d[w]\
                //所有 v0 到 v 的最短路径上的顶点 x 都是 v0 到 w 的
                for(x=0;x<c.vexNum ;x++)
                    p[w][x]=p[v][x];  //最短路径上的顶点
                p[w][w]=1;
        }//if
    }//for
    for(v=0;v<c.vexNum ;v++)            //输出 v0 到其他顶点 v 的最短路径
    {
        if(v!=v0)
            printf("%s",c.vexs[v0].name);  //输出景点 v0 的景点名
        //对图中每个顶点 w，试探 w 是否是 v0 到 v 的最短路径上的顶点
        for(w=0;w<c.vexNum ;w++)
        {
            //若 w 是，且 w 不等于 v0，则输出该景点
            if(p[v][w] && w!=v0 && w!=v)
              printf("--->%s",c.vexs[w].name);
        }
        printf("---->%s",c.vexs[v].name);
        printf("\t 总路线长为%d 米\n\n",d[v]);
    }//for
}//BrowsePath
```

（5）查询景点间最短路径，显示从给定景点到另一景点的最短路径。（函数编号：4）

```
// 用 floyd 算法，求各对顶点 v 和 w 间的最短路径 p[ ][ ]及其带权长度 d[v][w]
// 若 p[v][w][u]==1，则 u 是 v 到 w 的当前求得的最短路径上的顶点
void ShortestPath(MGraph c)
{
    int i, j, k, v, u, w, d[35][35], p[35][35][35];
```

```
//初始化各对顶点 v, w 之间的起始距离 d[v][w] 及路径 p[v][w][ ]数组
    for(v=0;v<c.vexNum ;v++)
    {
        for(w=0;w<c.vexNum ;w++)
        {
         d[v][w]=c.arcs[v][w];           //d[v][w] 中存放 v 至 w 间初始权值
            //初始化最短路径 p[v][w][ ] 数组，第 3 分量全部清 0
            for(u=0;u<c.vexNum ;u++)
                p[v][w][u]=0;
            if(d[v][w]<Infinity)         //如果 v 至 w 间有边相连
            {
                p[v][w][v]=1;            // v 是 v 至 w  最短路径上的顶点
                p[v][w][w]=1;            //w 是 v 至 w  最短路径上的顶点
            }//if
        }//for
    }//endfor
    for(u=0;u<c.vexNum ;u++)             //求 v 至 w 的最短路径及距离
    {//对任意顶点 u，试探其是否为 v 至 w 最短路径上的顶点
      for(v=0;v<c.vexNum ;v++)
        for(w=0;w<c.vexNum ;w++)
            //从 v 经 u 到 w 的一条路径更短
            if(d[v][u]+d[u][w]<d[v][w])
            {
             d[v][w]=d[v][u]+d[u][w]; //修改 v 至 w 的最短路径长度
             for(i=0;i<c.vexNum ;i++) //修改 v 至 w 的最短路径数组
             //若 i 是 v 至 u 的最短路径上的顶点，或 i 是 u 至 w 的最短路径上的顶点，
             //则 i 是 v 至 w 的最短路径上的顶点
              p[v][w][i] = p[v][u][i] || p[u][w][i];
            }
    }//endfor
    printf ("\n 请输入出发点和目的地编号：");
    scanf("%d%d",&k,&j);  printf("\n\n");
    while(k<0||k>c.vexNum||j<0||j>c.vexNum)
     {
        printf("\n 你所输入的景点编号不存在！");
        printf("\n 请重新输入出发点和目的地编号：\n\n");
        scanf("%d%d",&k,&j);        printf("\n\n");
     }
    printf("%s",c.vexs[k].name );        //输出出发景点名称
    for(u=0;u<c.vexNum ;u++)
      if(p[k][j][u] && k!=u && j!=u)   //输出最短路径上中间景点名称
         printf("--->%s",c.vexs[u].name );
    printf("--->%s",c.vexs[j].name );//输出目的地景点名称
    printf("\n\n\n 总长为%d 米\n\n\n",d[k][j]);
   }// ShortestPath
```

（6）景点信息查询，显示给定景点的编号、名称和简介。（函数编号：5）

```
void SeeAbout(MGraph c)
{
        int k;
```

```
    printf("\n 请输入要查询的景点编号: ");
    scanf("%d",&k);
    while(k<0||k>c.vexNum)
    {
      printf("\n 你所输入的景点编号不存在! ");
      printf("\n 请重新输入: ");
      scanf("%d",&k);
    }
    printf("\n\n 编号: %-4d\n",c.vexs[k].ID );
    printf("\n\n 景点名称: %-10s\n",c.vexs[k].name );
    printf("\n\n 介绍: %-80s\n\n",c.vexs[k].introduction );
}//seeabout
```

(7) 查找景点在图中的序号。(函数编号: 9)

```
int LocateVex(MGraph c,int v)              //查找景点在图中的序号
{
      int i;
      for (i=0;i<c.vexNum ;i++)
         if (v==c.vexs[i].ID)
              return i;                    //找到,返回顶点序号 i
      return -1;                           //否则,返回-1
}
```

(8) 更改图信息,可以对景点信息进行修改。(函数编号: 6)

```
int ChangeGraph(MGraph *c)
//更改图信息,可以对景点信息进行修改
{
     int  yourChoice;
     do {
        system("cls");
        yourChoice=0;
        printf("\n----------欢迎使用校园导游程序----------\n");
        printf("\n              请选择要完成的操作 !        \n\n");
        printf("\n                  菜 单 选 择            \n\n");
        printf("   1. 再次建图              2. 删除结点       \n");
        printf("   3. 删除边                4. 增加结点       \n");
        printf("   5. 增加边                6. 更新信息       \n");
        printf("   7. 打印邻接矩阵          8. 返回上一级     \n");
        printf("\n----------------------------------------------\n");
        printf("\n 请输入你的选择: ");
        scanf("%d", &yourChoice);
        switch(yourChoice)
        {
             case 1:  CreatGragh(c);break;   //创建图,调用(11)
             case 2: DelVex(c);break;        // 删除顶点,调用(12)
             case 3:  DelArc(c);break;       // 删除边,调用(13)
             case 4:  EnVex(c);break;        //增加顶点,调用(14)
             case 5:  EnArc(c);break;        // 增加边,调用(15)
             case 6: NewGraph(c);break;      // 更新图的信息,调用(16)
             case 7: PrintMatrix(*c);break; //输出邻接矩阵,调用(7)
```

```
            case 8:  return 1;                  //返回主菜单
            default:printf ("输入选择不明确，请重新输入\n");    break;
        }
        putchar('\n');system("pause");getchar();
    }while(yourChoice!=8);
    return 1;
}// ChangeGraph
```

① 创建图，以邻接矩阵表示。(函数编号：11)

```
int CreatGragh(MGraph *c)                        //建图。以图的邻接矩阵存储图
{
      int  i, j, m, n, v0,v1,distance;
      printf("请输入图的顶点数和边数：\n");
      scanf("%d %d",&c->vexNum ,&c->arcNum );
      printf("下面请输入景点的信息：\n");
      for(i=0;i<c->vexNum ;i++)                 //构造顶点向量(数组)
      {
        printf("请输入景点的编号：");
        scanf("%d",&c->vexs[i].ID );
        printf("\n 请输入景点的名称：");
        scanf("%s",c->vexs[i].name );
        printf("\n 请输入景点的简介：");
        scanf("%s",c->vexs[i].introduction );
      }
      for(i=0;i<c->arcNum ;i++)                 //初始化邻接矩阵
        for(j=0;j<c->arcNum;j++)
            c->arcs[i][j]=Infinity;
      printf("下面请输入图的边的信息：\n");
      for(i=1;i<=c->arcNum;i++)                 //构造邻接矩阵
      {//输入一条边的起点、终点及权值
        printf("\n 第%d 条边的起点 终点 长度为：",i);
        scanf("%d %d %d",&v0,&v1,&distance);
        m=LocateVex(*c,v0);
        n=LocateVex(*c,v1);
        if(m>=0 && n>=0){
            c->arcs[m][n] =distance;
            c->arcs[n][m] =c->arcs[m][n];
        }
      }
      return 1;
}//CreatGragh
```

② 删除景点（顶点）。(函数编号：12)

```
int DelVex(MGraph *c)                  //删除图的一个顶点，返回值：1
{
     int  i=0, j;
     int  m, v;
     if (c->vexNum<=0)
     {
          printf("图中已无顶点");
          return 1;
     }
```

```
    printf("\n 下面请输入你要删除的景点编号: "); scanf("%d",&v);
    while(v<0||v>c->vexNum){
         printf("\n 输入错误! 请重新输入");
         scanf("%d",&v);
    }
    m=LocateVex(*c,v);
    if(m<0){
       printf("顶点 %d 不存在! ",v);
       return 1;
    }
    //对顶点信息所在顺序表进行删除 m 点的操作
    for(i=m;i<c->vexNum;i++)
    {
       c->vexs[i].ID=c->vexs[i+1].ID;
       strcpy(c->vexs[i].name ,c->vexs [i+1].name );
       strcpy(c->vexs[i].introduction ,c->vexs [i+1].introduction );
    }
    //对原邻接矩阵,删除该顶点到其余顶点的邻接关系,分别删除相应的行和列
    for(i=m;i<c->vexNum-1 ;i++)          //行
        for(j=0;j<c->vexNum ;j++)        //列
       //二维数组,从第 m+1 行开始依次往前移一行,即删除第 m 行
            c->arcs [i][j]=c->arcs [i+1][j];
    for(i=m;i<c->vexNum-1 ;i++)
         for(j=0;j<c->vexNum;j++)
       //二维数组,从第 m+1 列开始依次往前移一列,即删除第 m 列
          c->arcs [j][i]=c->arcs [j][i+1];
    c->vexNum--;
    printf("顶点 %d 删除成功! ",m);
    return 1;
}//DelVex
```

③ 删除边。(函数编号:13)

```
int DelArc(MGraph *c)              //删除图的一条边,返回值:1
{
     int m, n, v0, v1;
     if(c->arcNum <=0){
        printf("图中已无边,无法删除。");
        return 1;
     }
     printf("\n 下面请输入你要删除的边的起点和终点编号: ");
     scanf("%d %d",&v0,&v1);
     m=LocateVex(*c,v0);
     if(m<0){
        printf(" 顶点 %d 不存在! ",v0);return 1;
     }
     n=LocateVex(*c,v1);
     if(n<0){
        printf("顶点 %d 不存在! ",v1);return 1;
     }
     c->arcs [m][n]=Infinity;                //修改邻接矩阵对应的权值
     c->arcs [n][m] =Infinity;
     c->arcNum --;
```

```
    printf("边 (%d,%d) 删除成功! ",v0,v1);
    return 1;
}// DelArc
```

④ 添加景点(顶点)。(函数编号:14)

```
int EnVex(MGraph *c)                        //增加一个结点,返回值:1
{
      int i;
      printf("请输入你要增加结点的信息:");
      printf("\n 编号:"); scanf("%d",&c->vexs[c->vexNum].ID );
      printf("名称:"); scanf("%s",c->vexs[c->vexNum].name );
      printf("简介:");
      scanf("%s",c->vexs[c->vexNum].introduction) ;
      c->vexNum=c->vexNum+1;
      //对原邻接矩阵新增加的一行及一列进行初始化
      for(i=0;i<c->vexNum;i++)
      {
         c->arcs [c->vexNum-1][i]=Infinity;      //最后一行(新增的一行)
         c->arcs [i][c->vexNum-1]=Infinity;      //最后一列(新增的一列)
      }
      return 1;
}// EnVex
```

⑤ 添加边。(函数编号:15)

```
int EnArc(MGraph *c)                                    //增加一条边,返回值:1
{
      int  m, n, distance;
      printf("\n 请输入边的起点和终点编号,权值:");
      scanf("%d %d %d",&m,&n,&distance);
      while(m<0||m>c->vexNum||n<0||n>c->vexNum){
         printf("输入错误,请重新输入:"); scanf("%d %d",&m,&n);
      }
      if(LocateVex(*c,m)<0){
          printf("此顶点 %d 不存在",m); return 1;
      }
      if(LocateVex(*c,n)<0)      {
         printf("此顶点 %d 不存在:",n);return 1;
      }
      c->arcs[m][n] =distance;
      c->arcs[n][m] =c->arcs[m][n];                    //对称赋值
      printf("边 (%d,%d) 添加成功! ",m,n);
      return 1;
}// EnArc
```

⑥ 更新图信息。(函数编号:16)

```
int NewGraph(MGraph *c) //更新图的部分信息,返回值:1
{
      int  changenum; //计数。用于记录要修改的对象的个数
      int  i, m, n, t, distance, v0, v1;
      printf("\n 下面请输入你要修改的景点的个数:\n");
      scanf("%d",&changenum);
      while(changenum<0||changenum>c->vexNum){
         printf("\n 输入错误! 请重新输入");
```

```
        scanf("%d",&changenum);
    }
    for(i=0;i<changenum;i++)
    {
        printf("\n 请输入景点的编号: ");scanf("%d",&m);
        t=LocateVex(*c,m);
        printf("\n 请输入景点的名称: ");
        scanf("%s",c->vexs[t].name );
        printf("\n 请输入景点的简介: ");
         scanf("%s",c->vexs[t].introduction );
    }
    printf("\n 下面请输入你要更新的边数");
    scanf("%d",&changenum);
    while(changenum<0||changenum>c->arcNum ){
        printf("\n 输入错误! 请重新输入");scanf("%d",&changenum);
    }
    printf("\n 下面请输入更新边的信息: \n");
    for(i=1;i<=changenum ;i++)
    {
        printf("\n 修改的第%d 条边的起点 终点 长度为: ",i);
        scanf("%d %d %d",&v0,&v1,&distance);
        m=LocateVex(*c,v0);
        n=LocateVex(*c,v1);
        if(m>=0&&n>=0){
          c->arcs[m][n] =distance;
          c->arcs[n][m] =c->arcs[m][n] ;
        }
    }
    printf("图信息更新成功! ",v0,v1);
    return 1;
}//NewGraph
```

（9）打印学校景区图的邻接矩阵。

```
void PrintMatrix(MGraph c)
{
     int  i, j, k=0;//k 用于计数, 控制换行
     for(i=0;i<c.vexNum ;i++)
     {
         printf("\n");
         for(j=0;j<c.vexNum ;j++)
         {
             if (c.arcs[i][j]==Infinity)printf(" *  ");
             else printf("%4d",c.arcs[i][j]);
         }
     }
     printf("\n");
}//PrintMatrix
```

6.6.5 测试分析

系统运行主界面如图 6-31 所示。

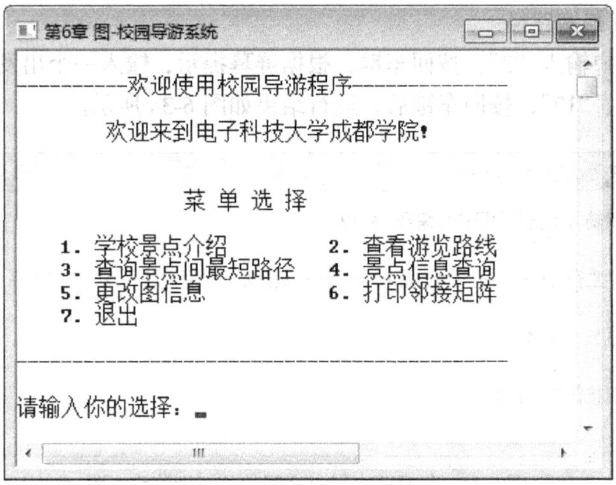

图 6-31　校园导游系统主菜单

各子功能测试运行结果如下。

1. 学校景点介绍

在主菜单下，用户输入“1”，按回车键，运行结果如图 6-32 所示。

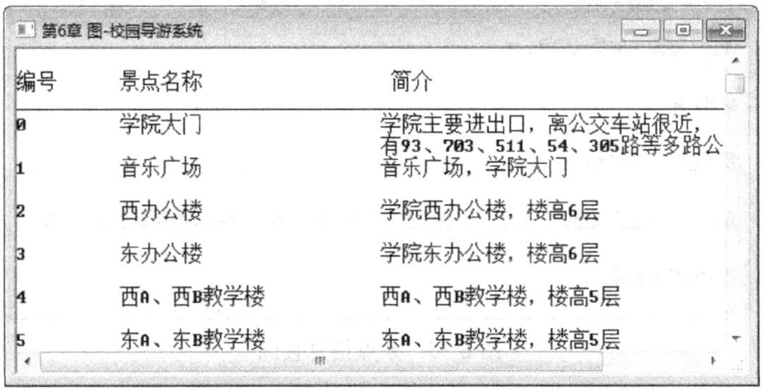

图 6-32　学院景点名称及简介

2. 查看浏览路线

在主菜单下，用户输入“2”，按回车键，根据屏幕提示，输入一个景点编号 0，按回车键后，系统会给出由景点 0 到其余景点的最短浏览线路及最短距离。运行结果的截图如图 6-33 所示。

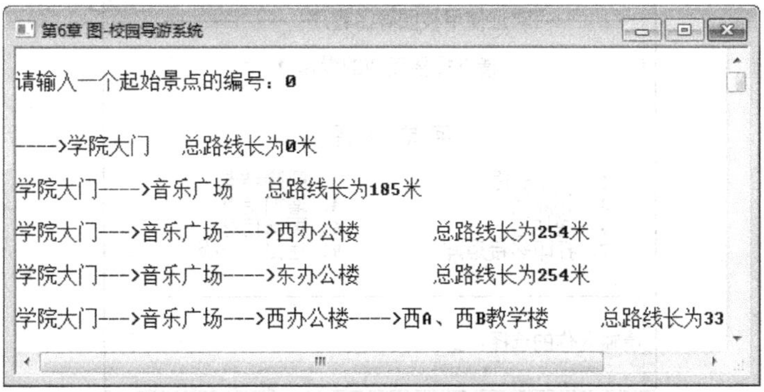

图 6-33　从一个景点出发的浏览路线图

3. 查看两景点间最短路径

在主菜单下，用户输入“3”，按回车键，根据屏幕提示，输入一个出发景点编号及目的地景点编号，如输入“8”、“17”，按回车键后，运行结果如图 6-34 所示。

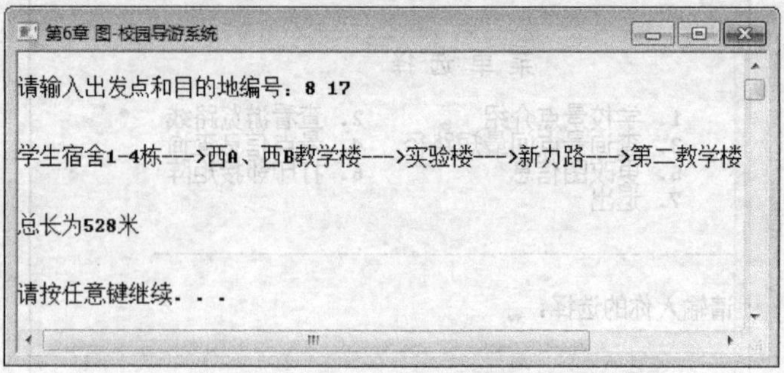

图 6-34　任意两个景点之间的最短浏览路线图

4. 景点信息查询

在主菜单下，用户输入“4”，按回车键，根据屏幕提示，输入一个要查询的景点编号 0，按回车键后，运行结果如图 6-35 所示。

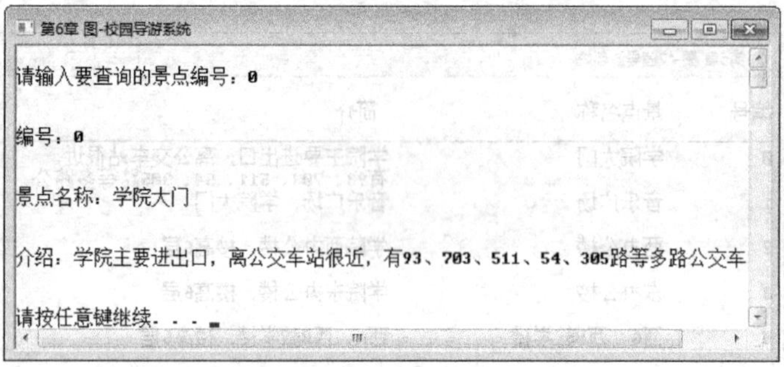

图 6-35　景点信息查询

5. 更改图的信息

在主菜单下，用户输入“5”，按回车键后出现二级菜单界面，运行结果如图 6-36 所示。再进一步做选择，可以实现图的相关基本操作。

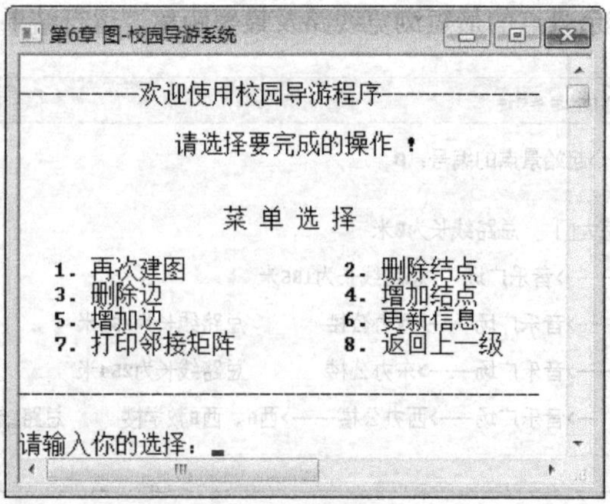

图 6-36　更改图的信息

6. 退出

在主菜单下，用户输入“7”，按回车键，确认后即退出校园导游系统。

6.7　习题与解析

一、填空题

1. 具有 10 个顶点的无向图，边的总数最多为__________。

2. G 是一个非连通无向图，共有 28 条边，则该图至少有__________个顶点。

3. 在有 n 个顶点的有向图中，若要使任意两点间可以互相到达，则至少需要__________条弧。

4. N 个顶点的连通图的生成树含有__________条边。

5. 构造 n 个结点的强连通图，至少有__________条弧。

6. 在有向图的邻接矩阵表示中，计算第 I 个顶点入度的方法是__________。

7. 已知一无向图 $G=(V, E)$，其中，V={a,b,c,d,e }，E={(a,b),(a,d),(a,c),(d,c),(b,e)}，现用某一种图遍历方法从顶点 a 开始遍历图，得到的序列为 abecd，则采用的是__________遍历方法。

8. 一个无向图 $G(V, E)$，其中 V={1,2,3,4,5,6,7}，E={（1,2）,(1,3）,（2,4）,（2,5）,（3,6）,（3,7）,（6,7）,（5,1）},对该图从顶点 3 开始进行遍历，去掉遍历中未走过的边，得一生成树 $G'(V, E')$，$E(G')$={（1,3）,（3,6）,（7,3）,（1,2）,（1,5）,（2,4）}，则采用的遍历方法是__________。

9. 求图的最小生成树有两种算法，__________算法适合于求稀疏图的最小生成树。

10. 对于含 N 个顶点 E 条边的无向连通图，利用 Prim 算法生成最小代价生成树，其时间复杂度为__________，利用 Kruskal 算法生成最小代价生成树，其时间复杂度为__________。

11. 有一个用于 n 个顶点连通带权无向图的算法描述如下。

（1）设集合 $T1$ 与 $T2$ 初始均为空。

（2）在连通图上任选一点加入 $T1$。

（3）以下步骤重复 n-1 次：

A. 在 i 属于 $T1$，j 不属于 $T1$ 的边中选最小权的边；

B. 该边加入 $T2$。

上述算法完成后，$T2$ 中共有__________条边，该算法称__________算法，$T2$ 中的边构成图的__________。

12. 有向图 G 可拓扑排序的判别条件是__________。

13. 有向图 $G=(V,E)$，其中，$V(G)$={0,1,2,3,4,5}，用<a,b,d>三元组表示弧<a,b>及弧上的权 d。$E(G)$为{<0,5,100>,<0,2,10><1,2,5><0,4,30><4,5,60><3,5,10><2,3,50><4,3,20>}，则从源点 0 到顶点 3 的最短路径长度是__________，经过的中间顶点是__________。

14. 在 AOV 网中，结点表示__________，边表示 __________。在 AOE 网中，结点表示__________，边表示__________。

二、单项选择题

1. 图中有关路径的定义是（　　）。

A. 由顶点和相邻顶点序偶构成的边所形成的序列

B. 由不同顶点所形成的序列

C. 由不同边所形成的序列

D. 上述定义都不是

2. 设无向图的顶点个数为 n，则该图最多有（　　）条边。

A. n-1　　B. $n(n-1)/2$　　C. $n(n+1)/2$　　D. 0　　E. n^2

3. 要连通具有 n 个顶点的有向图，至少需要（　　）条边。

A. n-1　　B. n　　C. n+1　　D. 2n

4. n 个结点的完全有向图含有边的数目为（　　）。

A. $n*n$　　B. $n（n+1）$　　C. $n/2$　　D. $n×（n-1）$

5. 下列哪一种图的邻接矩阵是对称矩阵？（　　）

A. 有向图　　B. 无向图　　C. AOV 网　　D. AOE 网

6. 从邻接阵矩 $A=\begin{vmatrix}0 & 1 & 0\\1 & 0 & 1\\0 & 1 & 0\end{vmatrix}$ 可以看出，该图共有（①）个顶点；如果是有向图，该图共有（②）条弧；如果是无向图，则共有（③）条边。

① A. 9　　B. 3　　C. 6　　D. 1　　E. 以上答案均不正确

② A. 5　　B. 4　　C. 3　　D. 2　　E. 以上答案均不正确

③ A. 5　　B. 4　　C. 3　　D. 2　　E. 以上答案均不正确

7. 下列说法不正确的是（　　）。

A. 图的遍历是从给定的源点出发，每一个顶点仅被访问一次

B. 遍历的基本算法有两种：深度遍历和广度遍历

C. 图的深度遍历不适用于有向图

D. 图的深度遍历是一个递归过程

8. 无向图 $G=(V,E)$，其中：V={a,b,c,d,e,f}，E={(a,b),(a,e),(a,c),(b,e),(c,f),(f,d),(e,d)}，对该图进行深度优先遍历，得到的顶点序列正确的是（　　）。

A. a,b,e,c,d,f　　B. a,c,f,e,b,d　　C. a,e,b,c,f,d　　D. a,e,d,f,c,b

9. 如图 6-37 所示，在下面的 5 个序列中，符合深度优先遍历的序列有多少？（　　）

a e b d f c　　a c f d e b　　a e d f c b　　a e f d c b　　a e f d b c

A. 5 个　　B. 4 个　　C. 3 个　　D. 2 个

10. 图 6-38 中给出由 7 个顶点组成的无向图。从顶点 1 出发，对它进行深度优先遍历得到的序列是（ ① ），而进行广度优先遍历得到的顶点序列是（ ② ）。

① A. 1354267　B. 1347652　C. 1534276　D. 1247653　E. 以上答案均不正确

② A. 1534267　B. 1726453　C. 1354276　D. 1247653　E. 以上答案均不正确

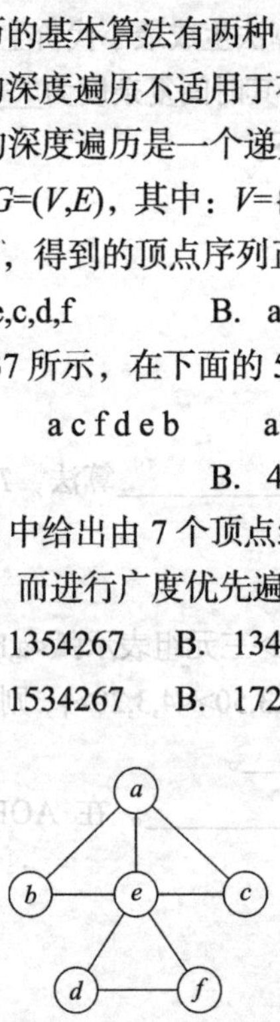

图 6-37　第 2.9 题图

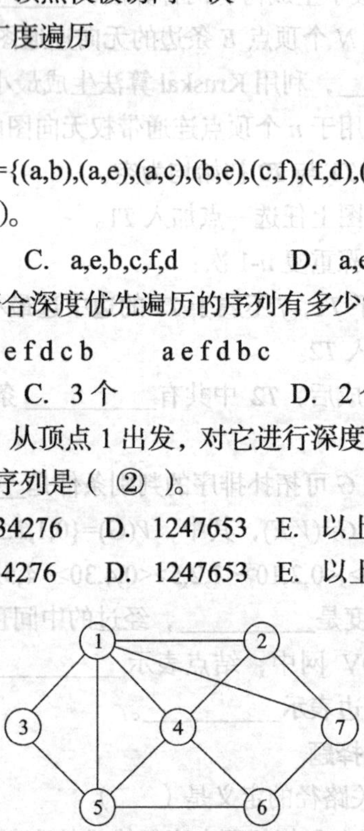

图 6-38　第 2.10 题图

11. 已知有向图 $G=(V,E)$，其中 V={$V1,V2,V3,V4,V5,V6,V7$}，E={<$V1,V2$>,<$V1,V3$>,<$V1,V4$>,

<*V*2,*V*5>,<*V*3,*V*5>,<*V*3,*V*6>,<*V*4,*V*6>,<*V*5,*V*7>,<*V*6,*V*7>},*G* 的拓扑序列是（　）。

A. *V*1,*V*3,*V*4,*V*6,*V*2,*V*5,*V*7　　B. *V*1,*V*3,*V*2,*V*6,*V*4,*V*5,*V*7

C. *V*1,*V*3,*V*4,*V*5,*V*2,*V*6,*V*7　　D. *V*1,*V*2,*V*5,*V*3,*V*4,*V*6,*V*7

12. 关键路径是事件结点网络中（　）。

A. 从源点到汇点的最长路径　　B. 从源点到汇点的最短路径

C. 最长回路　　D. 最短回路

13. 下面关于求关键路径的说法不正确的是（　）。

A. 求关键路径是以拓扑排序为基础的

B. 一个事件的最早开始时间同以该事件为尾的弧的活动最早开始时间相同

C. 一个事件的最迟开始时间为以该事件为尾的弧的活动最迟开始时间与该活动的持续时间的差

D. 关键活动一定位于关键路径上

14. 下列关于 AOE 网的叙述中，不正确的是（　）。

A. 关键活动不按期完成就会影响整个工程的完成时间

B. 任何一个关键活动提前完成，那么整个工程将会提前完成

C. 所有的关键活动提前完成，那么整个工程将会提前完成

D. 某些关键活动提前完成，那么整个工程将会提前完成

三、判断题

（　）1. 在 *n* 个结点的无向图中，若边数大于 *n*-1，则该图必是连通图。

（　）2. 有 *e* 条边的无向图，在邻接表中有 *e* 个结点。

（　）3. 有向图中顶点 *V* 的度等于其邻接矩阵中第 *V* 行中的 1 的个数。

（　）4. 强连通图的各顶点间均可达。

（　）5. 无向图的邻接矩阵可用一维数组存储。

（　）6. 有 *n* 个顶点的无向图，采用邻接矩阵表示，图中的边数等于邻接矩阵中非零元素之和的一半。

（　）7. 无向图的邻接矩阵一定是对称矩阵，有向图的邻接矩阵一定是非对称矩阵。

（　）8. 邻接矩阵适用于有向图和无向图的存储，但不能存储带权的有向图和无向图，而只能使用邻接表存储形式来存储它。

（　）9. 用邻接矩阵存储一个图时，在不考虑压缩存储的情况下，所占用的存储空间大小与图中结点个数有关，而与图的边数无关。

（　）10. 一个有向图的邻接表和逆邻接表中结点的个数可能不等。

（　）11. 广度遍历生成树描述了从起点到各顶点的最短路径。

（　）12. 不同的求最小生成树的方法最后得到的生成树是相同的。

（　）13. 拓扑排序算法把一个无向图中的顶点排成一个有序序列。

（　）14. 拓扑排序算法仅能适用于有向无环图。

（　）15. AOV 网的含义是以边表示活动的网。

（　）16. 关键路径是 AOE 网中从源点到终点的最长路径。

（　）17. 在表示某工程的 AOE 网中，加速其关键路径上的任意关键活动均可缩短整个工程的完成时间。

（　）18. 在 AOE 图中，关键路径上活动的时间延长多少，整个工程的时间也就随之延长多少。

四、应用题

1. 设 $G=(V,E)$ 以邻接表存储，如图 6-39 所示，试画出图从 A 出发的深度优先和广度优先生成树。

2. 某田径赛中各选手的参赛项目表如下。

姓名	参	赛	项
ZHAO	A	B	E
QIAN	C	D	
SHUN	C	E	F
LI	D	F	A
ZHOU	B	F	

设项目 A，B，…，F 各表示一数据元素，若两项目不能同时举行，则将其连线（约束条件）。

（1）根据此表及约束条件画出相应的图状结构模型，并画出此图的邻接表结构。

（2）写出从元素 A 出发按“广度优先搜索”算法遍历此图的元素序列。

3. 已知一个无向图如图 6-40 所示，要求分别用 Prim 和 Kruskal 算法求最小生成树（假设以 V_1 为起点，试画出构造过程）。

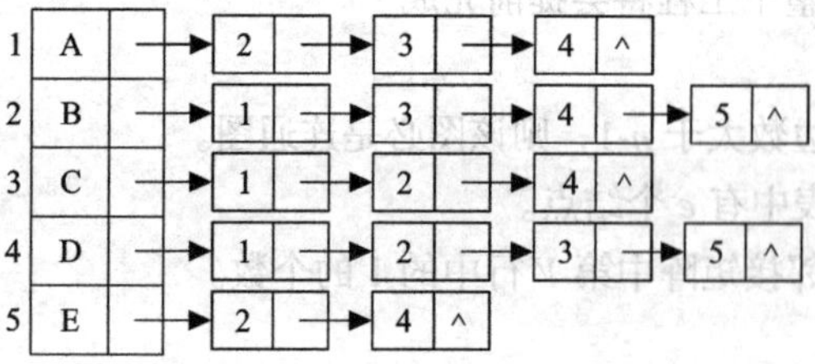

图 6-39　第 4.1 题图

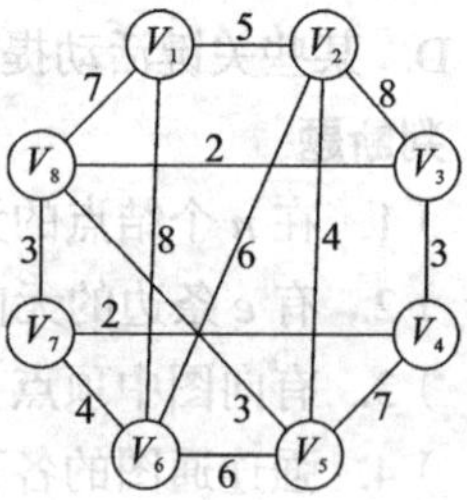

图 6-40　第 4.3 题图

4. 图 6-41 所示的是带权的有向图 G 的邻接表表示法，求：

（1）以结点 V_1 出发深度遍历图 G 所得的结点序列；

（2）以结点 V_1 出发广度遍历图 G 所得的结点序列；

（3）从结点 V_1 到结点 V_8 的最短路径；

（4）从结点 V_1 到结点 V_8 的关键路径。

5. 图 6-42 所示为一个 AOE 网络，计算各事件（顶点）的 $Ve(i)$ 和 $Vl(i)$ 的值，各活动弧的 $e(i,j)$ 和 $l(i,j)$ 的值，并列出各条关键路径。

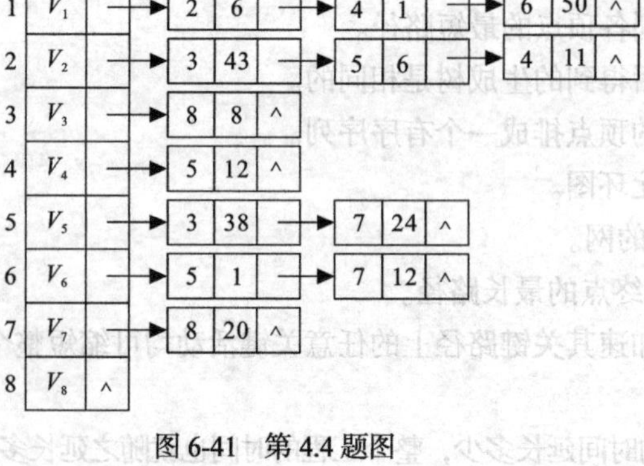

图 6-41　第 4.4 题图

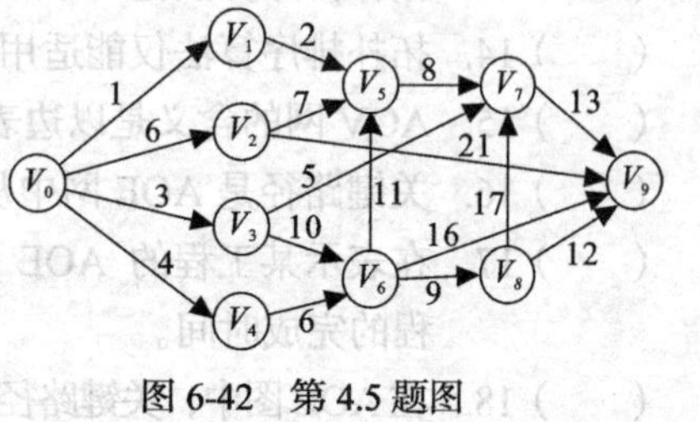

图 6-42　第 4.5 题图

6.8 实 训

一、实习目的

1. 掌握图的两种存储结构。

2. 掌握有关图的操作算法并能用 C 语言实现。

二、实训内容

采用邻接矩阵作为无向网的存储结构，完成图的创建、深度优先和广度优先遍历、最小生成树和两点之间的最短路径的算法。具体任务要求如下。

（1）从键盘输入图的顶点数、边数、顶点集合、边集合及各边权值，产生邻接矩阵，并打印该邻接矩阵。

（2）分别利用深度优先和广度优先遍历算法遍历所建图。

（3）求该图的一个最小生成树，并打印出来。

（4）输入该图的一个顶点，求出该点到其余各点的最短路径，并打印出来。

解析：任务（1）可以参照算法 6-1、算法 6-2 和算法 6-3 实现，任务（2）的深度优先可以参照算法 6-7 和算法 6-8 实现，广度优先可以参照算法 6-10 和算法 6-11 实现，任务（3）可以参照算法 6-12 和算法 6-13 实现，任务（4）可以参照算法 6-14 和算法 6-15 实现。

第7章 查找

总体要求

- 掌握顺序查找、折半查找的实现方法
- 掌握动态查找表（二叉排序树、二叉平衡树、B-树）的构造和查找方法
- 掌握哈希表、哈希函数冲突的基本概念和解决冲突的方法

相关知识点

- 查找在数据处理中的重要性
- 查找算法效率的评判标准
- 顺序查找和折半查找的基本思想、算法实现和查找效率分析
- 二叉排序树的插入、删除、建树和查找算法及时间性能
- B-树的插入、删除及查找方法的基本思想
- 哈希表、哈希函数、哈希地址和装填因子等有关概念
- 哈希函数的选取原则及产生冲突的原因
- 采用线性探测法和链地址法解决冲突时，哈希表的建表方法、查找过程以及算法实现和时间分析

学习重点

- 掌握顺序查找、折半查找、二叉排序树查找以及哈希表查找的基本思想和算法实现。

在日常生活中，我们经常需要进行查找，比如，电话号码查询、高考分数查询、互联网上文献资料的检索、在英汉词典中查找某个英文单词的中文解释以及在图书馆中查找一本书等。

查找技术是程序设计和数据处理中经常使用的一种技术。查找又称为检索，是计算机科学中的重要研究课题之一。简单地说，查找是指从一组数据元素集合中找出满足给定条件的数据元素。查找的方法有多种，不同的数据结构有不同的查找方法，并有不同的查找效率。特别是当涉及的数据量较大时，查找算法的选择就显得格外重要。在本书前面的章节中，虽然讨论过一些简单的查找运算，但一个好的查找方法会大大提高程序的运行速度，因此，本章将系统地讨论各种查找方法，并通过对它们的效率分析来比较各种查找方法的优劣。

7.1 基本概念

在计算机技术领域中，“查找”有明确而严格的定义，下面给出有关的概念。

1. 数据项（项或字段）

数据项是具有独立含义的标识单位，是数据不可分割的最小单位，如“学号”、“姓名”、“年龄”等。数据项有名和值之分，名是一个数据项的标识，用变量定义；而值是数据项的一个可能取值，表中“20140913”是数据项“学号”的一个取值。

2. 数据元素（记录）

数据元素是由若干数据项构成的数据单位，是在某一问题中作为整体进行考虑和处理的基本单位。数据元素有类型和值之分，表中数据项名的集合，也即表头部分就是数据元素的类型。而一个学生对应的一行数据就是一个数据元素的值，表中全体学生即为数据元素的集合。

3. 关键字（Key）

关键字是数据元素中某数据项的值，用该值可以标识一个数据元素。若该值可以唯一地标识一个数据元素，则称该值为主关键字，否则称为次关键字。如学生表中的“学号”即可看成主关键字。“姓名”应视为次关键字，因为可能有同名同姓的学生。

4. 查找

根据给定的某个值，在查找表中寻找一个关键字等于给定值的数据元素。查找分两种情况。

（1）查找成功：表中存在相应的数据元素。

（2）查找不成功：表中不存在关键字等于给定值的数据元素。

5. 查找表（Search Table）

查找表是由同一类型的数据元素构成的集合。查找表有如下 4 种基本操作。

（1）判定数据元素是否存在。

（2）查找数据元素各属性值。

（3）插入一个元素（在插入元素前，表中不能存在相同主关键字的记录）。

（4）删除一个元素（在删除元素前，表中必须存在该记录）。

如果查找表仅限于（1）和（2）两种操作，则称为静态查找表，否则，称为动态查找表。

静态查找表是指仅对查找表进行查找操作，而不能改变的表；动态查找表是指对查找表除进行查找操作外，可能还要插入数据元素，或删除数据元素的表。

6. 平均查找长度

对于不同的数据结构，有不同的查找方法，也有不同的查找效率。而在查找中，要衡量一种查找算法的优劣，主要是看要查找的值与关键字的比较次数。因此，通常把查找过程中对关键字的最多比较次数和平均比较次数作为衡量一个查找算法效率优劣的两个基本技术指标。前者叫做最大查找长度（Maximum Search Length），简记为 MSL。后者叫做平均查找长度（Average Search Length），简记 ASL，其计算公式定义为：

$$ASL=\sum_{i=1}^{n} p_i \times C_i \qquad (7\text{-}1)$$

其中，n 为数据元素（或记录）的个数；P_i 是指查找第 i 条记录的概率，通常情况下，若没有特别说明，可认为在查找表中查找每条记录的概率是相等的， 即

$$p_1 = p_2 = \ldots = p_n = {}^{1}\!/_{n} \qquad (7\text{-}2)$$

C_i 是指查找第 i 条记录所需进行的平均比较次数。

7.2 静态查找表

在对查找表进行操作的过程中，只做查找操作的查找表为静态查找表。静态查找表一般以线性表表示。线性表结构可以是顺序表结构，也可以是单链表结构。在不同的表示方法中，实现查找操作的方法也不同，这里主要介绍顺序查找和折半查找。

7.2.1 顺序查找

顺序查找(Sequence Search)又称线性查找(Liner Search)，其基本思想是：从静态查找表的一端开始，将给定记录的关键字与表中各记录的关键字逐一比较，若表中存在要查找的记录，则查找成功，并给出该记录在表中的位置；反之，若直至另一端，其给定记录的关键字与表中各记录的关键字比较都不等，则表明表中没有所查记录，查找不成功。

如查找表中的关键字为{34, 44, 43, 12, 53, 55,73, 64, 77}，如果待查关键字为 64，则从 34 开始向后比较，比较到 64 时查找成功；或从 77 开始向前比较，比较到 64 时查找成功。而当查关键字为 88 时，从 34 开始向后或从 77 开始向前比较，比较完所有元素后都没有找到相等的记录，查找失败。

顺序查找方法既适用于线性表的顺序存储结构，也适用于线性表的链式存储结构。使用单链表作为存储结构时，扫描必须从第一个结点开始往后扫描。

顺序查找的线性表结构定义如下。

```
#define MAXSIZE 100
typedef int keyType;
typedef struct
{
    keyType key;                        //关键字域
    //其他域
}SElemType;
typedef struct
{
    SElemType *elem;                    //数据元素存储空间基址
    int length;                         //表长度
} SeqTable;
```

这里的 keyType 可以是任何类型的数据类型，如 int、float 或 char 等，在算法中若无特殊说明，我们假设其为 int 类型。顺序查找的算法实现如算法 7-1。

【算法 7-1：顺序查找】

```
//在顺序表 ST 中顺序查找其关键字等于 key 的数据元素
//若找到，则返回为该元素在表中的索引，否则为-1
int Search_Seq(SeqTable ST,keyType key)
{
    int i;
    ST.elem[ST.length].key=key;         // "哨兵"
    for (i=0;ST.elem[i].key!=key;++i);  //从前往后找
    if(i<ST.length)return i;
    else return -1;
```

```
}
```

【主函数】

```
int main()
{
    SeqTable ST; keyType key; int index;
    SElemType Data[MAXSIZE]={34, 44, 43, 12, 53, 55,73, 64, 77};
    ST.elem=Data;ST.length=9;
    printf("请输入待查元素的关键字:");scanf("%d",&key);
    index=Search_Seq(ST,key);              //算法 7-1
    if(index==-1)
        printf("找不到关键字为%d 的元素!\n",key);
    else
        printf("关键字为%d 的元素在查找表索引号为: %d",key,index);
    return 0;
}
```

在算法 7-1 中，查找前先执行语句 ST.elem[ST.length].key=key;，其目的在于免去查找过程中每一步都要检测整个表是否查找完毕。在此，ST.elem[ST.length]起到了监视哨的作用。这个改进能使顺序查找所需的平均时间几乎减少一半。当然，监视哨也可设在低标处。

从顺序查找的过程可见，查找表中的第一个元素只需比较一次，而查找表中的最后一个元素需要比较 n 次。假设在每个位置查找的概率相同，即有 $P_i=1/n$，由于扫描是从头到尾的，因此，有每个位置的查找比较次数 $C_1=1$，$C_2=2$，…，$C_n=n$，即查找表中第 i 个记录需进行 $n\text{-}i+1$ 次比较，即 $C_i=n\text{-}i+1$。因此，查找成功的平均查找长度为：

$$ASL=\sum_{i=1}^{n}p_i\times C_i=\sum_{i=1}^{n}\frac{1}{n}(n-i+1)=\frac{n+1}{2} \qquad (7\text{-}3)$$

当查找不成功时，关键字的比较次数总是 $n+1$ 次，即 $ASL=n+1$。

由于查找结果只有成功与失败两种结果，假设成功和失败的概率是相同的，则顺序查找的平均查找长度为：

$$ASL=\sum_{i=1}^{n}\frac{1}{2n}(n-i+1)+\frac{1}{2}(n+1)=\frac{3}{4}(n+1) \qquad (7\text{-}4)$$

顺序查找算法中的基本工作就是关键字的比较，因此，查找长度的量级就是查找算法的时间复杂度，其为 $O(n)$。

许多情况下，查找表中数据元素的查找概率是不相等的。为了提高查找效率，查找表需依据“查找概率越高，比较次数越少；查找概率越低，比较次数就越多”的原则来存储数据元素。

顺序查找的优点是算法简单，对表结构无特殊要求，无论是采用顺序存储结构还是采用链式存储结构，也无论元素之间是否按关键字有序或无序排列，它都同样适用。顺序查找的缺点是查找效率较低，特别是当 n 较大时，不宜采用顺序查找，而必须选用更优的查找方法。

7.2.2　折半查找

折半查找（Binary Search）又称为二分查找，它是一种效率较高的查找方法。但二分查找有一定的条件限制：要求线性表必须采用顺序存储结构，且表中元素必须按关键字有序（升序或降序均可）排列。在下面的讨论中，不妨假设顺序表是升序排列的。

折半查找的基本思想是：在有序表中，取中间的记录作为比较对象，如果要查找记录的关键字等于中间记录的关键字，则查找成功；若要查找记录的关键字大于中间记录的关键字，则在中间记录的右半区继续查找。不断重复上述查找过程，直到查找成功；或有序表中没有所要查找的记录，查找失败。具体操作过程如下。

假设顺序表 ST 是有序的，有两个指示器，一个是 *low*，指示查找表第 1 个记录的位置，*low*=0；一个是 *high*，指示查找表最后一个记录的位置，*high*= *ST.length*-1。设要查找的记录的关键字为 *key*。当 *low*<=*high* 时，反复执行以下步骤。

（1）计算中间记录的位置 *mid*，*mid*=（*low*+*high*）/2。

（2）将待查记录的关键字 *key* 和 *r*[*mid*].*key* 进行比较。

① *key*=*r*[*mid*].*key*，说明查找成功，*mid* 所指元素即为要查找的元素。

② *key*<*r*[*mid*].*key*，说明若存在要查找的元素，则该元素一定在查找表的前半部分。修改查找范围的上界：*high*=*mid*-1，转（1）。

③ *key*>*r*[*mid*].*key*，说明若存在要查找的元素，则该元素一定在查找表的后半部分。修改查找范围的下界：*low*=*mid*+1，转（1）。

重复以上过程，当 *low*>*high* 时，表示查找失败。

假设有一组记录的关键字值为｛12, 33, 40, 45, 53, 55, 64, 66, 77｝，若要查找 *key*=64 的记录，则折半查找过程如下。

（1）初始时，*low*=0，*high*=8，*mid*=（*low*+*high*）/2=4。即：

0	1	2	3	4	5	6	7	8
[12	33	40	45	53	55	64	66	77]
↑				↑				↑
low				*mid*				*high*

（2）比较 *key* 和 *r*[*mid*].*key*，由于 *key*>53，下一步到后半部分查找，*low*=*mid*+1=5，*mid*=（*low*+*high*）/2=6。即：

0	1	2	3	4	5	6	7	8
12	33	40	45	53	[55	64	66	77]
					↑	↑		↑
					low	*mid*		*high*

（3）比较 *key* 和 *r*[*mid*].*key*，由于 *key*==64，查找成功，*mid* 值为所查找元素的索引号。

若查找 *key*=35，则折半查找过程如下。

（1）初始时，*low*=0，*high*=8，*mid*=（*low*+*high*）/2=4。即：

0	1	2	3	4	5	6	7	8
[12	33	40	45	53	55	64	66	77]
↑				↑				↑
low				*mid*				*high*

（2）比较 *key* 和 *r*[*mid*].*key*，由于 *key*<53，下一步到前半部分查找，*high*=*mid*-1=3，*mid*=（*low*+*high*）/2=1。即：

```
 0     1     2     3     4   5   6   7   8
[12   33    40    45]   53  55  64  66  77
 ↑     ↑           ↑
low   mid         high
```

（3）比较 *key* 和 *r*[*mid*].*key*，由于 *key*>33，下一步到后半部分查找，*low*=*mid*+1=2， *mid*=（*low*+*high*）/2=2。即：

```
 0   1    2     3    4   5   6   7   8
12  33  [40    45]  53  55  64  66  77
          ↑     ↑
         low
          ↑    high
         mid
```

（4）比较 *key* 和 *r*[*mid*].*key*，由于 *key*<40，下一步到前半部分查找，*high*=*mid*-1=1， 此时 *low*>*high*，循环结束，查找失败。

折半查找算法参见算法 7-2。

【算法 7-2：折半查找】

```
//在有序表 ST 中折半查找关键字等于 key 的元素，
//若找到则返回该元素在表中的索引，否则为-1
int Search_Bin(SeqTable ST, keyType key)
{
    int low,high,mid;
    low =0;  high=ST.length-1;          //置区间初值
    while (low <= high)
   {
        mid = (low + high) / 2;
        if (key==ST.elem[mid].key)
            return  mid;                 //找到待查元素
        else  if (key<ST.elem[mid].key)
            high = mid - 1;              //继续在前半区间进行查找
        else  low = mid + 1;             //继续在后半区间进行查找
   }
   return -1;                            //顺序表中不存在待查元素
}
```

【主函数】

```
int main()
{
    SeqTable ST; keyType key; int index;
    SElemType Data[MAXSIZE]={12, 33, 40, 45, 53, 55, 64, 66, 77};
    ST.elem=Data;ST.length=9;
    printf("请输入待查元素的关键字:");scanf("%d",&key);
    index=Search_Bin(ST,key);          // 算法 7-2
    if(index==-1)
        printf("找不到关键字为%d 的元素!\n",key);
    else
        printf("关键字为%d 的元素在查找表索引号为: %d",key,index);
    return 0;
}
```

为了分析折半查找，可以用二叉树来描述其过程。把当前查找区间的中间结点 *mid* 作为根结点，左半区间和右半区间分别作为根的左子树和右子树，左半区间和右半区间再按类似的方法类推，由此得到的二叉树称为折半查找的判定树。例如，对于关键字序列{12, 33, 40, 45, 53, 55, 64, 66, 77}，其判定树如图 7-1 所示。

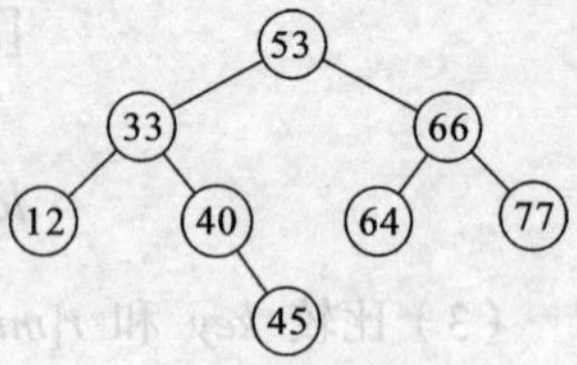

图 7-1 具有 8 个关键字序列的折半查找判定树

从图 7-1 可知，查找根结点 53 需一次查找，查找 33 和 66 各需二次查找，查找 12、40、64、77 各需 3 次查找，查找 45 需 4 次查找。而查找过程恰好是走了一条从根结点到子结点的路径，和给定值进行比较的次数恰好为该结点在判定树上的层次数，如查找 64，依次比较 53、66、64 这 3 个结点。因此，折半查找在查找成功时进行比较的关键字个数最多不超过树的深度，而具有 *n* 个结点的判定树的深度为$\lfloor \log_2 n \rfloor + 1$（判定树非完全二叉树，但它的叶子结点所在的层次之差最多为 1，则 *n* 个结点的判定树的深度和 *n* 个结点的完全二叉树的深度相同）。如果在图 7-1 所示的判定树中所有结点的实指针域上加一个指向一个方形结点的指针，如图 7-2 所示，则这些方形结点的指针为判定树的外部结点（对应的，圆形结点为内部结点），所以，折半查找时查找不成功的过程就是走了一条从根结点到外部结点的路径，和给定值进行比较的关键字个数等于该路径上内部结点个数。如查找 35 的过程即为走了一条从根到结点（33，40）的路径。因此，折半查找在查找不成功时和给定值进行比较的关键字个数最多也不超过$\lfloor \log_2 n \rfloor + 1$。

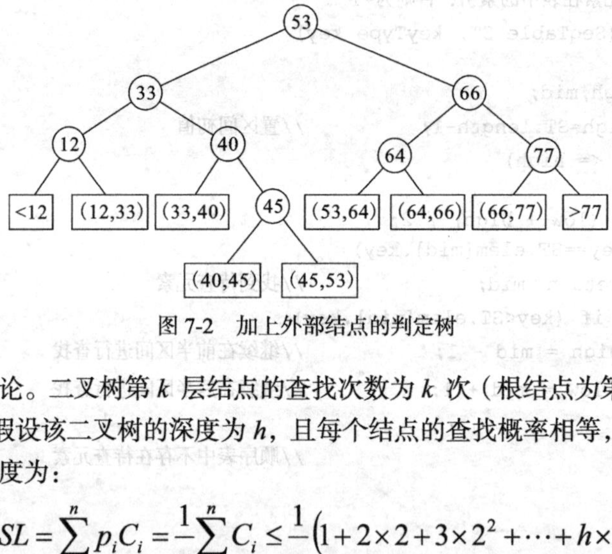

图 7-2 加上外部结点的判定树

可以得到以下结论。二叉树第 *k* 层结点的查找次数为 *k* 次（根结点为第 1 次），而第 *k* 层结点数最多为 2^{k-1} 个。假设该二叉树的深度为 *h*，且每个结点的查找概率相等，为 $p_i=1/n$，则二分查找成功的平均查找长度为：

$$ASL = \sum_{i=1}^{n} p_i C_i = \frac{1}{n}\sum_{i=1}^{n} C_i \le \frac{1}{n}\left(1 + 2\times 2 + 3\times 2^2 + \cdots + h\times 2^{h-1}\right) \tag{7-5}$$

在最坏情况下，上面等号成立，并根据二叉树的性质，最大结点数 $n = 2^h - 1, h = \log_2(n+1)$，于是可以得到平均查找长度为：

$$ASL = \frac{n+1}{n}\log_2(n+1) - 1 \tag{7-6}$$

当 *n* 较大时，$ASL \approx \log_2(n+1) - 1$ 可以作为折半查找成功时的平均查找长度，它的时间复杂度为 $O(\log_2 n)$ 。而折半查找在查找不成功时的平均查找长度不会超过判定树的深度。

另外，判定树有一特点，它的中序序列是一个有序序列，即为二分查找的初始序列。在判定树中，所有的根结点值大于左子树而小于右子树，因此在判定树上查找很方便。与根结点比较时，若相等，则查找成功；若待找的值小于根结点，则进入左子树继续查找，否则进入右子树查找；若找到叶子结点时，还没有找到所需元素，则查找失败。

折半查找的优点是比较次数较顺序查找要少，查找速度较快，执行效率较高；缺点是表的存储结构只能为顺序存储，不能为链式存储，且表中元素必须是有序的。

7.3　动态查找表

静态查找表一旦生成后，所含记录在查找过程中一般固定不变。动态查找表表结构本身是在查找过程中动态生成的。对于给定值 *key*，若表中存在关键字等于 *key* 的数据元素，查找成功；对于给定值 *key*，若表中不存在关键字等于 *key* 的数据元素，则插入关键字等于 *key* 的数据元素。在动态查找表中，经常需要对表中记录进行插入或删除操作，所以动态查找表采用灵活的存储方法来组织查找表中的记录，以便高效地实现查找、插入和删除等操作。

7.3.1　二叉排序树

1. 二叉排序树的定义和特点

二叉排序树(Binary Sort Tree)又称二叉查找树。其定义为：或者是一棵空树；或者是具有如下特性的二叉树：

（1）若它的左子树不空，则左子树上所有结点的值均小于根结点的值；

（2）若它的右子树不空，则右子树上所有结点的值均大于根结点的值；

（3）它的左、右子树也分别是二叉排序树。

图 7-3 所示的就是两棵二叉排序树。

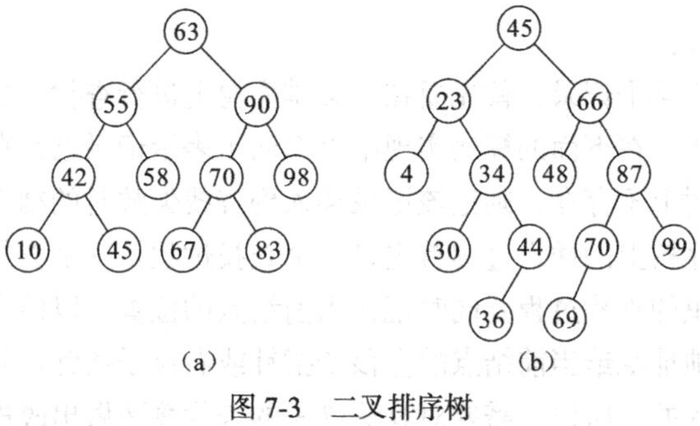

图 7-3　二叉排序树

对二叉排序树进行中序遍历，便可得到一个按关键字有序排列的序列，如对图 7-3（a）进行一次中序遍历可得到一个有序序列：10，42，45，55，58，63，67，70，83，90，98。

2. 二叉排序树的查找

二叉排序树的查找方法与算法可以描述如下。

（1）若查找树为空，查找失败。

（2）查找树非空，将给定值 *key* 与查找树的根结点关键字比较。

（3）若相等，查找成功，结束查找过程，否则：

① 当 *key* 小于根结点关键字时，查找将在以左孩子为根的子树上继续进行，转（1）；

② 当 *key* 大于根结点关键字时，查找将在以右孩子为根的子树上继续进行，转（1）。

如在图 7-3（b）中查找关键字等于 70 的记录时，先与根结点关键字 45 比较，因为 70 大于 45，则查找以 45 为根的右子树，此时右子树不空，且 *key*>66，则继续查找以结点 66 为根的右子树，此时右子树不空，且 *key*<87，则继续查找以结点 87 为根的左子树，由于 *key* 和 87 的左子树的根的关键字 70 相等，则查找成功，返回指向结点 70 的指针。

又如在图 7-3（b）中查找关键字等于 28 的记录，和上述过程类似，在给定值 *key* 与关键字 45、23、34、30 相继比较后，继续查找以结点 30 为根的左子树，此时左子树为空，则说明该树中没有待查记录，故查找不成功，返回指针值为“NULL”。由此可见，二叉排序树查找是一种递归的查找过程。

二叉排序树存储结构可定义如下。

```
typedef int keyType;
typedef struct BTNode
{
    keyType key;//关键字域
    struct BTNode *lchild,*rchild;
}BTNode;
```

二叉排序树查找算法的实现如算法 7-3 所描述。

【算法 7-3：二叉排序树查找】

```
//在根指针 T 所指二叉排序树中查找某关键字等于 key 的数据元素
//若查找成功，则返回指向该数据元素结点的指针，否则返回空指针
BiTree  SearchBST(BTNode T, KeyType key)
{
    if (!T || key==T->key)) return (T); // 查找结束
    else if (key<T-> key) )
        return(SearchBST(T->lchild, key));
    else   return(SearchBST(T->rchild, key));
}
```

3. 二叉排序树的插入

在二叉排序树上插入某个记录，首先要在二叉排序树上进行查找，如果要插入的记录在二叉排序树上存在，则不插入（在下面的算法实现中以返回 1 表示记录已经存在，不插入）。如果要插入的记录在二叉排序树上不存在，则把该记录插入到查找失败时的结点的左孩子结点或右孩子结点上。因此，二叉排序树上的插入过程首先是一个查找过程。这个查找过程和前面讨论的查找过程不同之处在于：这里的查找过程要同时记住当前结点的位置，以便当查找不成功时把由要查找的记录生成的结点的地址赋给当前结点的左孩子指针或右孩子指针。并且，新插入的结点一定是作为叶子结点进行插入的。所以，需要对算法 7-3 的查找算法做出改进，改进后的算法如算法 7-4 所描述。

【算法 7-4：改进的二叉排序树查找算法】

```
//若查找成功，则返回该数据元素结点。并使*f=1;
//否则返回查找路径上访问的最后一结点并使*f=0
BTNode * SearchBST(BTNode *T, keyType key, int *f)
{
    BTNode *p,*pre;
    *f=0;
    if (!T){ *f=0; return T;}
    p=T;pre=T;                    //pre 指向 p 的双亲
    while(p!=NULL&&key!=p->key)
```

```
    {
        pre=p;
        if(key<p->key)p=p->lchild;                    //在左子树中查找
        else p=p->rchild;                             //在右子树中查找
    }
    if(p!=NULL&&key==p->key){*f=1;return p;}      //查找成功
    else{*f=0;return pre;}                        //查找失败
}
```

二叉排序树的插入算法实现如算法 7-5 所描述。

【算法 7-5：二叉排序树的插入算法】

```
//当二叉排序树 T 中不存在关键字等于 key 的数据元素时,
//插入 key 并返回二叉排序树的根结点
BTNode * InsertBST(BTNode *T, keyType key)
{
    BTNode *p,*s;
    int f=0;
    p=SearchBST(T,key,&f);                        //算法 7-4
    if (!f)                                       //查找不成功
    {
        s=(BTNode *)malloc(sizeof(BTNode));
        s->key =key; s->lchild = s->rchild = NULL;
        if ( !p) return s;                        //插入为根结点
        else  if ( key< p->key)p->lchild=s;
        else p->rchild=s;
    }
    return T;
}
```

可以看出，新插入的结点一定是一个新添加的叶子结点，并且是查找不成功时查找路径上访问的最后一个结点的左孩子或右孩子结点。如从空树出发，待插的关键字序列为 33，44，23，46，12，37，所形成二叉排序树的过程如图 7-4 所示。

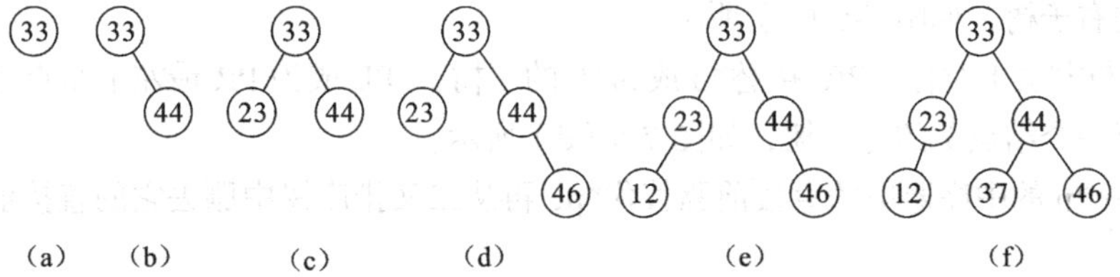

图 7-4 从空树出发构建二叉排序树的过程

4. 二叉排序树的删除

对于二叉排序树，删除树上一个结点相当于删去有序列中的一个记录，需要在删除某个结点之后依旧保持二叉排序树的特性。

假设被删结点为*p，其双亲结点为*f。对于二叉排序树的删除，有以下 3 种情况。

（1）*p 为叶子结点：删去*p，并修改*f 的孩子域，如图 7-5（a）所示。

（2）*p 只有左子树 PL 或只有右子树 PR：令 PL 或 PR 直接成为*f 的子树，如图 7-5（b）所示。

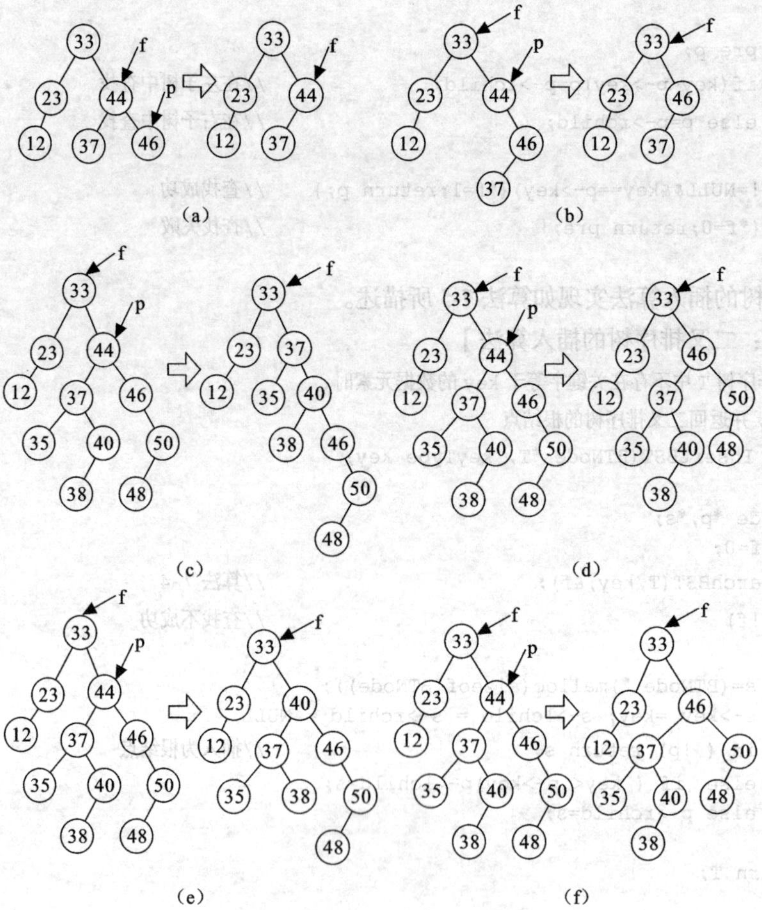

图 7-5　在二叉排序树中删除*p

（3）*p 的左子树 PL 和右子树 PR 均不为空。此时有 4 种方法删除*p。

方法 1：PL 接替*p 成为*f 的子树，PR 成为 PL 最右下结点（中序遍历 PL 所得序列的最后一个结点）的右子树，如图 7-5（c）所示。

方法 2：与方法 1 对称，PR 接替*p 成为*f 的子树， PL 成为 PR 最左下结点（中序遍历 PR 所得序列的第一个结点）的左子树，如图 7-5（d）所示。

方法 3：令*p 的中序遍历的直接前驱替代*p，再从二叉排序树中删去它的直接前驱，如图 7-5（e）所示。

方法 4：与方法 3 对称，令*p 的中序遍历的直接后继替代*p，再从二叉排序树中删去它的直接后继，如图 7-5（f）所示。

方法 1、2 可能会导致二叉排序树高度的增长，如图 7-5（c）所示，将使树高 5 变为 6。可以看出，二叉排序树查找的性能与树高有关，所以一般采用方法 3、4 进行删除。

5. 二叉排序树的查找分析

就查找的平均时间性能而言，二叉排序树上的查找与折半查找类似。但就维护表的有序性而言，二叉排序树更有效，因为它无须移动结点，只需修改指针即可完成对二叉排序树的插入和删除操作。

在二叉排序树上进行查找，若查找成功，则是从根结点出发，走了一条从根结点到所查找结点的路径；若查找不成功，则是从根结点出发，走了一条从根结点到某个终端叶子结点的路径。与折半查找类似，和关键字的比较次数不超过二叉排序树的深度。但是，含有 n 个结点的二叉树不是唯一的，由于对其结点插入的先后次序不同，构成的二叉树的形态和深度也有所不同。例如，从空树出发，待插的关键字序列为 33，44，23，46，12，37，则构成的二叉排序树如图 7-6（a）所示。如将关键字插入次序调整为：12，23，33，44，37，46，则构成的二叉排序树如图 7-6（b）所示。图 7-6（a）所示的二叉排序树在查找成功且各记录的查找概率相等时，$ASL=(1+2\times 2+3\times 3)/6=14/6$；图 7-6（b）所示的二叉排序树的 $ASL=(1+2+3+4+5\times 2)/6=20/6$。

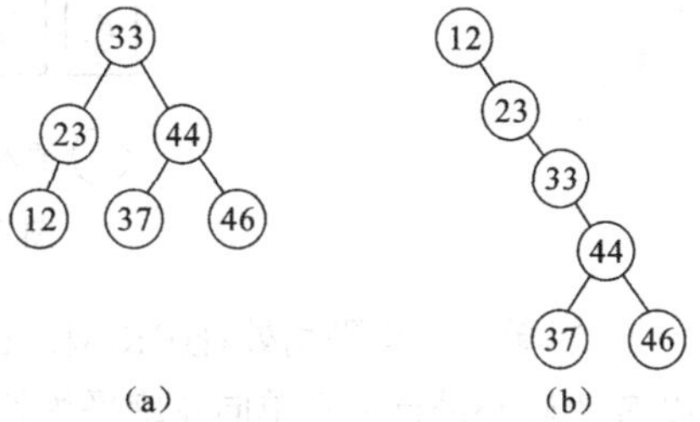

图 7-6 不同次序插入得到的二叉排序树

因此，在二叉排序树查找最坏的情况下，需要的查找时间取决于树的深度。当二叉排序树接近于满二叉树时，其深度为 $\log_2 n$，最坏情况下的查找时间为 $O(\log_2 n)$，与折半查找是同数量级的。当二叉排序树如图 7-6(b)所示的那样成为单枝树时，其深度为 n，最坏情况下查找时间为 $O(n)$，与顺序查找属于同一数量级。为了保证二叉排序树查找有较高的查找速度，因此希望该二叉树接近于满二叉树，也即希望二叉树的每一个结点的左、右子树尽量相等。

7.3.2 平衡二叉树

从上节的讨论可知，二叉排序树的查找效率与二叉排序树的形态有关，这希望二叉排序树的形态无关均匀，这样的二叉树称为平衡二叉树。

平衡二叉树（Balanced Binary Tree），它或者是一棵空树，或者是具有如下特性的二叉排序树。

（1）左子树和右子树的深度之差的绝对值不超过 1。

（2）它的左、右子树也分别是平衡二叉树。

将该二叉树结点的左子树的深度减去它的右子树的深度称为平衡因子 BF，因此，平衡二叉树上所有结点的平衡因子只可能是-1、0 和 1。图 7-7（a）所示为平衡二叉树，而图 7-7（b）为非平衡二叉树。

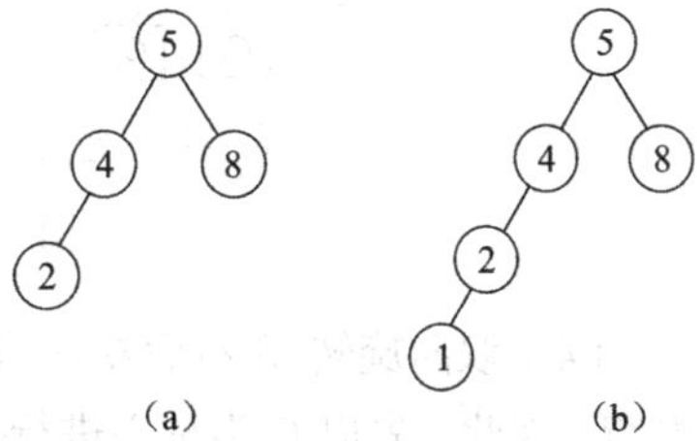

图 7-7 平衡与非平衡二叉树

因为平衡二叉树上任何结点的左、右子树的深度之差都不超过 1，可以证明它的深度和 n 个结点的完全二叉树的深度 $\lfloor \log_2 n \rfloor+1$ 是同数量级的。因此，它的平均查找长度也是和 $\lfloor \log_2 n \rfloor+1$ 同数量级的。

要构造出一棵平衡二叉树，Adelson Velskii 和 Landis 提出了一种动态保持二叉树平衡的方法，其基本思路是：在构造二叉排序树的过程中，每当插入一个结点时，先检查是否因插入结点而破坏了树的平衡性，如果是，则找出其中最小不平衡子树，在保持排序树的前提下，调整最小不平衡子树中各结点之间的连接关系，以达到新的平衡，所以这样的平衡二叉树简称 AVL 树。其中，最小不平衡子树是指：离插入结点最近且平衡因子绝对值大于 1 的结点作根结点的子树。假设二叉排序树最小不平衡子树的根结点为 A，调整最小不平衡子树一般有 4 种情况。

（1）单向右旋平衡处理(LL 型)：由于在 A 的左子树根结点的左子树中插入新结点造成失衡，因此，以 B 为轴心进行一次单向右旋平衡处理，将 A 作为 B 的右子树，B 原来的右子树作为 A 的左子树，如图 7-8 所示，图中结点旁边的数字为该结点的平衡因子。

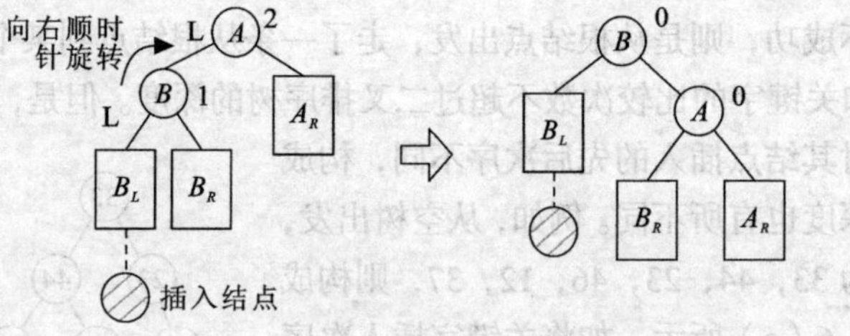

图 7-8 单向右旋平衡处理(LL 型)

(2)单向左旋平衡处理(RR 型)：在 A 的右子树根结点的右子树中插入新结点造成失衡，因此，以 B 为轴心进行一次单向左旋平衡处理，将 A 作为 B 的左子树，B 原来的左子树作为 A 的右子树，如图 7-9 所示。

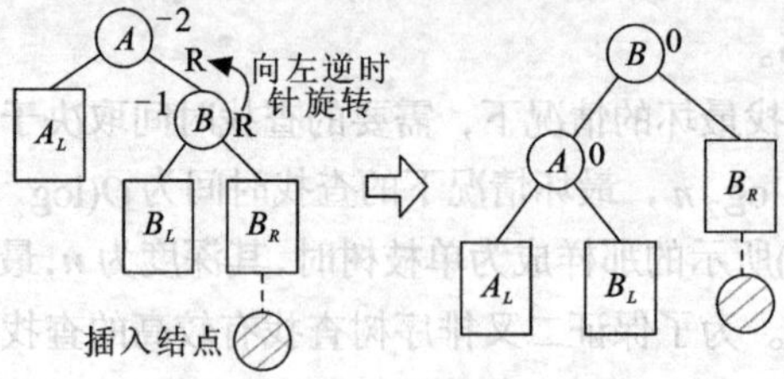

图 7-9 单向左旋平衡处理(RR 型)

(3)双向旋转(先左后右)平衡处理(LR 型)：在 A 的左子树根结点的右子树中插入新结点造成失衡，因此，先以 C 为轴心进行一次左旋平衡处理，将 B 作为 C 的左子树，C 原来的左子树作为 B 的右子树。然后以 C 为轴心进行一次右旋平衡处理，将 A 作为 C 的右子树，C 原来的右子树作为 A 的左子树，如图 7-10 所示。

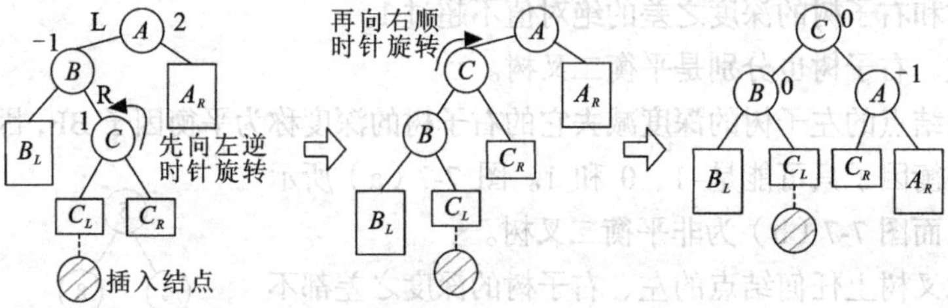

图 7-10 双向旋转(先左后右)平衡处理(LR 型)

(4)双向旋转(先右后左)平衡处理(RL 型)：在 A 的右子树根结点的左子树中插入新结点造成失衡，因此，先以 C 为轴心进行一次右旋平衡处理，将 B 作为 C 的右子树，C 原来的右子树作为 B 的左子树。然后以 C 为轴心进行一次左旋平衡处理，将 A 作为 C 的左子树，C 原来的左子树作为 A 的右子树，如图 7-11 所示。

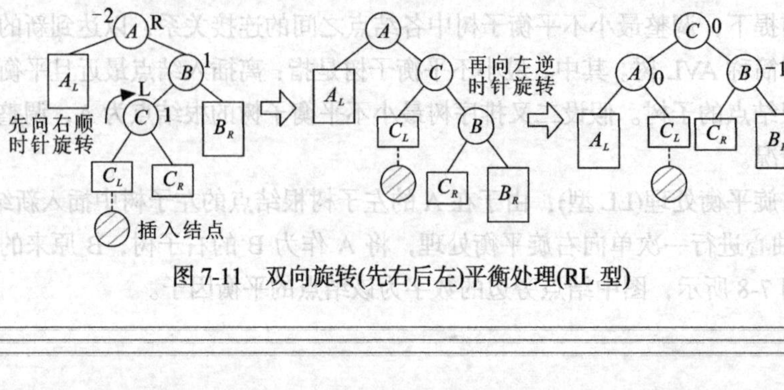

图 7-11 双向旋转(先右后左)平衡处理(RL 型)

例如：依次插入的关键字为5，4，2，8，6，9，则生成及调整成平衡二叉树的过程如图7-12所示。当插入结点2后，离结点2最近的平衡因子为2，最小不平衡子树的根是结点5，应进行LL型处理，以结点4为轴心向右顺时针旋转一次，如图7-12（a）所示，形成平衡二叉树。继续插入结点8和6后，离结点6最近的平衡因子为–2，最小不平衡子树的根是结点5，应进行RL型处理，先以结点6为轴心向右顺时针旋转一次，再以结点6为轴心向左逆时针旋转一次，如图7-12（b）所示，形成平衡二叉树。继续插入结点9后，离结点9最近的平衡因子为–2，最小不平衡子树的根是结点4，应进行RR型处理，以结点6为轴心向左逆时针旋转一次，如图7-12（c）所示，形成平衡二叉树。

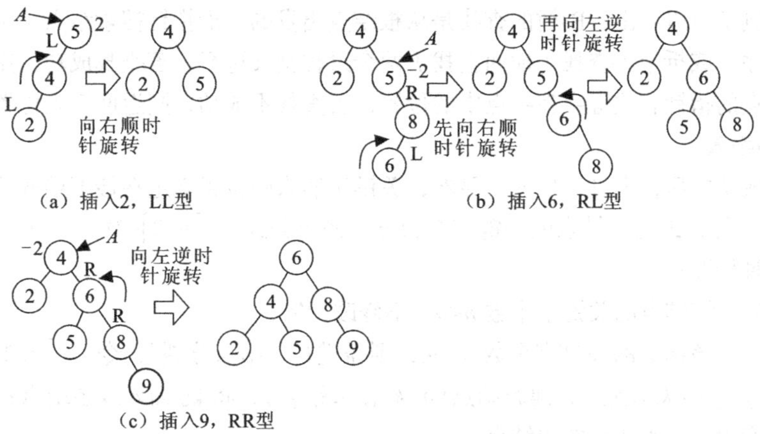

（a）插入2，LL型　（b）插入6，RL型　（c）插入9，RR型

图7-12　平衡二叉树生成过程示例

7.3.3　B–树

前面讨论的顺序查找、折半查找和二叉排序树查找只适合内部查找。内部查找是指被查找的数据都保存在计算机内存中，这种查找方法适用于较小的数据，而不适用于较大的存放在外存储器中的文件。而B-树是一种平衡的多路查找树，其特点是在插入、删除时易于平衡，外部查找效率高，适用于组织磁盘文件的动态索引结构，在文件系统中很有用。

1. 一棵 *m* 阶的B–树的定义

（1）树中每个结点最多有 *m* 棵子树。

（2）若根结点不是叶子结点，则至少有两棵子树。

（3）除根之外的所有非终端结点至少有 $\lceil m/2 \rceil$ 棵子树。

（4）所有的非终端结点中包含下列信息数据 $(n, p_0, k_1, p_1, k_2, p_2, \ldots, k_n, p_n)$，$k_i$ 是关键字，且 $k_i < k_{i+1}$，p_i 为指向子树根结点的指针，且 p_i 所指子树中所有结点的关键字均小于 k_{i+1} 且大于 k_i，n 为关键字的个数。

（5）所有的叶子结点都出现在同一层次上，并且不带信息(可以看作是外部结点或查找失败的结点，实际这些结点不存在，指向这些结点的指针为空)。

图7-13所示为一棵深度为4的4阶B-树。

2. B–树的查找

B-树的查找与二叉排序树的查找类似，如查找 *key*=47 的记录，首先和根结点的关键字相比较，因为 *key*>35，所以在35后面指针所指的结点中查找，因为43<*key*<78，所以在43后面指针所指的结点中查找，在该结点中查找到关键字为47的记录，查找成功。如查找23，首先和根结点比较，再与

18 和 27 比较，因为 key<27，所以在 27 前面指针所指的结点中查找，该结点为 NULL，查找失败。

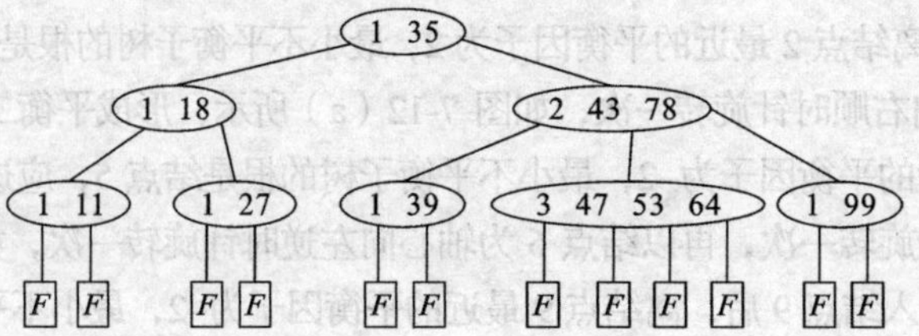

图 7-13　4 阶 B-树

从上面的例子可以看出，B-树的查找是从根结点出发的，沿指针搜索结点（纵向查找）和在结点内进行顺序（或折半）查找（横向查找）两个过程交叉进行。若查找成功，则返回指向被查关键字所在结点的指针和关键字在结点中的位置；若查找不成功，则返回插入位置。

3. B–树的插入

在查找不成功之后，需进行插入。显然，关键字插入的位置必定在最下层的非叶结点，因为从 B-树的定义可知，B-树的结点的关键字个数 n 应满足公式：$(\lceil m/2 \rceil - 1) \leqslant n < m$。

有下列几种情况：

（1）插入后，该结点的关键字个数 $n<m$, 不修改指针；

（2）插入后，该结点的关键字个数 $n=m$，则需进行“结点分裂”，令 $s = \lceil m/2 \rceil$，在原结点中保留 $(p_0, k_1, p_1, k_2, p_2, \cdots, k_{s-1}, p_{s-1})$，建新结点 $(p_s, k_{s+1}, \cdots, k_n, p_n)$，将 ks 插入双亲结点；

（3）若双亲为空，则建新的根结点。

如图 7-14（a）所示，一棵 3 阶 B-树中插入结点 60，插入后，（60，80）结点的关键字个数为 2，小于 3，不需要修改指针，如图 7-14（b）。继续插入结点 90，插入后，（60，80，90）结点的关键字个数为 3，分裂该结点为两个结点（60 和 90），把结点 80 插入双亲结点中，如图 7-14（c）所示。继续插入结点 30，插入后，（20，30，40）结点的关键字个数为 3，分裂该结点为两个结点（20 和 40）。把结点 30 插入双亲结点中，双亲结点（30，50，80）结点的关键字个数为 3，分裂该结点为两个结点（30 和 80），新建结点 50 作为新的双亲，如图 7-14（d）所示。

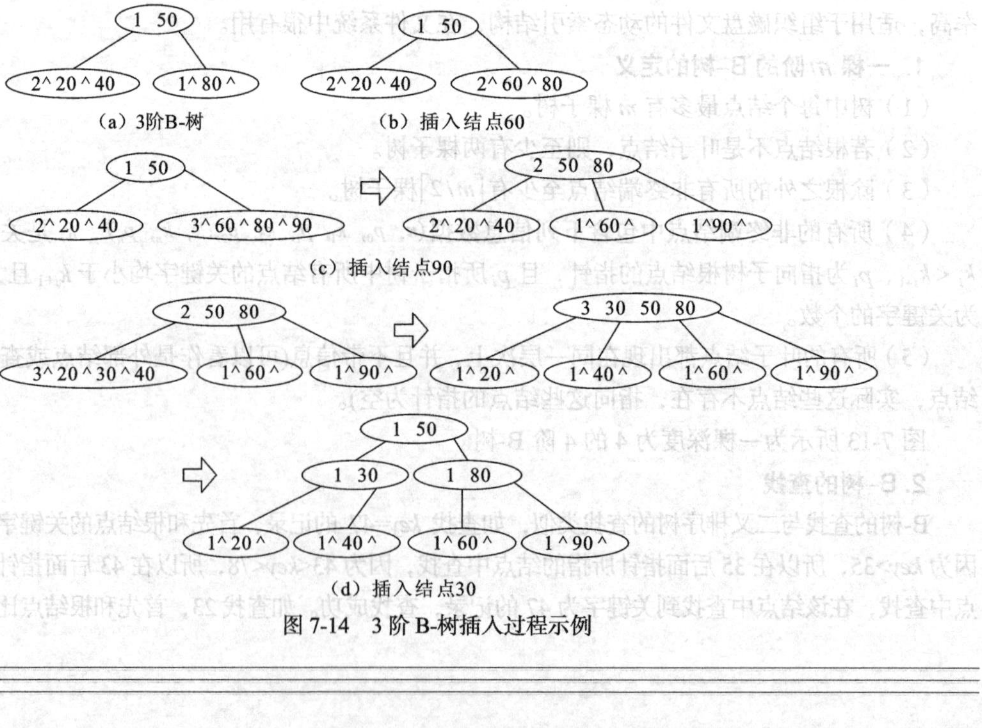

图 7-14　3 阶 B-树插入过程示例

4. B–树的删除

删除结点时，首先应在 B-树上找到该关键字所在的结点并删除，因为 B-树的结点的关键字个数 n 应满足公式：($n \geqslant \lceil m/2 \rceil - 1$)。则删除该结点后有下列几种情况：

（1）若该结点是最下层的非终端结点，且其中的关键字数目不少于 $\lceil m/2 \rceil$，则删除完成。图 7-15 所示为删除结点 61。

（2）向兄弟借关键字：若该结点是最下层的非终端结点，且其中的关键字数目等于 $\lceil m/2 \rceil - 1$，而与该结点相邻的右(左)兄弟结点中的关键字数目大于 $\lceil m/2 \rceil - 1$，则需将兄弟结点中的最小(最大)的关键字上移至双亲结点中，而将双亲结点中小于(大于)且紧靠该上移关键字的关键字下移至被删关键字所在结点中。图 7-16 所示为删除结点 50。

（3）和兄弟及双亲中的关键字合并：若该结点是最下层非终端结点，该节点和其相邻兄弟结点中的关键字数目均等于 $\lceil m/2 \rceil - 1$。若该结点有右(左)兄弟，且其兄弟结点地址由双亲结点中的指针 p_i 所指，则在删去关键字之后，它所在结点中剩余的关键字和指针，加上双亲结点中的关键字 k_i，一起合并到 p_i 所指兄弟结点中。图 7-17 所示为删除结点 70。

（4）若所删关键字为非终端结点中的 k_i，则可以用指针 p_i 所指子树中的最小关键字 K 替代 k_i，再在相应的结点中删去 K。如图 7-18 所示，删除结点 45，可以用 50 代替 45，再删除结点 50。

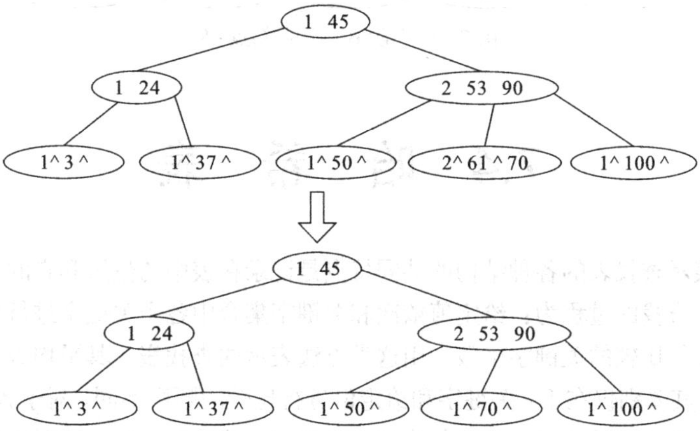

图 7-15　3 阶 B-树删除结点 61

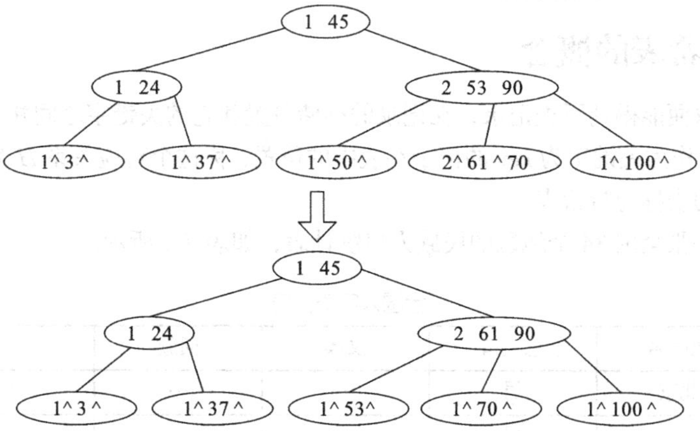

图 7-16　3 阶 B-树删除结点 50

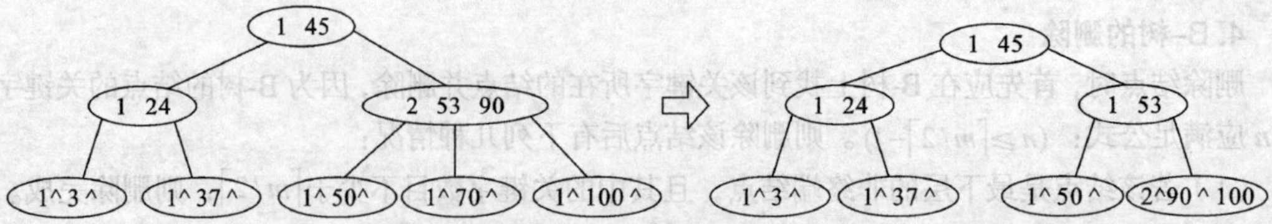

图 7-17　3 阶 B-树删除结点 70

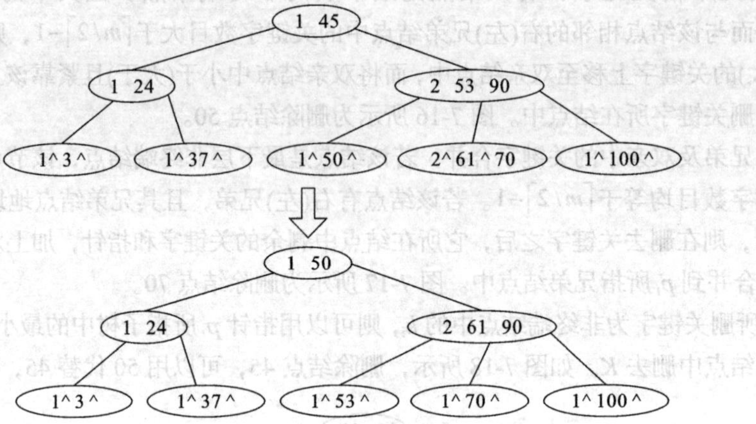

图 7-18　3 阶 B-树删除结点 45

7.4 哈 希 表

前面讨论的表示查找表的各种结构的共同特点是记录在表中的位置和它的关键字之间不存在一个确定的关系，查找的过程为：给定值依次和关键字集合中各个关键字进行比较。查找的效率取决于和给定值进行比较的关键字个数。用这类方法表示的查找表，其平均查找长度都不为零。不同的表示方法，其差别仅在于：关键字和给定值进行比较的顺序不同。对于频繁使用的查找表，希望 $ASL = 0$。这只有一个办法，预先知道所查关键字在表中的位置，即要求记录在表中的位置和其关键字之间存在一种确定的关系。

7.4.1 哈希表的概念

为了一次存取便能得到所查记录，在记录的存储位置和它的关键字之间建立一个确定的对应关系 H，以 $H(key)$作为关键字为 *key* 的记录在表中的位置，称这个对应关系 H 为哈希(Hash)函数。按这个思想建立的表称为哈希表。

假如要建立一张全国 34 个地区的民族人口统计表，如表 7-1 所示。

表 7-1　　全国人口统计表

编号	地区名	总人口	汉族	回族	…
1	北京	男	…	…	…
2	上海	男	…	…	…
…	…	…	…	…	…

显然，可以按编号依次存放这张表，编号便为记录的关键字，由它唯一确定记录的存储位置，如北京编号为 1，则若要查看北京的各民族人口，只需取出第 1 条记录即可。如果把这个存储方式看成是哈希表，则哈希函数 $H(key)=(key)$，有 $H(1)=1$，$H(2)=2$，…。为了查看方便，也可以地区名作为关键字，取地区名的第一个拼音字母的序号作哈希函数，则有：$H(\text{Beijing})=2$，$H(\text{chengdu})=3$，$H(\text{shanghai})=2$。

从这个例子可见，哈希(Hash)函数是一个映象，即：将关键字的集合映射到某个地址集合上，它的设置很灵活，只要这个地址集合的大小不超出允许范围即可。由于关键字的值域往往比哈希表的个数大得多，所以哈希函数是一个压缩映象，因此，在一般情况下，很容易产生“冲突”现象，即：$key1 \neq key2$，而 $H(key1)=H(key2)$。例如：对于如下 9 个关键字{Zhao, Qian, Sun, Li, Wu, Chen, Han, Ye, Dei}，设哈希函数：

$H(key)=\lfloor (ord(\text{第一个字母})-ord('A')+1)/2 \rfloor$，$ord$ 为字符的次序，$ord('A')=1$

则构建的哈希表如图 7-19 所示。

0	1	2	3	4	5	6	7	8	9	10	11	12	13
	Chen	Dei		Han		Li		Qian	Sun		Wu	Ye	zhao

图 7-19　哈希表

如果要查找给定关键字为“Qian”的记录，则按上述哈希函数进行计算，得到 $H(\text{Qian})=8$，即可从地址为 8 的表中取得该记录。但是，当同时存在关键字“Zhao”和“Zhang”时，得到 $H(\text{zhang})=13$，$H(\text{zhao})=13$，这时，就产生了“冲突”。一般来讲，很难找到一个不产生冲突的哈希函数。例如，存储 100 个学生记录，安排 120 个地址空间，但由于学生名（假设不超过 10 个英文字母）的理论个数超过 2610 个。要找到一个哈希函数把 100 个任意的学生名映射成 120 以内的不同整数，实际上是不可能的。一般情况下，只能选择恰当的哈希函数，使冲突尽可能少地产生。因此，在构造这种特殊的“查找表” 时，除了需要选择一个“好”(尽可能少产生冲突)的哈希函数之外，还需要找到一种“处理冲突” 的方法。

所以哈希表可以做出如下定义：根据设定的哈希函数 $H(key)$和所选中的处理冲突的方法，将一组关键字映射到一个有限的、地址连续的地址集 (区间) 上，并以关键字在地址集中的“象”作为相应记录在表中的存储位置，如此构造所得的查找表称为“哈希表”，这一映射过程称为“散列”，所以哈希表也称散列表。

7.4.2　哈希函数的构建

构造哈希函数的方法很多，这里只介绍一些常用的计算简便的方法。以下的方法主要针对的是关键字为数字的记录，如若是非数字关键字，则需先对其进行数字化处理。

1. 直接定址法

哈希函数为关键字的线性函数，即 $H(key)=key$ 或者 $H(key)=a\times key+b$（其中，a 和 b 为常数）。直接定址所得地址集的大小和关键字集的大小相同，关键字和地址一一对应，此法仅适合于地址集合的大小等于关键字集合的大小的情况，并且，关键字的分布基本连续，否则空号较多，将造成空间浪费。

2. 数字分析法

数字分析法是对各个关键字的各个码位进行分析，取关键字中某些取值较分散的数字位作为哈希地址的方法。此方法适合于关键字中的每一位都有某些数字重复出现频度很高的现象。例如，如图 7-20 所示，给定一组关键字，关键字为 8 位十进制数，哈希地址为 2 位十进制数。

(1)	(2)	(3)	(4)	(5)	(6)	(7)	(8)
8	1	3	4	6	5	3	2
8	1	3	7	2	2	4	2
8	1	3	8	7	4	2	2
8	1	3	0	1	3	6	7
8	1	3	2	2	8	1	7
8	1	3	3	8	9	6	7
8	1	3	6	8	5	3	7
8	1	4	1	9	3	5	5

图 7-20　数字分析法

通过分析可知，第 1 位只取 8，第 2 位只取 1，第 3 位只取 3、4，第 8 位只取 2、7、5，其余数字分布近乎随机，所以，取第 4 到第 7 位中任意两位或两位与另两位的叠加作为哈希地址。

3. 平方取中法

以关键字的平方值的中间几位作为存储地址。求“关键字的平方值”的目的是“扩大差别”，同时，平方值的中间各位又能受到整个关键字中各位的影响。平方取中法适用于关键字中的每一位都有某些数字重复出现频度很高的现象。

4. 折叠法

将关键字分割成位数相同的几部分(最后一部分的位数可以不同)，然后取它们的叠加和(舍去进位)为哈希地址。折叠法主要有移位叠加和间界叠加两种方法，前者将分割后的几部分低位对齐相加；后者从一端沿分割界来回折迭，然后对齐相加。如关键字为 0442205864，按有移位叠加和间界叠加方法计算哈希地址，如图 7-20 所示。其中，图 7-21（a）为移位叠加，图 7-21（b）为间界叠加。此方法适合于关键字的数字位数特别多的情况。

$$
\begin{array}{r}
5\ 8\ 6\ 4 \\
4\ 2\ 2\ 0 \\
0\ 4 \\
\hline
1\ 0\ 0\ 8\ 8 \\
H(key)=0088 \\
(a)
\end{array}
\qquad
\begin{array}{r}
5\ 8\ 6\ 4 \\
0\ 2\ 2\ 4 \\
0\ 4 \\
\hline
6\ 0\ 9\ 2 \\
H(key)=6092 \\
(b)
\end{array}
$$

图 7-21　折叠法

5. 除留余数法

除留余数法是用模（%）运算得到的方法，其哈希函数 $H(key)=key\%p$，$p \le m$。其中，m 为存储单元数。而这种方法的关键是选好 p，使得每个关键字通过该函数转换后映射到哈希表上任一地址的概率都相等，从而尽可能减少发生冲突的可能性。例如，给定一组关键字：12, 39, 18, 24, 33, 21，若取 p=9，则它们对应的哈希函数值将为: 3, 3, 0, 6, 6, 3。可见，若 p 中含质因子 3，则所有含质因子 3 的关键字均映射到“3 的倍数”的地址上，从而增加了“冲突”的可能。所以，一般来说，p 应为质数或不包含小于 20 的质因子的合数。

实际工作中需视不同的情况采用不同的哈希函数。通常，选取哈希函数考虑的因素有：

（1）计算哈希函数所需时间

（2）关键字长度

（3）哈希表长度（哈希地址范围）

（4）关键字分布情况

（5）记录的查找频率

实际造表时，采用何种构造哈希函数的方法取决于建表的关键字集合的情况(包括关键字的范围和形态)，总的原则是使产生冲突的可能性降到尽可能小。

7.4.3 处理冲突

采用哈希法不可避免地会出现冲突，所以应用哈希表时，关键的问题是如何解决冲突。“处理冲突” 的实际含义是为产生冲突的地址寻找下一个哈希地址。常用的处理冲突的方法有开放定址法、链地址法、再哈希法、建立公共溢出区等方法。

1. 开放定址法

为产生冲突的地址 $H(key)$求得一个地址序列：$H_0, H_1, H_2, \cdots, H_S(1 \leqslant s \leqslant m-1)$ 。H_i 为第 i 次冲突产生的哈希函数。有：

$$H_i = (H(key) + d_i)\%m \tag{7-7}$$

其中，i=1，2⋯，s；$H(key)$为哈希函数；m 为哈希表长；d_i 为增量序列。开放定址法:对增量 d_i 有三种取法。

（1）线性探测再散列。$d_i = c \times i$，最简单的情况是：c=1。

（2）平方探测再散列，也称二次探测再散列。$d_i = 1^2, -1^2, 2^2, -2^2, \cdots, \pm k^2 (k \leqslant m/2)$。

（3）随机探测再散列。d_i是一个伪随机数序列。

在选择 d_i 时应注意，增量 d_i 应具有“完备性”，即：产生的 H_i 均不相同，且产生的所有的 H_i 值能覆盖哈希表中所有地址。这就要求：平方探测时的表长 m 必为形如 $4j$+3 的素数（如：7, 11, 19, 23, ⋯）；而随机探测时的 m 和 d_i 没有公因子。

如果给定关键字集合{ 19, 01, 23, 14, 55, 68, 11, 82, 36 }，设定哈希函数 $H(key) = key\%11$（表长=11），使用开放定址法构造哈希表时，若采用线性探测再散列处理冲突，计算过程如表 7-2 所示。

表 7-2 线性探测再散列计算过程

$H(key)=key\%11$	$H_i=(H(key)+d_i)\%m,\ d_i=i$				
$H(key)$	H_1	H_2	H_3	H_4	H_5
$H(19)$= 19%11=8					
$H(1)$= 1%11=1					
$H(23)$= 23%11=1	(1+1)%11=2				
$H(14)$= 14%11=3					
$H(55)$= 55%11=0					
$H(68)$= 68%11=2	(2+1)%11=3	(2+2)%11=4			
$H(11)$= 11%11=0	(0+1)%11=1	(0+2)%11=2	3	4	5
$H(82)$= 82%11=5	(5+1)%11=6				
$H(36)$= 36%11=1	(3+1)%11=4	(3+2)%11=5	6	7	

得到的哈希表如图 7-22（a）所示，关键字下方的数字表示求得哈希地址所计算的次数，如：11 下方的 6 表示根据哈希函数计算得到 11 的哈希地址为 0，但 0 的位置已有元素 55，有冲突，需要计算新的地址序列 H_1，H_1 为 1，该位置已有元素 1，则继续计算下一地址序列，经过 5 次地址序列 H_1，H_2，H_3，H_4，H_5 的计算，最后得出哈希地址为 5。

0	1	2	3	4	5	6	7	8	9	10
55	01	23	14	68	11	82	36	19		
1	1	2	1	3	6		5	1		

（a）线性探测再散列

0	1	2	3	4	5	6	7	8	9	10
55	01	23	14	36	82	68		19		11
1	1	2	1	2	1	4		1		3

（b）平方探测再散列

图 7-22　用开放定址法处理冲突时的哈希表

若采用平方探测再散列处理冲突，计算过程如表 7-3 所示，得到的哈希表如图 7-22（b）所示。

表 7-3　　平方探测再散列计算过程

$H(key)=key\%11$	$H_i=(H(key)+d_i)\%m,\ d_i=1^2,-1^2,2^2,-2^2,\cdots$		
$H(key)$	H_1	H_2	H_3
$H(19)=19\%11=8$			
$H(1)=1\%11=1$			
$H(23)=23\%11=1$	$(1+1^2)\%11=2$		
$H(14)=14\%11=3$			
$H(55)=55\%11=0$			
$H(68)=68\%11=2$	$(2+1^2)\%11=3$	$(2-1^2)\%11=1$	$(2+2^2)\%11=6$
$H(11)=11\%11=0$	$(0+1^2)\%11=1$	$(0-1^2)\%11=10$	
$H(82)=82\%11=5$	$(5+1^2)\%11=6$		
$H(36)=36\%11=1$	$(3+1^2)\%11=4$		

容易看出，平方探测再散列会降低“二次聚集”发生的概率。二次聚集是指使哈希地址不同的记录又产生新的冲突。

2. 链地址法

链地址法是把具有相同哈希地址的关键字的值放在同一个链表中。若选定的哈希表长度为 m，则可将哈希表定义为一个由 m 个头指针组成的指针数组 T，凡是哈希地址为 i 的结点，均插入到 $T[i]$为头结点的单链表中。T 中各分量的初值均应为空。

例如，给定关键字集合{ 19, 01, 23, 14, 55, 68, 11, 82, 36 }，取哈希表长为 m=7，散列函数为：$H(key)=key\%7$，用链地址法解决冲突所构造出来的哈希表，如图 7-23 所示。

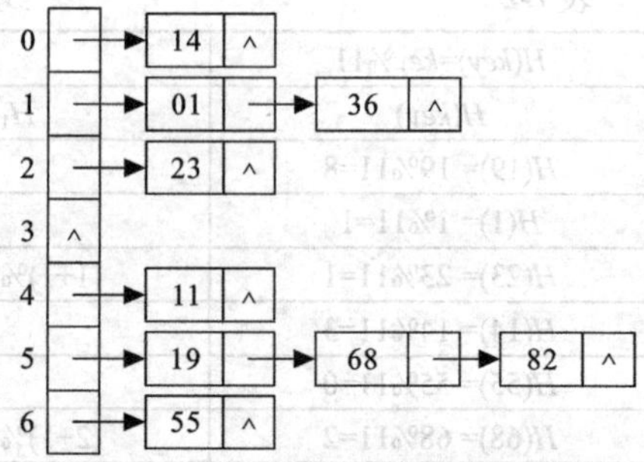

图 7-23　用链地址处理冲突时的哈希表

3. 再哈希法

$$H_i = RH_i(key) \qquad i = 1,2,3,\ldots,k \tag{7-8}$$

RH_i 均是不同的哈希函数，即在产生冲突时，计算另一个哈希函数地址，直到冲突不再发生。这种方法不易产生“聚集”，但增加了计算的时间。

4. 建立一个公共溢出区

所有关键字和基本表中的关键字为同义词的记录，不管它们由哈希函数得到的哈希地址是什么，一旦发生冲突，都填入公共溢出表。

7.4.4 哈希表的查找及其分析

哈希表的查找过程和造表过程一致。假设采用开放定址处理冲突，设哈希表以数组 *R* 表示，则查找过程为：

（1）对于给定值 *key*，计算哈希地址 *i*=*H*(*key*)。

（2）若 *R* [*i*] = NULL，则查找不成功；若 *R*[*i*].*key*=*Key*，则查找成功。

（3）否则“反复求下一地址 H_i”，直至 $R[H_i]$ = NULL (查找不成功)或 $R[H_i]$.*key* = *Key* (查找成功) 为止。

例如在如图 7-22（a）所示的哈希表中查找 *key*=68 时，首先求得哈希地址 *H*(68)=2，由于 *R*[2]不为空且 *R*[2].*key*≠*Key*，则找第一次冲突处理的地址 H_1=（2+1）%11=3，而 *R*[3]不为空且 *R*[3].*key*≠*Key*，则找第二次冲突处理的地址 H_2=（2+2）%11=4，而 *R*[4]不为空且 *R*[4].*key*=*Key*，则查找成功，返回 *key*=68 的记录在表中的序号 4。

查找 *key*=51 时，首先求得哈希地址 *H*(51)=7，由于 *R*[7]不为空且 *R*[7].*key*≠*Key*，则找第一次冲突处理的地址 H_1=（7+1）%11=8，而 *R*[8]不为空且 *R*[8].*key*≠*Key*，则找第二次冲突处理的地址 H_2=（7+2）%11=9，而 *R*[9]是空记录，则表明表中不存在关键字等于 51 的记录。

结合图 7-22（a）、图 7-22（b）和图 7-23，如果假定查找每一个记录的概率是相等的，则 3 种冲突处理的平均查找长度分别如下：

（1）线性探测再散列处理冲突时，*ASL* =22/9

（2）平方探测再散列处理冲突时，*ASL* =16/9

（3）链地址法处理冲突时，*ASL* =13/9

从查找过程得知，哈希表查找的平均查找长度实际上并不等于零。决定哈希表查找的 *ASL* 的因素主要有以下 3 个。

（1）选用的哈希函数。

（2）选用的处理冲突的方法。

（3）哈希表饱和的程度——装填因子。

哈希表的装填因子定义为：$\alpha=n/m$（*n*——记录数，*m*——表的长度），直观地看，α 越小，发生冲突的可能性就越小；α 越大，即表中记录已很多，发生冲突的可能性就越大。

一般情况下，可以认为选用的哈希函数是“均匀”的，则在讨论 ASL 时，可以不考虑它的因素。因此，哈希表的 ASL 是处理冲突方法和装载因子的函数。可以证明：查找成功时，平均查找长度有下列结果。

（1）线性探测再散列处理冲突时，$ASL \approx \dfrac{1}{2}\left(1+\dfrac{1}{1-\alpha}\right)$

（2）平方探测再散列处理冲突时，$ASL \approx -\frac{1}{\alpha}\ln(1-\alpha)$

（3）链地址法处理冲突时，$ASL \approx 1+\frac{\alpha}{2}$

从以上结果可见，哈希表的平均查找长度是 α 的函数，而不是 n 的函数。这说明，用哈希表构造查找表时，可以选择一个适当的装填因子 α，使得平均查找长度限定在某个范围内。这是哈希表所特有的特点。

7.5 项目实例

7.5.1 项目说明

在“2.4 项目实训”中，我们设计了一个的通信录管理系统，该系统实现了联系人信息的录入、保存、加载和显示功能。本节将继续实现联系人信息的查找、修改和删除功能。

7.5.2 系统功能设计

1. 显示某一个联系人的所有信息：DisplayDetails()

DisplayDetails ()函数用于显示某一个联系人的所有信息，传入参数为一个 AddressList 类型的指针，函数将该指针所指联系人的所有信息显示出来。函数算法流程如图 7-24 所示。

2. 查找联系人：Search( )

Search ()函数用于显示所有联系人的信息，传入参数为一个 AddressList 的链表头节点。函数首先要求用户选择查找的项类型，然后要求用户输入关键字，根据相应的项，依次查找在链表中是否有和待查找的关键字值相同的联系人信息，如果有，则调用 DisplayDetails()函数显示该联系人的详细信息。函数算法流程如图 7-25 所示。

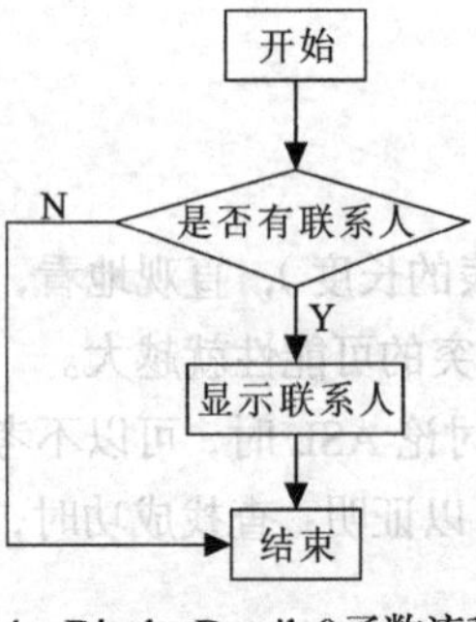

图 7-24　DisplayDetails()函数流程图

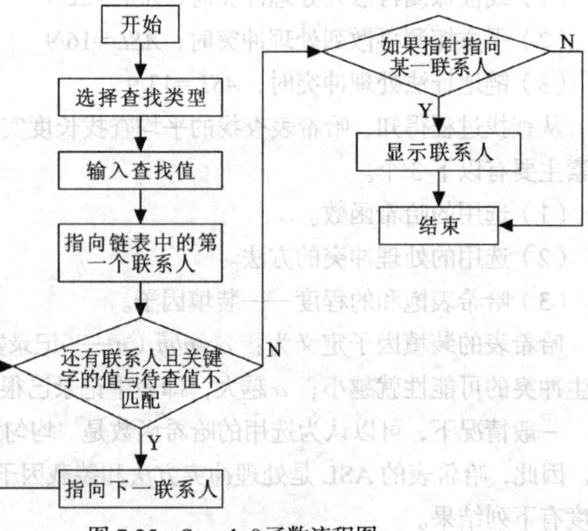

图 7-25　Search ()函数流程图

3. 修改联系人：Modify( )

Modify ()函数用于修改指定联系人的信息，传入参数为一个 AddressList 的链表头节点。函数首先要求用户输入要修改的联系人编号（ID），然后查找该 ID 的联系人。如果有该联系人，则显示该联系人的所有信息，要求用户输入更改后的值。如果用户输入 0，则表示不修改该项，函数根据用户输入的值，更改相应的链表，并保存到文件。函数算法流程如图 7-26 所示。

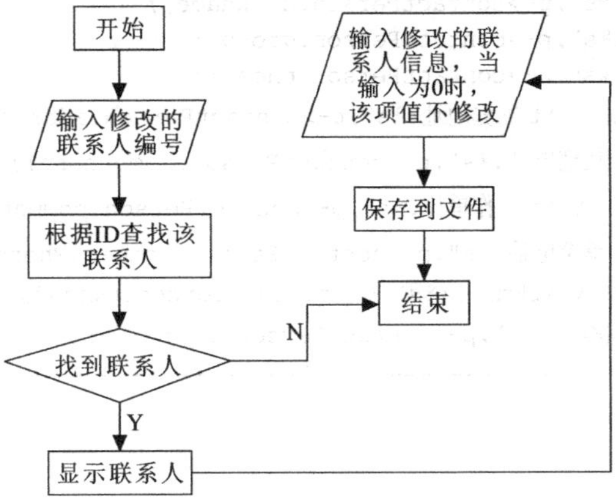

图 7-26　Modify()函数流程图

4. 删除联系人：Delete( )

Delete()函数用于修改指定联系人的信息，函数首先要求用户输入要删除的联系人编号（ID），然后查找该 ID 的联系人。如果有该联系人，则显示该联系人的所有信息，要求用户确认是否删除。如果用户输入“Y”，函数删除该联系人，更新相应的链表，并保存到文件。函数算法流程如图 7-27 所示。

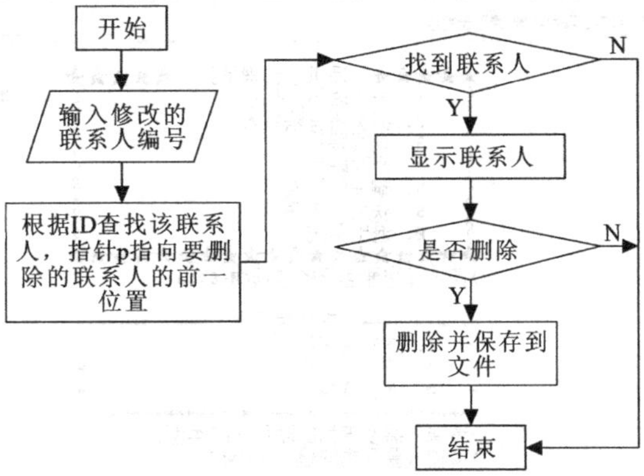

图 7-27　Delete()函数流程图

7.5.3　系统功能实现

1. 显示联系人详细信息

显示联系人详细信息代码如下。

```
void DisplayDetails(AddressList *p)//显示某一个联系人的所有信息
{
    if(p!=NULL)
    {
        printf("\n-----------------------------------------");
```

```
            printf("\n  ID\t姓名\t昵称\t分组\t手机");
            printf("\n-----------------------------------------");
            printf("\n  %d:",p->contactPerson.id);
            printf("\t%s",p->contactPerson.name);
            printf("\t%s",p->contactPerson.nickname);
            printf("\t%s",p->contactPerson.group);
            printf("\t%s",p->contactPerson.phone);
            printf("\n  \t\t家庭地址:%s",p->contactPerson.address);
            printf("\t住宅电话:%s",p->contactPerson.homePhone);
            printf("\n  \t\t工作单位:%s",p->contactPerson.company);
            printf("\t单位电话:%s",p->contactPerson.companyPhone);
            printf("\n  \t\tEmail:%s",p->contactPerson.email);
            printf("\tQQ号:%s",p->contactPerson.qq);
            printf("\n-----------------------------------------");
        }
    }
```

2. 查找联系人

当在“请选择您要运行的选项（0-6）:”输入“3”后，main 函数调用 Search（）函数，系统进入“查找联系人”界面。在该界面中首先提示用户选择需查找的联系人类型，系统提供按“姓名查找”和按“手机号查找”两个选项。用户按提示选择后，系统进一步提示用户输入需查找的值。然后在链表中查找相应的联系人信息，如果找到该联系人，则调用 DisplayDetails()函数显示联系人的详细信息，否则显示“没有找到该联系人”。查找联系人运行效果如图 7-28 所示。

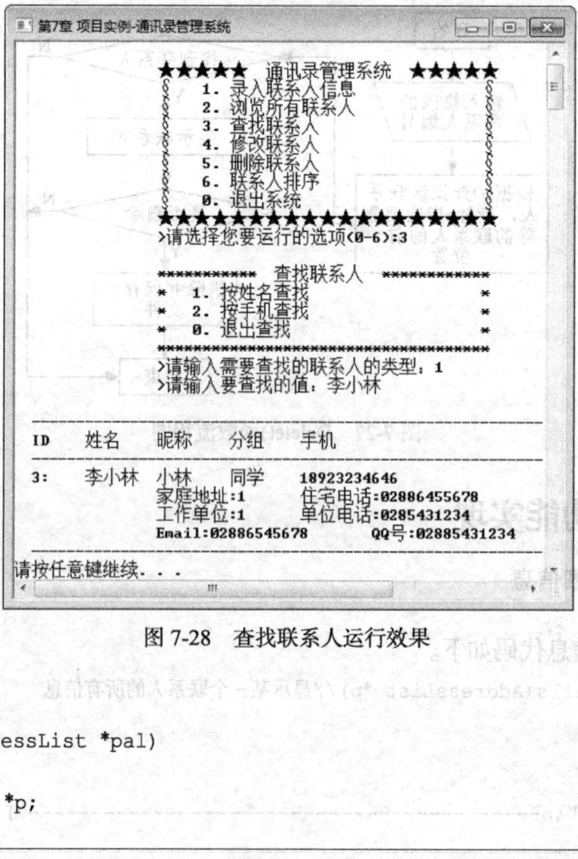

图 7-28　查找联系人运行效果

代码如下。

```
void Search(AddressList *pal)
{
    AddressList *p;
```

```
    char c;
    char key[50];                   //查找的关键字
    //菜单选择
    printf("\n\t\t***********  查找联系人  ************\n");
    printf("\t\t*   1. 按姓名查找\t\t    *\n");
    printf("\t\t*   2. 按手机查找\t\t    *\n");
    printf("\t\t*   0. 退出查找\t\t\t    *\n");
    printf("\t\t*************************************\n");
    printf("\t\t>请输入需要查找的联系人的类型: ");
    fflush(stdin);                  //清空标准输入缓冲区
    c=getchar();                    //读入选择
    fflush(stdin);                  //清空标准输入缓冲区
    printf("\t\t>请输入要查找的值: ");
    gets(key);
    p=pal->next;                    //指向第一个联系人
    switch(c-'0')                   //选择判断
    {
    case 1:
            while(p!=NULL&&strcmp(p->contactPerson.name,key)!=0)
            p=p->next; break;       //根据姓名查找
    case 2:
    while(p!=NULL&&strcmp(p->contactPerson.phone,key)!=0)
            p=p->next; break;       //根据手机号查找
    case 0:
            return;
    }
    if(p!=NULL)DisplayDetails(p); //显示联系人的详细信息
    else
    {
        switch(c-'0')
        {
        case 1:
            printf("\t\t-没有找到姓名为:%s 的联系人!\n",key);
            break;
        case 2:
            printf("\t\t-没有找到手机为:%s 的联系人!\n",key);
        }
    }
}
```

3. 修改联系人

当在"请选择您要运行的选项(0-6):"中输入"4"后，main函数调用Modify()函数，系统进行"修改联系人"界面。在该界面中将提示用户输入需修改的联系人编号，系统根据该编号查找该联系人。如果存在该联系人，DisplayDetails()函数显示联系人的详细信息，否则显示"没有找到该联系人"。如果存在该联系人，则提示"请输入修改后的值(如不修改某项值，请输入——0)"。当用户在某项的后面输入"0"时，表示该项的值不用修改。输入完所有信息后，系统修改链表中的联系人信息，并调用Save()函数，将其保存在磁盘文件中。修改联系人运行效果如 图7-29所示。

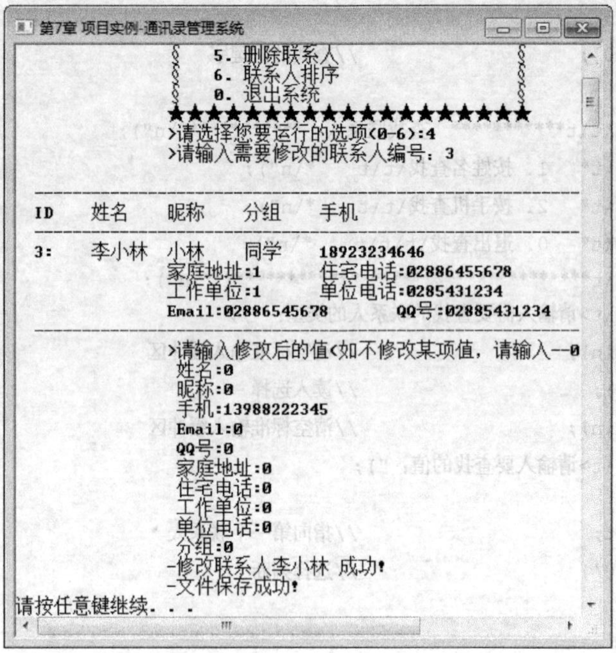

图 7-29 修改联系人运行效果

代码如下。

```
void Modify(AddressList *pal)          //修改联系人信息
{
    AddressList *p;
    int id;
    char value[50];
    printf("\t\t>请输入需要修改的联系人编号: ");
    scanf("%d",&id);
    p=pal->next;
    while(p!=NULL&&p->contactPerson.id!=id)
        p=p->next;                     //根据 ID 查找该联系人
    if(p!=NULL)
    {
        DisplayDetails(p);             //显示该联系人的详细信息
        printf("\t\t>请输入修改后的值(如不修改某项值，请输入——0):\n");
        fflush(stdin);                 //清空标准输入缓冲区
        printf("\t\t 姓名:"); gets(value);
        if(strcmp(value,"0")!=0)
            strcpy(p->contactPerson.name,value);
        printf("\t\t 昵称:"); gets(value);
        if(strcmp(value,"0")!=0)
            strcpy(p->contactPerson.nickname,value);
        printf("\t\t 手机:"); gets(value);
        if(strcmp(value,"0")!=0)
            strcpy(p->contactPerson.phone,value);
        //其余修改代码省略，请读者自行补充完整
        Save(pal);
```

```
        }
        else
        {
            printf("\t\t 没有编号为%d 的联系人!\n ",id);
        }
}
```

4. 删除联系人

当在“请选择您要运行的选项（0-6）:”中输入“5”后，main 函数调用 Delete（ ）函数，系统进入“删除联系人”界面。在该界面中将提示用户输入需删除的联系人编号，系统根据该编号查找该联系人。如果存在该联系人，DisplayDetails()函数显示联系人的详细信息，否则显示“没有找到该联系人”。如果存在该联系人，则提示“删除出数据不可恢复，确认删除吗(Y/N)?”。当用户在某项的后面输入“Y”时，系统删除链表中的联系人信息，并调用 Save()函数，将其保存在磁盘文件中。删除联系人运行效果如图 7-30 所示。

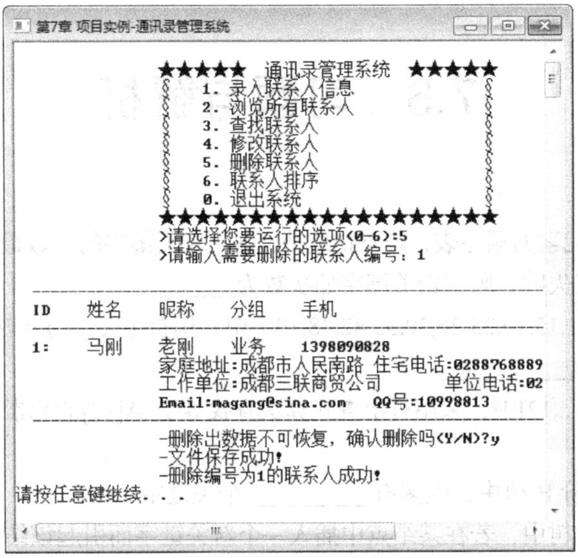

图 7-30　删除联系人运行效果

代码如下。

```
void Delete(AddressList *pal)                 //删除联系人
{
    AddressList *p,*q;
    char c;
    int id;
    printf("\t\t>请输入需要删除的联系人编号: ");
    scanf("%d",&id);
    p=pal;
    //查找要删除的联系人，指针 p 指向要删除的联系人的前一位置
    while(p->next!=NULL&&p->next->contactPerson.id!=id)
        p=p->next;
    if(p->next!=NULL)
    {
        DisplayDetails(p->next);
        printf("\t\t-删除出数据不可恢复，确认删除吗(Y/N)?");
```

```
            fflush(stdin);                  //清空标准输入缓冲区
            c=getchar();                    //读入选择
            if(c=='Y'||c=='y')
            {
                q=p->next;//删除联系人
                p->next=q->next;
                free(q);
                Save(pal);
                printf("\t\t-删除编号为%d 的联系人成功!\n",id);
            }
        }
        else
        {
            printf("\t\t-没有编号为%d 的联系人!\n ",id);
        }
    }
```

7.6 习题与解析

一、填空题

1. 顺序查找 n 个元素的顺序表，若查找成功，则比较关键字的次数最多为__________次；当使用监视哨时，若查找失败，则比较关键字的次数为__________。

2. 在顺序表（8,11,15,19,25,26,30,33,42,48,50）中，用折半（二分）法查找关键码值 20，需做的关键码比较次数为__________。

3. 在有序表 A[1,...,12]中，采用折半查找算法查找等于 A[12]的元素，所比较的元素下标依次为__________。

4. 高度为 4 的 3 阶 B-树中，最多有__________个关键字。

5. 在一棵 m 阶 B-树中，若在某结点中插入一个新关键字而引起该结点分裂，则此结点中原有的关键字的个数是__________；若在某结点中删除一个关键字而导致结点合并，则该结点中原有的关键字的个数是__________。

6. 如果按关键码值递增的顺序依次将关键码值插入到二叉排序树中，则对这样的二叉排序树检索时，平均比较次数为__________。

7. 高度为 8 的平衡二叉树的结点数至少有__________个。

8. 已知二叉排序树的左右子树均不为空，则__________上所有结点的值均小于它的根结点值，__________上所有结点的值均大于它的根结点的值。

二、单项选择题

1. 顺序查找法适用于查找顺序存储或链式存储的线性表，平均比较次数为((1))；二分法查找只适用于查找顺序存储的有序表，平均比较次数为((2))。在此，假定 N 为线性表中的结点数，且每次查找都是成功的。

A. $N+1$　　B. $2\log_2N$　　C. $\log N$
D. $N/2$　　E. $N\log_2N$　　F. N^2

2. 下面关于二分法查找的叙述正确的是（　　）。

A. 表必须有序，表可以顺序方式存储，也可以链表方式存储

C. 表必须有序，而且只能从小到大排列

B. 表必须有序且表中数据必须是整型、实型或字符型

D. 表必须有序，且表只能以顺序方式存储

3. 适用于折半查找的表的存储方式及元素排列要求为（　）。

A. 链接方式存储，元素无序　　B. 链接方式存储，元素有序

C. 顺序方式存储，元素无序　　D. 顺序方式存储，元素有序

4. 对于具有 12 个关键字的有序表，折半查找的平均查找长度为（　）。

A. 3.1　　B. 4　　C. 2.5　　D. 5

5. 折半查找的时间复杂性为（　）。

A. $O(n^2)$　　B. $O(n)$　　C. $O(n\log n)$　　D. $O(\log n)$

6. 分别以下列序列构造二叉排序树，与用其他 3 个序列所构造的结果不同的是（　）。

A.（100，80，90，60，120，110，130）　B.（100，120，110，130，80，60，90）

C.（100，60，80，90，120，110，130）　D. (100，80，60，90，120，130，110)

7. 在平衡二叉树中插入一个结点后造成了不平衡，设最低的不平衡结点为 A，并已知 A 的左孩子的平衡因子为 0，右孩子的平衡因子为 1，则应作（　）型调整以使其平衡。

A. LL　　B. LR　　C. RL　　D. RR

8. 下列关于 *m* 阶 B-树的说法错误的是（　）

A. 根结点至多有 *m* 棵子树

B. 所有叶子都在同一层次上

C. 非叶结点至少有 *m*/2 (*m* 为偶数)或 *m*/2+1（*m* 为奇数）棵子树

D. 根结点中的数据是有序的

9. 设有一组记录的关键字为{19，14，23，1，68，20，84，27，55，11，10，79}，用链地址法构造散列表，散列函数为 $H(key)=key\%13$，散列地址为 1 的链中有（　）个记录。

A. 1　　B. 2　　C. 3　　D. 4

10. 若采用链地址法构造散列表，散列函数为 $H(key)=key\ \%17$，则需（(1)）个链表。这些链的链首指针构成一个指针数组，数组的下标范围为（(2)）。

(1) A. 17　　B. 13　　C. 16　　D. 任意

(2) A. 0 ~ 17　　B. 1 ~ 17　　C. 0 ~ 16　　D. 1 ~ 16

11. 设哈希表长为 14，哈希函数是 $H(key)=key\%11$，表中已有数据的关键字为 15，38，61，84 共 4 个。现要将关键字为 49 的结点加到表中，用二次探测再散列法解决冲突，则放入的位置是（　）。

A. 8　　B. 3　　C. 5　　D. 9

三、判断题

（　）1. 顺序查找法适用于存储结构为顺序或链接存储的线性表。

（　）2. 折半查找法的查找速度一定比顺序查找法快。

（　）3. 在二叉排序树中插入一个新结点，总是插入到叶结点下面。

（　）4. 完全二叉树肯定是平衡二叉树。

（　）5. 对一棵二叉排序树按前序方法遍历得出的结点序列是从小到大的序列。

（　）6. 二叉树中除叶结点外，任一结点 X，其左子树根结点的值小于该结点（X）的值；

其右子树根结点的值大于等于该结点（X）的值，则此二叉树一定是二叉排序树。

（ ）7. 在任意一棵非空二叉排序树中，删除某结点后又将其插入，则所得二叉排序树与原二叉排序树相同。

（ ）8. 在 *m* 阶 B-树中，每个结点上至少有$\lceil m/2 \rceil$个关键字，最多有 *m* 个关键字。

（ ）9. 在平衡二叉树中，向某个平衡因子不为零的结点的树中插入一新结点，必引起平衡旋转。

四、应用题

1. 设有一组关键字{9,01,23,14,55,20,84,27}，采用哈希函数：$H(key) = key\%7$，表长为 10；用开放地址法的平方探测再散列方法：$H_i = (H(key) + d_i)\%m$，$(d_i = 1^2, 2^2, 3^2 \ldots)$解决冲突。要求：对该关键字序列构造哈希表，并计算查找成功的平均查找长度。

2. 一棵二叉排序树结构如图 7-31 所示，各结点的值从小到大依次为 1～9，请标出各结点的值。

3. 用序列(46,88,45,39,70,58,101,10,66,34)建立一个二叉排序树，画出该树，并求在等概率情况下查找成功的平均查找长度。

4. 假定对有序表：(3,4,5,7,24,30,42,54,63,72,87,95)进行折半查找，试回答下列问题。

（1）画出描述折半查找过程的判定树；

（2）若查找元素 54，需依次与哪些元素比较?

（3）若查找元素 90，需依次与哪些元素比较?

（4）假定每个元素的查找概率相等，求查找成功时的平均查找长度。

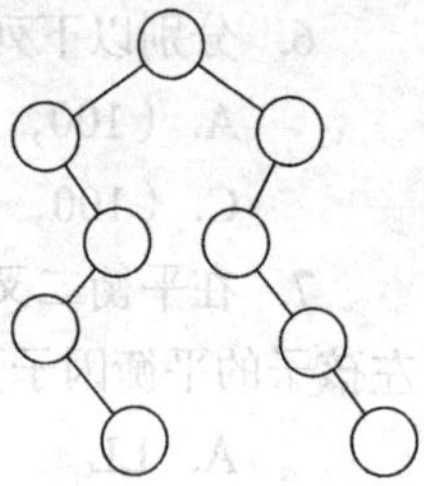

图 7-31　题 4.2 图

7.7 实　训

一、实训目的

1. 熟悉各种查找算法的基本思想。

2. 掌握各种查找算法的使用。

二、实训内容

1. 设有一组整数（3，10，6，34，56，20，15，45），写出用顺序查找法分别查找 20 和 35 的 C 语言程序，并输出结果。

2. 有一组整数（7，12，15，34，45，52，56，65，70）已按由小到大的顺序排好序，现从键盘上输入任意整数，分别用顺序查找法和二分查找法寻找合适的插入位置，插入该整数，要求插入后仍然有序。编写相应的程序，并上机调试。

【解析】实训任务 1 可以参考算法 7-1 实现。实训任务 2 需要先查找插入位置，顺序查找法可以参考算法 7-1，二分查找法可以参考算法 7-2，找到插入位置后的插入算法可以参考如下代码：

```
void Insert(SeqTable *ST,keyType key,int loc)
{
    int i;
    for(i=ST->length;i>loc;i--)
        ST->elem[i].key=ST->elem[i-1].key;
    ST->elem[loc].key=key;
    ST->length++;
}
```

第 8 章 排 序

总体要求

- 了解排序的定义和基本术语
- 掌握各种内部排序方法的基本思想、算法特点、排序过程以及它们的时间复杂度分析
- 了解稳定排序方法和不稳定排序方法的定义及判断

相关知识点

- 排序的定义和基本术语
- 各种内部排序方法的基本思想、算法特点、排序过程和它们的时间复杂度分析方法
- 稳定排序方法和不稳定排序方法的定义及判断

学习重点

- 各种简单排序、快速排序、堆排序、归并排序的排序方法、算法描述和性能分析
- 各种排序方法的比较

排序是数据处理和程序设计中经常使用的一种重要运算。如何进行排序，特别是如何进行高效率的排序是计算机领域研究的重要课题之一。采用好的排序算法对提高数据处理的工作效率是很重要的。

8.1 基本概念

排序（Sorting）又称为分类，就是将一组任意序列的数据元素按一定的规律进行排列，使之成为有序序列。表 8-1 是一个学生成绩表，其中每个学生记录包括学号、姓名及计算机导论、C 语言、数据结构等课程的成绩和总成绩等数据项。在排序时，如果用总成绩来排序，则会得到一个有序序列；如果以数据结构成绩进行排序，则会得到另一个有序序列。

表 8-1 学生成绩表

学号	姓名	计算机导论	C 语言	数据结构	总成绩
2940710801	王实	85	92	86	263
2940710802	张斌	90	91	93	274
2940710803	徐玲玉	66	63	64	193
2940710804	周安	75	74	73	222
…	…	…	…	…	…

作为排序依据的数据项称为“排序项”，也称为记录的关键码(Keyword)。关键码分为主关键码(Primary Keyword)和次关键码(Secondary Keyword)。一般地，若关键码是主关键码，则对于任意待排序的序列，经排序后得到的结果是唯一的；若关键码是次关键码，排序的结果不一定唯一，这是因为待排序的序列中可能存在具有相同关键码值的记录。

排序的确切定义为：

设序列 $\{R_1,R_2,\cdots,R_n\}$，相应关键字序列为 $\{K_1,K_2,\cdots,K_n\}$。所谓排序是指重新排列 $\{R_1,R_2,\cdots,R_n\}$ 为 $\{R_{p1},R_{p2},\cdots,R_{pn}\}$，使得其相应的关键字满足 $\{K_{p1}\leqslant K_{p2}\leqslant\cdots\leqslant K_{pn}\}$ 或 $\{K_{p1}\geqslant K_{p2}\geqslant\cdots\geqslant K_{pn}\}$。

上述排序定义中的关键字 K_i 可以是记录 $R_i\,(i=1,2,\ldots,n)$ 的主关键字，也可以是记录 R_i 的次关键字。若 K_i 为主关键字，则排序的结果是唯一的；若 K_i 为次关键字，则排序后的结果可能唯一。如果在记录序列中有两个记录 R_i 和 R_j，它们的关键字 K_i=K_j，且在排序之前，记录 R_i 排在 R_j 前面。如果在排序之后，对象 R_i 仍在对象 R_j 的前面，则称这个排序方法是稳定的，否则称这个排序方法是不稳定的。

排序的方法有多种，各种排序算法可以按照不同的原则加以分类。

（1）根据排序过程中所涉及的存储器，可分为内部排序和外部排序。

内排序是指在排序期间数据对象全部存放在内存的排序；外排序是指在排序期间由于对象个数太多，不能同时存放在内存中，必须根据排序过程的要求，不断在内、外存之间移动的排序。本书重点讨论内部排序。

（2）按排序的稳定性，可分为稳定排序和不稳定排序。

（3）按排序采用的策略，可分为插入排序、交换排序、选择排序、归并排序和基数排序。

要在繁多的排序算法中，简单地判断哪一种算法最好是比较困难的。评价一个排序算法好坏的标准主要有两条：第一是执行该算法所需要的时间；第二是执行该算法所需要的辅助空间。另外，算法本身的复杂程度也是要考虑的一个因素。由于排序是经常使用的一种运算，因此，排序的时间开销是衡量算法优劣的最重要的标志。而排序的时间开销又可以用算法执行中的比较和移动次数来衡量。

为了讨论方便，本书把排序关键字假设为整数，并且用顺序表（即一维数组）做存储结构。其数据结构定义为：

```
#define MAXSIZE 10
typedef int keyType;
typedef struct
{
    keyType key;          //关键字域
    //其他域
}RecordType;              //记录类型
RecordType R[MAXSIZE];
```

数组 R 的元素从索引号 1 开始存放，索引号为 0 的空间 $R[0]$用于存储一些辅助数据或临时数据。

8.2 插 入 排 序

插入排序（Insertion Sort）的基本思想是，每次将一个待排序的记录按其关键字的大小插入到前面已经排好序的子序列中的适当位置，直到全部记录插入完成为止。根据查找插入记录位置的方法不同，插入排序的方法有多种。本节主要介绍两种最简单也是最基本的插入排序：直接插入排序和希尔排序。

8.2.1 直接插入排序

直接插入排序（Straight Insertion Sort）是一种较为简单的插入排序方法，它的基本方法是设 $R=\{R_1,R_2,\cdots,R_n\}$ 为原始序列，$R'=\{\}$ 初始为空。插入排序的基本思想就是依次取出 R 中的元素 R_i，然后将 R_i 有序地插入到 R' 中。如同玩扑克牌的人抓牌一样，将抓到的牌插入到手中已排好的牌中一个适当的位置。

例如：

原始	R={5,2,10,2}	R'={}
1	R={2,10,2}	R'={5}
2	R={10,2}	R'={2,5}
3	R={2}	R'={2,5,10}
4	R={}	R'={2,2,5,10}

算法思路：设关键字序列 $\{K_1,K_2,\cdots,K_n\}$，初始认为 K_1 就是一个有序序列；令 K_2 插入上述表长为 1 的有序序列中，使之成为一个表长为 2 的有序序列；让 K_3 插入上述表长为 2 的有序序列中，使之成为一个表长为 3 的有序序列，依次类推，最后让 K_n 插入到表长为 n-1 的有序序列中，得到一个表长为 n 的有序序列。

【例 8-1】设有一组关键字序列为{49，38，65，97，76 ，13，27，49*，55，04}，这里 n=10，49*表示其值和 49 相同，但在序列中的位置位于第一个 49 之后。用直接插入排序算法进行排序，其排序过程如图 8-1 所示。

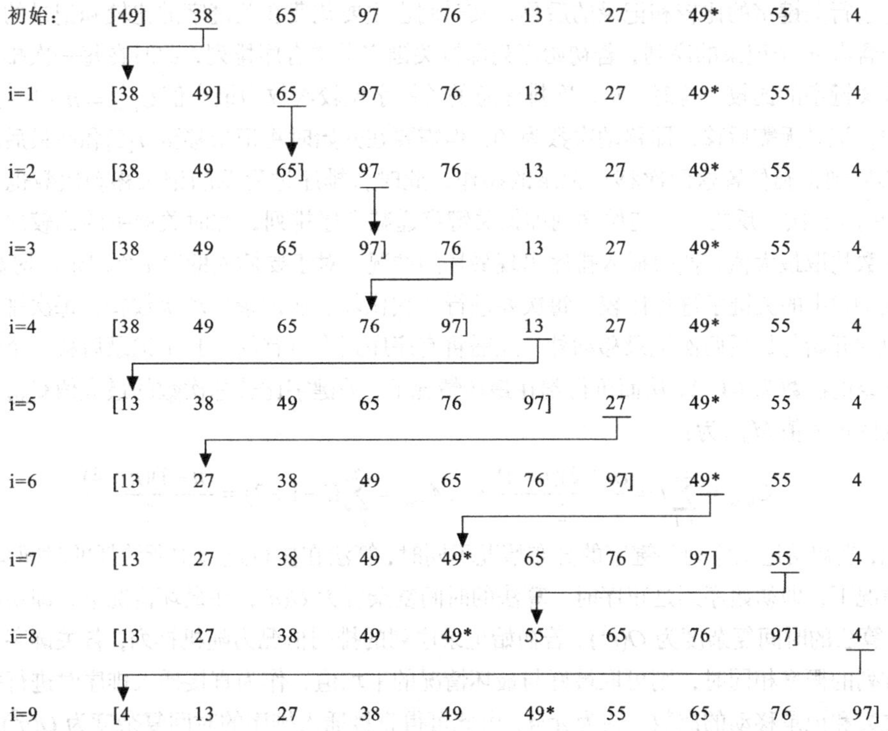

图 8-1 直接插入排序示例

具体算法实现如下。

【算法 8-1：直接插入排序算法】

```
//对表 r 中的第 1 到第 n 个记录进行直接插入排序，r[0]为监视哨
void InsertSort(RecordType r[],int n)
{
    int i,j;
    for(i=2;i<=n;i++)
    {
        r[0]=r[i];                      //设置监视哨
        j=i-1;
        while(r[0].key<r[j].key)
        {
            r[j+1]=r[j];j--;            //记录后移
        }
        r[j+1]=r[0];                    //把存放在 r[0]中的原记录插入到正确位置
    }
}
```

在该算法中，引入了一个附加记录单元 $r[0]$，它主要起到两方面的作用。一方面是在 while 循环中监视下标变量 j 的值是否越界，一旦越界，就自动控制 while 循环结束，避免了在 while 循环中每次都要检测 j 是否越界($j<1$)，即可省略循环判断条件($j>=1$)，这样可以提高检索效率，可使测试循环条件的时间减少近一半。另一方面，在进入循环之前，$r[0]$可作为缓冲单元，保存 $r[i]$的值，使得不会因为记录的后移而失去 $R[i]$中的内容。

由以上算法可知，直接插入排序由双重循环组成。外循环进行 n-1 次直接插入排序过程。内循环则进行一次直接插入排序过程，即用于确定某一记录的插入位置，并完成插入的操作，其主要操作是进行关键字的比较和记录的后移，其时间也主要花费在关键字的比较和记录的后移上。对于一个含有 n 个记录的序列，若初始序列即按关键字递增有序排列，此时在每一次排序中仅需进行一次关键字的比较。这时，n-1 次排序总的关键字比较次数为最小值 $C_{\min}=n-1$，并且在每次排序中，记录无需后移，即移动次数为 0，但需要在开始时将记录移至 $r[0]$和在最后时将记录从 $r[0]$移回到正确位置这两次移动记录的操作，此时，排序过程总的记录移动次数也为最小值 $M_{\min}=2(n-1)$次。反之，若初始序列即按关键字递减有序排列，此时关键字的比较次数和记录的移动次数均取最大值，使得插入排序出现最坏的情况。对于要插入的第 i 个记录，均要与前 i-1 个记录及 $r[0]$中的关键字进行比较，每次要进行 i 次比较。从记录移动次数看，每次排序中除了上面所说的开始与最后两次记录移动外，还需将有序序列中所有的 i-1 个记录后移一个位置，此时移动记录的次数为 i-1+2。从而可得到在最坏情况下，关键字比较总次数的最大值 $C_{\max}$ 和记录移动总次数的最大值 $M_{\max}$ 为：

$$C_{\max}=\sum_{i=1}^{n}i=\frac{(n+2)(n+1)}{2}，\quad M_{\max}=\sum_{i=1}^{n}(i-1+2)=\frac{(n-1)(n+4)}{2} \qquad (8\text{-}1)$$

因此，当初始记录序列关键字的分布情况不同时，算法在执行过程中所消耗的时间是不同的。在最好情况下，即初始序列是正序时，算法的时间复杂度为 $O(n)$；在最坏情况下，即初始序列是反序时，算法的时间复杂度为 $O(n^2)$。若初始记录序列的排列情况为随机排列，各关键字可能出现的各种排列的概率相同时，则可取最好与最坏情况的平均值，作为直接插入排序时进行关键字间的比较次数和记录移动的次数，约为 $n^2/4$，由此可得直接插入排序的时间复杂度为 $O(n^2)$。从所需的附加空间来看，由于直接插入排序在整个排序过程中只需要一个记录单元的辅助空间，所以其

空间复杂度为 $O(1)$，同时，从排序的稳定性来看，直接插入排序是一种稳定的排序方法。

8.2.2 希尔排序

希尔排序（Shell Sort）又称为缩小增量排序，是由希尔（D.L.Shell）于 1959 年提出来的一种对直接插入排序改进的排序方法，其做法不是每次逐个元素进行比较，而是先将整个待排序记录序列分割成为若干子序列分别进行直接插入排序，待整个序列中的记录基本有序时，再对全体记录进行一次直接插入排序，这样大大减少了记录移动次数，提高了排序效率。

算法基本思路是：先取一个正整数 $d_1(0<d_1<n)$，把全部记录分成 d_1 个组，所有距离为 d_1 倍数的记录看成是一组，然后在各组内进行插入排序；接着取 $d_2(d_2<d_1)$，重复上述分组和排序操作，直到 $d_i=1(i\geq 1)$，即所有记录成为一个组为止。希尔对增量序列的选择没有严格的规定，一般而言，对于 n 个记录的序列，一般选 $d_1=n/2$，$d_2=d_1/2$，$d_3=d_2/2$，…，$d_i=1$。

【例 8-2】设有一组关键字序列为{49，38，65，97，76 ，13，27，49*，55，04}，这里 n=10，49*表示其值和 49 相同，但在序列中的位置位于第一个 49 之后。用希尔排序算法进行排序，其排序过程如图 8-2 所示。

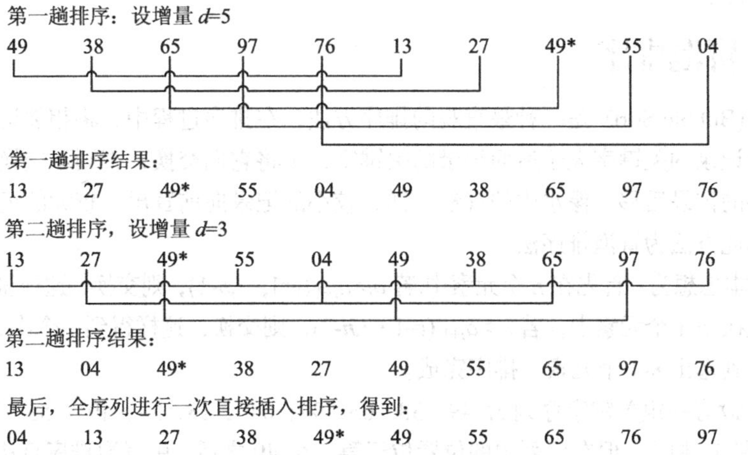

图 8-2 希尔排序示例

具体算法实现如下。

【算法 8-2：希尔排序算法】

```
//对表 r 中的第 1 到第 n 个记录进行希尔排序，r[0]为监视哨
void ShellSort(RecordType r[],int n)
{
     int i,j,d;
     for(d=n/2;d>=1;d=d/2)             //初始增量为 n/2，每次缩小增量值为 d/2
     {
          for(i=d+1;i<=n;i++)
          {
               r[0]=r[i];
               j=i-d;                   // 前后记录位置的增量是 d,而不是 1
               while(j>0&&r[0].key<r[j].key) //将 r[i]插入有序子表
               {
                    r[j+d]=r[j];j=j-d; //记录后移,查找插入位置
               }
               r[j+d]=r[0];             //插入
```

```
            }
        }
    }
```

以上给出的算法是三层循环，最外层循环为$\log_2 n$数量级，中间的 for 循环是 n 数量级的，内循环远远低于 n 数量级。因为当分组较多时，组内元素较少，此循环次数少；当分组较少时，组内元素增多，但已接近有序，循环次数并不增加。因此，希尔排序的时间复杂度在$O(n\log_2 n)$和$O(n^2)$之间，大致为$O(n^{3/2})$。

由于希尔排序对每个子序列单独比较，在比较时进行元素移动有可能改变相同关键字记录的原始顺序，因此希尔排序是不稳定的排序。

8.3 交换排序

交换排序的基本思想是通过两两比较待排序记录的关键字，若发现两个记录的次序相反即进行交换，直至找到没有反序的记录为止，从而达到排序的目的。本节将介绍两种交换排序：冒泡排序和快速排序。

8.3.1 冒泡排序

冒泡排序(Bubble Sort) 是一种最直观的排序方法，在排序过程中，将相邻记录的关键字进行比较，若前面记录的关键字大于后面记录的关键字，则将它们交换，否则不交换。或者反过来，使较大关键字的记录后移，像水中的气泡一样，较小的记录向前冒出，较大的记录像石头一样沉入后部，故称此方法为冒泡排序法。

算法的基本思想为：首先在 n 个元素中,若 $a_i>a_{i+1}$ (i=1,⋯,n-1)，则交换，这样得到一个最大元素放于 a_n；其次在 n-1 个元素中，若 $a_i>a_{i+1}$ (i=1,⋯,n-2)，则交换，这样得到一个次大元素放于 a_{n-1}；依此类推，直到选出 n-1 个元素，排序完成。

【例 8-3】设有一组关键字序列为{49，38，65，97，04 ，13，27，49*，55，76}，这里 n=10，49*表示其值和 49 相同，但在序列中的位置位于第一个 49 之后。用冒泡排序算法进行排序，其排序过程如图 8-3 所示。

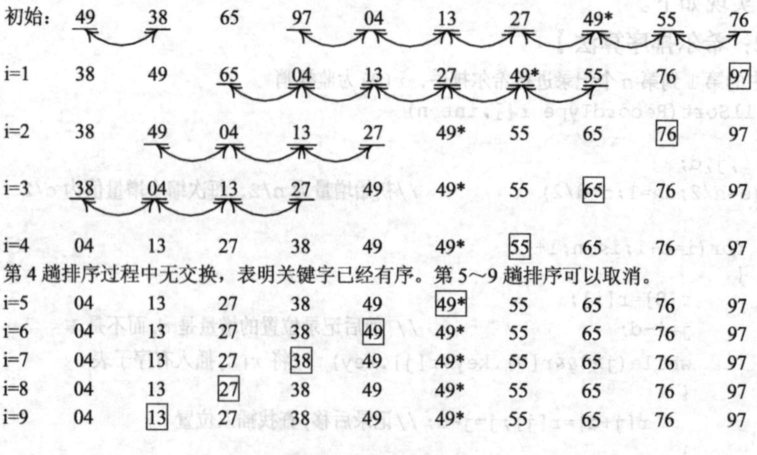

图 8-3 冒泡排序示例

图中画有箭头弧线的表示记录发生过交换。以第一趟排序过程为例，49 和 38 比较，因为 49 大于 38，则交换两个记录，然后用 49 和 65 比较，由于 49 小于 65，不交换，依次用相邻两个记录的关键字进行比较，如果前者大于后者，就交换两个记录，如接下来的 97 和 04、97 和 13、97 和 27、97 和 49*、97 和 55、97 和 76 之间的交换。第一趟排序结束后，97 作为 10 个元素中的最大值被交换到最后。接下来第 2 趟排序选出剩下 9 个记录中的最大值并交换到倒数第 2 个位置。依次类推，第 i 趟排序时，选出 $n-i+1$ 个元素中的最大值并交换到第 $n-i+1$ 个位置。经过 n-1 趟排序，排序结束。注意，在第 4 趟排序过程中，关键字两两比较后并未发生记录交换，这表明关键字已经有序，因此不必要进行第 5 ~ 9 趟排序了，为此在算法描述时，引入标志变量 isExcheng。在每一趟排序之前，先将其设为 0，若在一趟排序中交换了记录，则将其设为 1。在一趟排序之后检查 isExcheng，若未曾交换记录，便终止算法，排序完成。

具体算法实现如下。

【算法 8-3：冒泡排序算法】

```
//对表 r 中的第 1 到第 n 个记录进行冒泡排序，r[0]为临时交换空间
void Bubble_sort(RecordType r[],int n)
{
    int i,j;
    int isExcheng;                  //交换标志
    for(i=1;i<n;i++)
    {
        isExcheng=0;                //isExcheng=0 为未交换
        for(j=1;j<=n-i;j++)
        {
            if(r[j].key>r[j+1].key)
            {                       //如前者大于后者，交换
                r[0]=r[j+1];r[j+1]=r[j];r[j]=r[0];
                isExcheng=1; //isExcheng=1 为发生交换
            }
        }
        if(isExcheng==0)break;      //未交换，排序结束
    }
}
```

由冒泡排序算法可看出，若初始记录序列是正序的，则只需一趟扫描即可完成排序，此时所需的关键字比较和记录移动的次数均为最小值：

$$C_{\min} = n-1,\quad M_{\min} = 0 \tag{8-2}$$

即冒泡排序最好的时间复杂度为 $O(n)$。相反，若初始记录序列是反序的，则需要进行 n-1 趟排序，每趟排序要进行 $n-i$ 次关键字的比较($1 \leqslant i \leqslant n-1$)，且每次比较都必须移动记录 3 次来达到交换记录位置的目的，此时，关键字比较和记录移动的次数均达到最大值：

$$C_{\max} = \sum_{i=1}^{n-1}(n-i) = \frac{n(n-1)}{2},\quad M_{\max} = \sum_{i=1}^{n-1}3(n-i) = \frac{3n(n-1)}{2} \tag{8-3}$$

因此，冒泡排序的最坏时间复杂度为 $O(n^2)$，在平均情况下，关键字的比较和记录的移动次数大约为最坏情况下的一半，因此，冒泡排序算法的时间复杂度为 $O(n^2)$。

同时，冒泡排序是一种稳定的排序方法。

8.3.2 快速排序

快速排序（Quick Sort）是对冒泡排序的一种改进。在冒泡排序中，记录的比较和交换是在相邻的单元中进行的，记录每次交换只能上移或下移一个单元，因而总的比较和移动次数较多。而在快速排序中，记录的比较和交换是从两端向中间进行的，关键字较小的记录一次就能从后面单元交换到前面去，而关键字较大的记录一次就能从前面的单元交换到后面的单元，记录每次移动得较远，因此可以减少记录总的比较和移动次数。

快速排序的基本做法是：任取待排序的 n 个记录中的某个记录作为基准（一般选取第一个记录），通过一趟排序，将待排序记录分成左、右两个子序列，左子序列记录的关键字均小于或等于该基准记录的关键字，右子序列记录的关键字均大于或等于该基准记录的关键字，从而得到该记录最终排序的位置，然后该记录不再参加排序，此趟排序称为第一趟快速排序。然后对所分的左、右子序列分别重复上述方法，直到所有的记录都处在它们的最终位置，此时排序完成。在快速排序中，有时把待排序序列按照基准记录的关键字分为左、右两个子序列的过程称为一次划分。

快速排序的过程为：

设待排序序列为 r[s⋯t]，为了实现一次划分，可设置两个指针 low 和 high，它们的初值分别为 s 和 t，以 r[s]为基准，在划分的过程中遵循以下步骤。

（1）从 high 端开始，依次向前扫描，并将扫描到的每一个记录的关键字同 r[s]（即基准记录）的关键字进行比较，直到 r[high].key<r[s].key，将 r[high]赋值到 low 所指的位置。

（2）从 low 端开始依次向后扫描，并将扫描到的每一个记录的关键字同 r[s]（即基准记录）的关键字进行比较，直到 r[low].key>r[s].key，将 r[low]赋值到 high 所指的位置。重复上述过程。

（3）如此交替改变扫描方向，重复（1）和（2）两个步骤，从两端各自向中间位置靠拢，直到 low 等于或大于 high。经过此次划分后得到的左右两个子序列分别为 r[s⋯low-1]和 r[low+1⋯t]。

排序首先从 r[1⋯n]开始，按上述方法划分为 r[1⋯low-1]、r[low]和 r[low+1⋯t]3 个序列，然后对 r[s⋯low-1]和 r[low+1⋯t]分别按上述方法进行再次划分，依次重复，直到每个序列只剩一个元素为止。

【例 8-4】设有一组关键字序列为{49，38，65，97，04 ，13，27，49*，55，76}，这里 n=10，49*表示其值和 49 相同，但在序列中的位置位于第一个 49 之后。用快速排序算法进行排序，排序过程如图 8-4 所示，以 49 为基准的第一次划分过程如图 8-5 所示。

初始:	49	38	65	97	04	13	27	49*	55	76
第 1 次划分	27	38	13	04	49	97	65	49*	55	76
第 2 次划分	04	13	27	38	49	97	65	49*	55	76
第 3 次划分	04	13	27	38	49	97	65	49*	55	76
第 4 次划分	04	13	27	38	49	76	65	49*	55	97
第 6 次划分	04	13	27	38	49	55	65	49*	76	97
第 7 次划分	04	13	27	38	49	49*	55	65	76	97

图 8-4 快速排序示例

初始：low=1,high=n,r[0]=r[low];

0	1	2	3	4	5	6	7	8	9	10
49	49	38	65	97	04	13	27	49*	55	76
	↑*low*									↑*high*

(1)从 high 向前找一个关键字小于 r[0]的记录，并赋值到位置 low。

49	27	38	65	97	04	13	27	49*	55	76
	↑*low*						↑*high*			

(2)从 low 向后找一个关键字大于 r[0]的记录，并赋值到位置 high。

49	27	38	65	97	04	13	65	49*	55	76
			↑*low*				↑*high*			

(3)重复第（1）步，直到找到一个关键字小于 r[0]的记录或 low≥high。

49	27	38	13	97	04	13	65	49*	55	76
			↑*low*			↑*high*				

(4)重复第（2）步，直到找到一个关键字大于 r[0]的记录或 low≥high。

49	27	38	13	97	04	97	65	49*	55	76
				↑*low*		↑*high*				

(5)重复第（1）步，直到找到一个关键字小于 r[0]的记录或 low≥high。

49	27	38	13	04	04	97	65	49*	55	76
				↑*low*	↑*high*					

(6)重复第（2）步，直到 low≥high，r[low]=r[0]，一次划分结束。

49	27	38	13	04	49	97	65	49*	55	76
					low ↑↑*high*					

图 8-5　以 49 为基准的第一次划分过程

具体算法实现如下。

【算法 8-4：任意子系列 r[low..high]的一趟划分算法】

```
//对表 r 中的第 low 到第 high 个记录进行一次快速排序的划分
//把关键字小于 r[low].key 的记录放在 r[low]前面，
//大于 r[low].key 的记录放在 r[low]后面
int Partition(RecordType r[],int low,int high)
{
    r[0]= r[low];                        // 把 r[low]放在 r[0]
    while (low<high)                     //用 r[low]进行一趟划分
    {
        //在 high 端,寻找一个比 r[low].key 小的记录放入 low
        while (low<high &&r[high].key>=r[0].key) --high;
        r[low]=r[high];
        //在 low 端,寻找一个比 r[low].key 大的记录放入 high
        while (low<high &&r[low].key<=r[0].key) ++low;
        r[high]=r[low];
    }
    r[low]=r[0];
    return low;                          //返回划分后的基准记录的位置
}
```

【算法 8-5：快速排序算法】

```
//对表 r 中的第 low 到第 high 个记录进行快速排序
void  Quicksort(RecordType r[],int low,int high)
{
    int loc;
    if  (low<high)
    {
        //对第 low 到第 high 个记录进行一次快速排序的划分
        loc=Partition(r,low,high);
        Quicksort(r,low,loc-1);     //对前半区域进行一次划分
        Quicksort(r,loc+1,high);   //对后半区域进行一次划分
    }
}
```

在快速排序中，若把每次划分所用的基准记录看作根结点，把划分得到的左子序列和右子序列分别看成根结点的左、右子树，那么整个排序过程就对应着一棵具有 n 个结点的二叉排序树，所需划分的层数等于二叉树的深度，所需划分的所有子序列数等于二叉树分枝结点数。而在快速排序中，记录的移动次数通常小于记录的比较次数。因此，在讨论快速排序的时间复杂度时，仅考虑记录的比较次数即可。

若快速排序出现最好的情况（左、右子序列的长度大致相等），则结点数 n 与二叉树深度 h 应满足 $\log_2 n \leqslant h \leqslant \log_2 n+1$，所以总的比较次数不会超过 $(n+1)\log_2 n$。因此，快速排序的最好时间复杂度应为 $O(n\log_2 n)$。若快速排序出现最坏的情况（每次能划分成两个子序列，但其中一个为空），则此时得到的二叉树是一棵单枝树，得到的非空子序列包含有 n-i（i 代表二叉树的层数）个，每层划分需要比较 n-i+2 次，所以总的比较次数为 $(n^2+3n-4)/2$。因此，快速排序的最坏时间复杂度为 $O(n^2)$。

快速排序所占用的辅助空间为递归时所需栈的深度，故空间复杂度为 $O(\log_2 n)$。同时，快速排序是不稳定的排序。

8.4 选 择 排 序

选择排序主要是每一趟从待排序记录序列中选取一个关键字最小的记录，依次放在已排序记录序列的最后，直至全部记录排完为止。本节将介绍两种交换排序：简单选择排序和堆排序。

8.4.1 简单选择排序

简单选择排序(Simple Select Sort)也称直接选择排序，它首先选出关键字最小的记录放在第一个位置，再选关键字次小的记录放在第二个位置，依次类推，直至选出 n-1 个记录为止。其基本思路是：设待排序列为$(R_1,R_2,\cdots,R_n)$，首先在$(R_1,R_2,\cdots,R_n)$中找最小值记录与 R_1 交换；第二次在$(R_2,R_3,\cdots,R_n)$中找最小值记录与 R_2 交换；第 i 次在$(R_i,R_{i+1},\cdots,R_n)$中找最小值记录与 R_i 交换；最后一次（n-1 次）在(R_{n-1},R_n)中找最小值记录与 R_{n-1} 交换，经过 n-1 次选择和交换之后，R 成为一个由小到大的在序序列，排序完成。

【例 8-5】设有一组关键字序列为{49，38，65，97，76 ，13，27，49*，55，04}，这里 n=10，49*表示其值和 49 相同，但在序列中的位置位于第一个 49 之后。用简单选择排序算法进行排序，

其排序过程如图 8-6 所示。

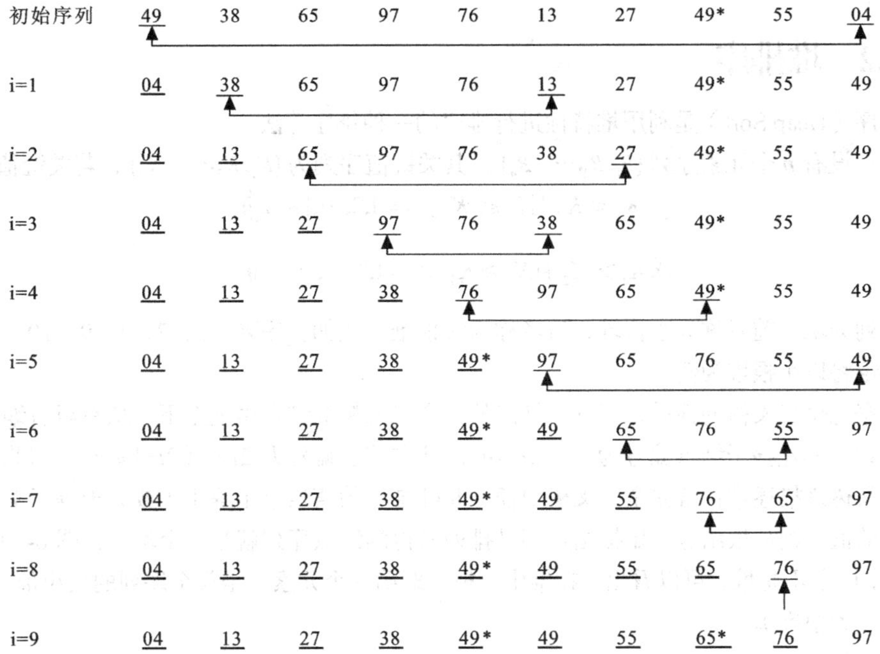

图 8-6 简单选择排序示例

具体算法实现如下。

【算法 8-6：简单选择排序算法】

```
//对表 r 中的第 1 到第 n 个记录进行简单选择排序，r[0]为临时交换空间
void  Selectsort(RecordType r[],int n)

{
     int i,j,min;
     for(i=1;i<n;i++)
     {
          min=i;
          //在 i...n 范围内寻找一个最小元素放入 r[i]中
          for (j=i+1;j<=n;++j)
               if (r[min].key>r[j].key) min=j;
          if(min!=i)
          {
               r[0]=r[min]; r[min]=r[i]; r[i]=r[0];
          }
     }
}
```

在简单选择排序中，不论初始记录序列状态如何，共需进行 n-1 次选择和交换，每次选择需要进行 n-i 次比较($1 \leqslant i \leqslant n-1$)，而每次交换最多需要 3 次移动。因此，总的比较次数为：

$$C = \sum_{i=1}^{n-1}(n-i) = \frac{n(n-1)}{2}, \quad M = \sum_{i=1}^{n-1} 3 = 3(n-1) \qquad (8\text{-}4)$$

由此可见，简单选择排序的时间复杂度为 $O(n^2)$，由于简单选择排序交换次数较少，当记录占用的字节数较多时，通常比直接插入排序的执行速度要快一些。

由于在简单选择排序中存在着不相邻记录之间的互换，因此，直接选择排序是一种不稳定的排序方法。

8.4.2 堆排序

堆排序（Heap Sort）是利用堆特性进行排序的一种排序算法。

定义：设有 n 个元素序列 $\{R_1,R_2,\cdots,R_n\}$，其关键值序列为 $\{K_1,K_2,\cdots,K_n\}$，若关键值满足：

$$K_i \leqslant K_{2i} \text{且} K_i \leqslant K_{2i+1}(i=1,2,\cdots,\lfloor n/2 \rfloor)$$

$$\text{或} K_i \geqslant K_{2i} \text{且} K_i \geqslant K_{2i+1}(i=1,2,\cdots,\lfloor n/2 \rfloor) \tag{8-5}$$

则称该序列为堆。前者称为小根堆，后者称为大根堆。例如：序列｛3，7，4，9，10，8｝为堆。下面的讨论将以小根堆为例。

而根据完全二叉树的性质，当 n 个结点的完全二叉树的结点由上至下、从左至右编号后，编号为 i 的结点其左孩子结点编号为 $2i$（$2i \leqslant n$），其右孩子编号为 $2i+1$（$2i+1 \leqslant n$）。因此，可以借助完全二叉树来描述堆：若完全二叉树中任一非叶结点的值均小于等于（或大于等于）其左、右孩子结点的值，则从根结点开始按结点编号排列所得的结点序列就是一个堆。在图 8-7 中，（a）、（b）是堆，（c）不是堆，可以看出，在堆中，根（即第一个元素）是整个序列的最小值（小根堆）或最大值（大根堆）。

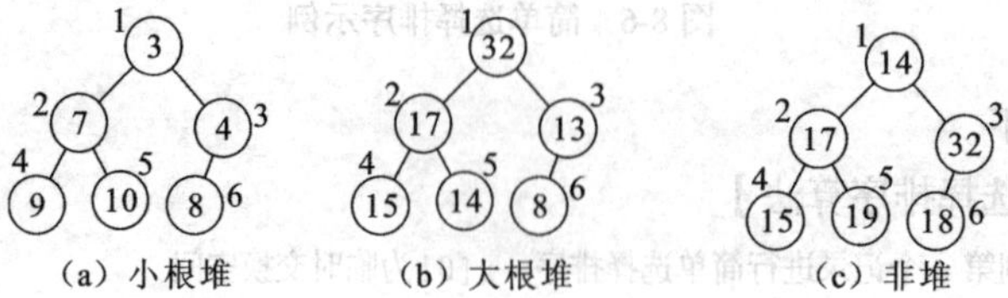

图 8-7 堆与非堆

堆排序的排序思想如下。

（1）若序列 $\{R_1,R_2,\cdots,R_n\}$ 的关键值序列 $\{K_1,K_2,\cdots,K_n\}$ 为堆，则 K_1 为最小值。

（2）输出堆顶元素 R_1，将 R_1 和 R_n 交换。

（3）将剩余 $\{R_1,R_2,\cdots,R_{n-1}\}$ 按关键字序列调整为堆，并当作新的序列，重复第（1）步，直到序列剩一个元素为止。

堆排序有两个主要问题需要考虑：如何将 n 个元素建立为堆；输出堆顶元素后，剩下的 n-1 个元素如何调整为堆。

建堆的基本思路如下。

（1）把给定序列看成是一棵完全二叉树。

（2）从第 $i=\lfloor n/2 \rfloor$ 结点开始与子树结点比较，若直接子结点中的关键字较小者小于第 i 结点的关键字，则交换，直到叶结点或不再交换为止。

（3）令 $i=i-1$ 重复（2）直到 $i=1$。

【例 8-6】设有一组关键字序列为{49，38，65，97，04，13，27，49*，55，76}，这里 $n=10$，49*表示其值和 49 相同，但在序列中的位置位于第一个 49 之后。用堆速排序算法进行排序。

第一步：将该序列按关键字建成一个小根堆。建堆过程如图 8-8 所示。

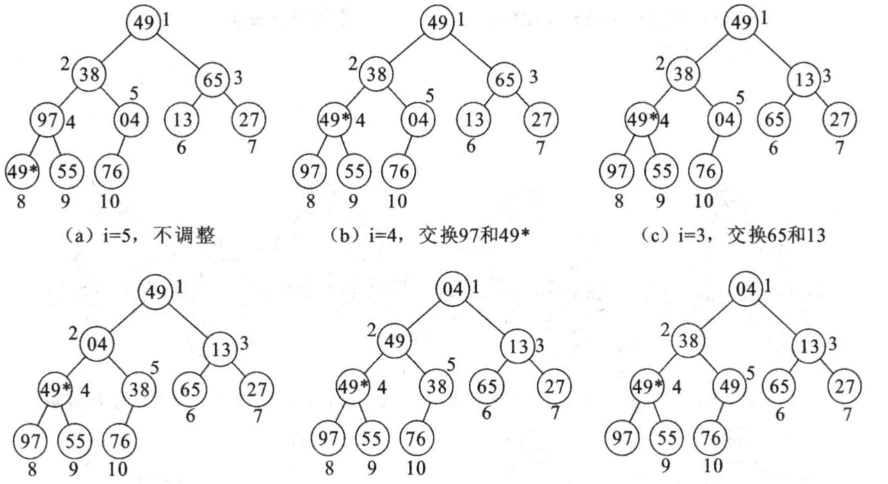

（a）i=5，不调整　（b）i=4，交换97和49*　（c）i=3，交换65和13

（d）i=2，交换38和04　（e）i=1，交换49和04　（f）i=2，交换49和38

图 8-8　建堆过程

建堆过程如下。

（1）把 n 个元素看成是完全二叉树，因为 n=10，所以从 i=5 开始，因为 $K_5 < K_{10}$(04<76)，所以不用调整，如图 8-8（a）所示。

（2）令 i=4，因为 $K_8 < K_9$且$K_4 > K_8$(49*<55 且 97>49*)，所以需要交换 97 和 49*，由于 97 已经是叶结点，不需要再调整，如图 8-8（b）所示。

（3）令 i=3，因为 $K_6 < K_7$且$K_3 > K_6$(13<27 且 65>13)，所以需要交换 65 和 13，由于 65 已经是叶结点，不需要再调整，如图 8-8（c）所示。

（4）令 i=2，因为 $K_4 > K_5$且$K_2 > K_5$(49*>04 且 38>04)，所以需要交换 38 和 04，交换后，$K_5 < K_{10}$(38<76)，不需要再调整，如图 8-8（d）所示。

（5）令 i=1，因为 $K_2 < K_3$且$K_1 > K_2$(04<13 且 49>04)，所以需要交换 49 和 04，如图 8-8（e）所示；交换后，因为 $K_4 > K_5$且$K_2 > K_5$(49*>38 且 49>38)，所以需要交换 49 和 38；交换后，$K_5 < K_{10}$(49<76)，不需要再调整，如图 8-8（f）所示。

第二步：堆排序，输出堆顶元素，将堆尾元素移至堆顶，由于除目前新的堆顶元素外，其余元素都是堆，则只需从 i=1 开始，将其余元素调整为堆，如图 8-9（a）所示，重复上述操作，直到堆中剩下一个元素为止，排序过程如图 8-9（b）～图 8-9（h）所示。

具体算法实现如下。

【算法 8-7：对以 $r[m]$为根结点的二叉树建堆】

```
//对表 r 中的结点编号为 m 到 n 的元素进行建堆，r[0]为临时交换空间
void Creatheap(RecordType r[],int m,int n)
{
    int i,j,flag;
    i=m; j=2*i;                              //j 为 i 的左孩子
    r[0]=r[i];flag=0;
    while(j<=n&&flag!=1)                     //沿值较小的分支向下筛选
    {
        if (j<n&&r[j].key>r[j+1].key)j++;   //选取孩子中值较小的分支
        if(r[0].key<r[j].key)flag=1;
        else {
```

```
            r[i]=r[j]; i=j; j=2*i;          //继续向下筛选
            r[i]=r[0];
        }
    }
}
```

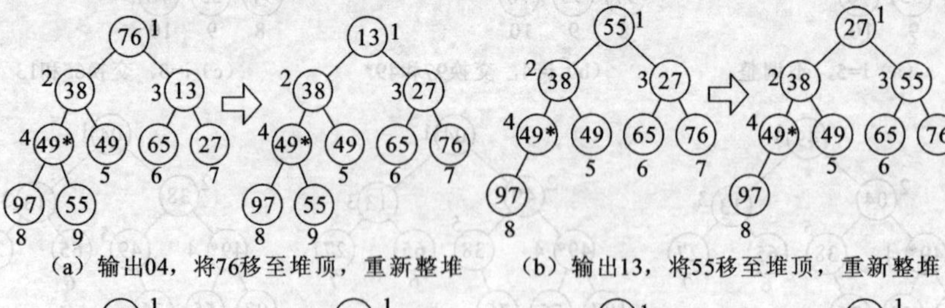

图 8-9 堆排序排序过程

【算法 8-8：堆排序算法】

```
//对表 r 中的第 1 到第 n 个记录进行堆排序，r[0]为临时交换空间
void Heapsort(RecordType x[],int n)

{
    int i;
    for (i=n/2;i>=1;i--)Creatheap(x,i,n);        //初始化堆
    printf("Output x[]:");
    //输出堆顶元素，并将最后一个元素放到堆顶位置，重新建堆
    for (i=n;i>=1;i--)
    {
        printf("%d ",x[1].key);                  //输出堆顶元素
        x[1]=x[i];                               //将堆尾元素移至堆顶
        Creatheap(x,1,i);                        //整理推
    }
    printf("\n");
}
```

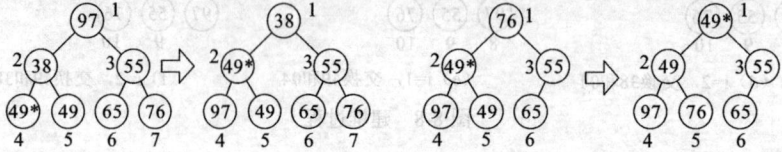

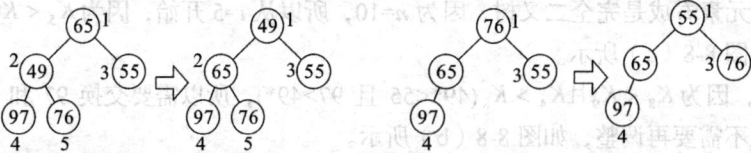

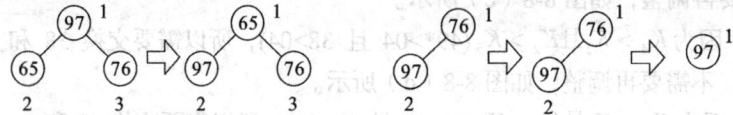

堆排序方法对记录数较少的排序效果并不理想，但对 n 较大的文件很有意义，因为其运行时间主要在初始建堆和反复调整堆上。算法 8-7 的时间复杂度与堆所对应的完全二叉树的深度的数量级 $\log_2 n$ 有关，而算法 8-8 对算法 8-7 的调用数量级为 n。所以，整个堆排序的时间复杂度为 $O(n\log_2 n)$。在空间复杂度方面，堆排序只需一个辅助空间，为 $O(1)$。此外，堆排序是不稳定的排序。

8.5 归并排序（二路归并排序）

归并排序的主要思想是：把待排序的记录序列分成若干个子序列，先将每个子序列的记录排序，再将已排序的子序列合并，得到完全排序的记录序列。归并排序可分为多路归并排序和两路归并排序。这里仅对两路归并排序进行讨论。

两路归并排序算法思路是：对任意长度为 n 的序列，首先看成是 n 个长度为 1 的有序序列，然后两两归并为 $n/2$ 个有序表，再对 $n/2$ 个有序表两两归并，直到得到一长度为 n 的有序表。

【例 8-7】设有一组关键字序列为{49，38，65，97，76 ，13，27，49*，55，04}，这里 n=10，49*表示其值和 49 相同，但在序列中的位置位于第一个 49 之后。用归并排序算法进行排序，其排序过程如图 8-10 所示。

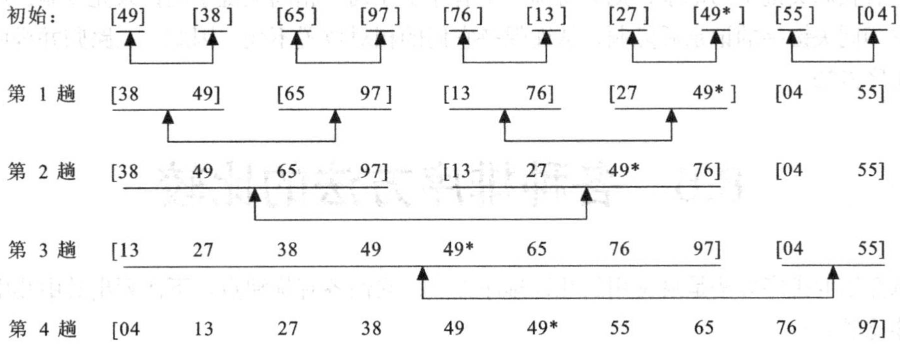

图 8-10 两路并归示例

具体算法实现如下。

【算法 8-9：把两个有序表归并成一个有序表】

```
//将有序表a[i...m]以及a[m+1...n]有序归并到b[i...m]中
void  Merge (RecordType a[],RecordType b[],int i,int m, int n)
{
    int la,lb,lc;
    la=i;lb=m+1;lc=i;                                   //序列 la,lb,lc 的始点
    while(la<=m&&lb<=n)
    {
        if(a[la].key<a[lb].key)b[lc++]=a[la++] ;        //有序合并
        else b[lc++]=a[lb++];
    }
    while(la<=m){ b[lc++]=a[la++];}                     //复制第一个序列中剩下的元素
    while(lb<=n){ b[lc++]=a[lb++];}                     //复制第二个序列中剩下的元素
}
```

【算法 8-10：归并排序算法】

```
//将有序表 a[s...t]有序归并排序到 b[s...t]中
void MergeSort(RecordType a[],RecordType b[],int s,int t)
{
    int m;
    RecordType c[MAXSIZE];                     //定义一个辅助空间
    if (s==t) b[s]=a[s];                       //仅剩一个序列时，直接复制到 b 中
    else
    {
        m=(s+t)/2;
        MergeSort( a,c,s,m);                   //把 a[s...m]归并到 c[s...m]
        MergeSort( a,c,m+1,t);                 //把 a[m+1...t]归并到 c[m+1...t]
        //把有序表 c[s...m]和 c[m+1...t]归并到 b[s...t]中
        Merge(c,b,s,m,t);
    }
}
```

算法 MergeSort 递归调用约$\lfloor \log_2 n \rfloor$趟，每一趟归并就是将两两有序子序列合并为一个有序序列，运算数量级为$O(n)$，因此，归并排序的时间复杂度为$O(n\log_2 n)$。利用二路归并排序时，需要利用与待排序序列长度相同的数组作为临时存储单元，故该排序方法的空间复杂度为$O(n)$。

由于在二路归并排序中，每两个有序子序列合并成一个有序序列时，若分别在两个有序子序列中出现有相同关键字的记录，则会将前一个有序子序列中相同关键字的记录先复制，后一有序子序列中相同关键字的记录后复制，从而保持它们的相对位置不变。因此，二路归并排序是一种稳定的排序方法。

8.6 各种排序方法的比较

本章介绍的排序方法是最常用的几种排序方法，它们各有优缺点。下面列出其中几中排序方法的性能比较。

表 8-2　　各种排序方法性能的比较表

排序方法	最好时间	时间复杂度	最坏时间	辅助空间	稳定性
直接插入排序	$O(n)$	$O(n^2)$	$O(n^2)$	$O(1)$	√
冒泡排序	$O(n)$	$O(n^2)$	$O(n^2)$	$O(1)$	√
快速排序	$O(n\log_2 n)$	$O(n\log_2 n)$	$O(n^2)$	$O(\log_2 n)$	×
简单选择排序	$O(n^2)$	$O(n^2)$	$O(n^2)$	$O(1)$	×
堆排序	$O(n\log_2 n)$	$O(n\log_2 n)$	$O(n\log_2 n)$	$O(1)$	×
两路归并排序	$O(n\log_2 n)$	$O(n\log_2 n)$	$O(n\log_2 n)$	$O(n)$	√

1. 从时间复杂度比较

从时间复杂度角度考虑，直接插入排序、冒泡排序、直接选择排序是 3 种简单的排序方法，时间复杂度均为 $O(n^2)$。而快速排序、堆排序、二路归并排序的时间复杂度都为 $O(n\log_2 n)$，希尔排序的时间复杂度介于这两者之间。若从最好的时间复杂度考虑，则直接插入排序和冒泡排序的

时间复杂度最好为 $O(n)$，其他的最好时间复杂度同平均情况相同。若从最坏的时间复杂度考虑，则快速排序的时间复杂度为 $O(n^2)$，直接插入排序、冒泡排序、希尔排序同平均情况相同，但系数大约增加一倍，所以运行速度将降低一半，最坏情况对直接选择排序和归并排序影响不大。

2. 从空间复杂度比较

归并排序的空间复杂度最大，为 $O(n)$。快速排序的空间复杂度为 $O(\log_2 n)$。其他排序的空间复杂度为 $O(1)$。

3. 从稳定性比较

直接插入排序、冒泡排序、归并排序都是稳定的排序方法。而直接选择排序、希尔排序、快速排序、堆排序是不稳定的排序方法。

4. 从算法简单性比较

直接插入排序、冒泡排序、直接选择排序都是简单的排序方法，算法简单，易于理解。而希尔排序、快速排序、归并排序都是改进型的排序方法，算法比简单排序要复杂得多，也难于理解。

5. 一般选择规则

（1）当待排序的记录数 n 不大时（$n \leqslant 50$），可选用直接插入排序、冒泡排序和简单选择排序中的任一种排序方法，它们的时间复杂度虽为 $O(n^2)$，但方法简单，容易实现。其中，直接插入排序和冒泡排序在原记录按关键字“基本有序”时，排序速度比较快。而简单选择排序的记录比较次数较少，但是，若要求排序稳定时，不能采用简单选择排序。

（2）当待排序的记录数 n 较大，而对稳定性不做要求，并且内存容量不宽余时，应采用快速排序或堆排序。一般来讲，它们的排序速度较快。但快速排序对原序列基本有序的情况下，时间复杂度到达 $O(n^2)$，而堆排序不会出现类似情况。

（3）当待排序记录的个数 n 较大，内存空间允许，且要求排序稳定时，采用二路归并排序为好。

8.7　项 目 实 例

8.7.1　项目说明

在 2.4 和 7.4 项目实训中，我们设计了一个通信录管理系统，该系统实现了联系人信息的录入、保存、加载、显示、查找、修改和删除功能。本章将进一步实现最后一个功能：排序。

8.7.2　系统功能设计

Sort ()函数用于对通迅录的联系人按姓名进行排序，传入一个参数为 AddressList 的链表头节点，函数首先要求用户选择是升序还是降序排序，然后根据用户的选择进行排序。

8.7.3　系统功能实现

当在“请选择您要运行的选项（0-6）:”后输入“6”时，main()函数调用 Sort ( ) 函数，系统进入“联系人排序”界面，并提供“按姓名升序”和“按姓名降序”两个选项，用户选择后，系统对链表进行排序，排序结束后，调用 Display()来显示所有联系人，查找联系人运行效果如图 8-11 所示。

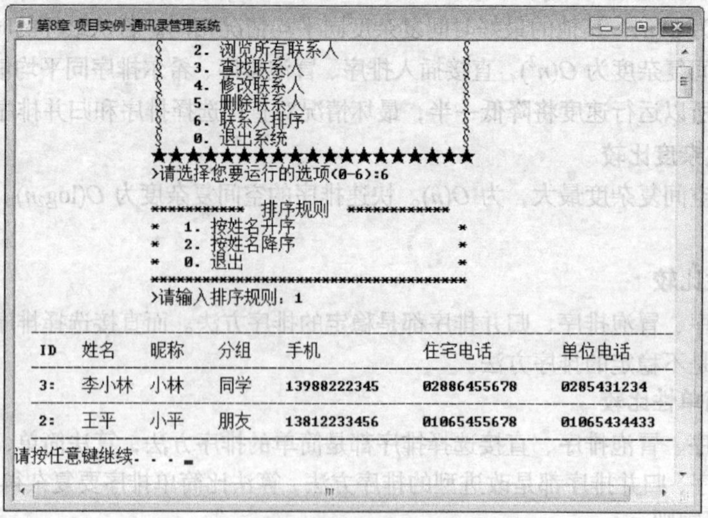

图 8-11　联系人排序运行效果

联系人排序的代码如下。

```
void Sort(AddressList *pal)                    //联系人排序
{
    AddressList *first;                        //排列后有序链的表头指针
    AddressList *tail;                         //排列后有序链的表尾指针
    AddressList *p_min;                        //保留键值更小的节点的前驱节点的指针
    AddressList *min;                          //存储最小节点
    AddressList *p;                            //当前比较的节点
    char c;
    int flag;
    printf("\n\t\t\t***********  排序规则  ************\n");
    printf("\t\t*   1. 按姓名升序\t\t    *\n");
    printf("\t\t*   2. 按姓名降序\t\t    *\n");
    printf("\t\t*   0. 退出\t\t\t    *\n");
    printf("\t\t**********************************\n");
    printf("\t\t>请输入排序规则: ");
    fflush(stdin);                             //清空标准输入缓冲区
    c=getchar();                               //读入选择\
    first = NULL;
    while (pal->next != NULL)                  //在链表中找键值最小的节点
    {  //循环遍历链表中的节点，找出此时最小的节点
        for(p=pal->next,min=pal->next; p->next!=NULL; p=p->next)
        {
            if(c=='1')
                flag=strcmp(p->next->contactPerson.name,
                                    min->contactPerson.name)<0;    //升序
            else if(c=='2')
                flag=strcmp(p->next->contactPerson.name,
                                    min->contactPerson.name)>0;   //降序
            else return;
            if (flag)                          //找到一个比当前min小的节点
```

```
            {
                p_min = p;          //保存找到节点的前驱节点
                min = p->next;      //保存键值更小的节点
            }
        }
        //放入有序链表中
        if (first == NULL)          //如果有序链表目前还是一个空链表
        {
            first = min;            //第一次找到键值最小的节点。*/
            tail = min;             ///注意：尾指针让它指向最后的一个节点。*/
        }
        else                        //有序链表中已经有节点*/
        {                           //把刚找到的最小节点放到最后，即让尾指针的 next 指向它
            tail->next = min;
            tail = min; //尾指针也要指向它
        }
        //根据相应的条件判断，安排它离开原来的链表
        if (min == pal->next)       //如果找到的最小节点就是第一个节点
        {
            //表头已经是最小的，当前结点后移，让 head 指向原 head->next
            pal->next = pal->next->next;
        }
        else //如果不是第一个节点
        {
    //前次最小节点的 next 指向当前 min 的 next，这样就让 min 离开了原链表
            p_min->next = min->next;
        }
    }
    if (first != NULL)                  //循环结束得到有序链表 first
    {
        tail->next = NULL;              //单向链表的最后一个节点的 next 应该指向 NULL
    }
    pal->next = first;
}
```

8.8 习题与解析

一、填空题

1. 分别采用堆排序、快速排序、冒泡排序和归并排序，对于初态为有序的表，则最省时间的是__________算法，最费时间的是__________算法。

2. 直接插入排序用监视哨的作用是__________。

3. 对 n 个记录的表 $r[1..n]$进行简单选择排序，所需进行的关键字间的比较次数为__________。

二、选择题

1. 如果待排序序列中两个数据元素具有相同的值，在排序前后它们的相互位置发生颠倒，则称该排序算法是不稳定的。(　　) 就是不稳定的排序方法。

A. 冒泡排序　　B. 归并排序　　C. Shell 排序
D. 直接插入排序　　E. 简单选择排序

2. 下面给出的 4 种排序方法中，排序过程中的比较次数与排序方法无关的是（　　）。

A. 选择排序法　　B. 插入排序法　　C. 快速排序法　　D. 堆排序法

3. 数据序列（8，9，10，4，5，6，20，1，2）只能是下列排序算法中的（　　）的两趟排序后的结果。

A. 选择排序　　B. 冒泡排序　　C. 插入排序　　D. 堆排序

4. 数据序列（2，1，4，9，8，10，6，20）只能是下列排序算法中的（　　）的两趟排序后的结果。

A. 快速排序　　B. 冒泡排序　　C. 选择排序　　D. 插入排序

5. 对一组数据（84，47，25，15，21）排序，数据的排列次序在排序的过程中的变化为

（1） 84 47 25 15 21　（2） 15 47 25 84 21
（3） 15 21 25 84 47　（4） 15 21 25 47 84

则采用的排序是（　　）。

A. 选择　　B. 冒泡　　C. 快速　　D. 插入

6. 有一组数据（15，9，7，8，20，-1，7，4），用快速排序的划分方法进行一趟划分后，数据的排序为（　　）（按递增排序）。

A. 下面的 B，C，D 都不对　　B. 9，7，8，4，-1，7，15，20
C. 20，15，8，9，7，-1，4，7　　D. 9，4，7，8，7，-1，15，20

7. 在下面的排序方法中，辅助空间为 $O(n)$的是（　　）。

A. 希尔排序　　B. 堆排序　　C. 选择排序　　D. 归并排序

8. 下列排序算法中，在待排序数据已有序时，花费时间反而最多的是（　　）排序。

A. 冒泡　　B. 希尔　　C. 快速　　D. 堆

9. 下列排序算法中，在每一趟都能选出一个元素放到其最终位置上，并且其时间性能受数据初始特性影响的是（　　）。

A. 直接插入排序　　B. 快速排序　　C. 直接选择排序　　D. 堆排序

10. 对初始状态为递增序列的表按递增顺序排序，最省时间的是（　　）算法，最费时间的是（　　）算法。

A. 堆排序　　B. 快速排序　　C. 插入排序　　D. 归并排序

11. 就平均性能而言，目前最好的内排序方法是（　　）排序法。

A. 冒泡　　B. 希尔排序　　C. 交换　　D. 快速

12. 如果只想得到 1000 个元素组成的序列中第 5 个最小元素之前的部分排序的序列，用（　　）方法最快。

A. 冒泡排序　　B. 快速排列　　C. Shell 排序
D. 堆排序　　E. 简单选择排序

13. 在序列“局部有序”或序列长度较小的情况下，最佳内部排序的方法是（　　）。

A. 直接插入排序　　B. 冒泡排序　　C. 简单选择排序

14. 从未排序序列中依次取出一个元素与已排序序列中的元素依次进行比较，然后将其放在已排序序列的合适位置，该排序方法称为（　　）排序法。

A. 插入　　B. 选择　　C. 希尔　　D. 二路归并

15. 用直接插入排序方法对下面 4 个序列进行排序（由小到大），元素比较次数最少的是（　　）。

A. 94,32,40,90,80,46,21,69　　B. 32,40,21,46,69,94,90,80

C. 21,32,46,40,80,69,90,94　　D. 90,69,80,46,21,32,94,40

16. 直接插入排序在最好情况下的时间复杂度为（　　）

A. $O(\log_2 n)$　　B. $O(n)$　　C. $O(n\log_2 n)$　　D. $O(n^2)$

17. 若用冒泡排序方法对序列{10,14,26,29,41,52}从大到小排序，需进行（　　）次比较。

A. 3　　B. 10　　C. 15　　D. 25

18. 对关键码序列 28，16，32，12，60，2，5，72 快速排序，从小到大一次划分结果为（　　）。

A. (2,5,12,16)26(60,32,72)　　B. (5,16,2,12)28(60,32,72)

C. (2,16,12,5)28(60,32,72)　　D. (5,16,2,12)28(32,60,72)

三、判断题

（　　）1. 内排序要求数据一定要以顺序方式存储。

（　　）2. 排序算法中的比较次数与初始元素序列的排列无关。

（　　）3. 排序的稳定性是指排序算法中的比较次数保持不变，且算法能够终止。

（　　）4. 直接选择排序算法在最好情况下的时间复杂度为 $O(n)$。

（　　）5. 在待排数据基本有序的情况下，快速排序效果最好。

（　　）6. 堆肯定是一棵平衡二叉树。

四、应用题

1. 算法模拟

设待排序的记录共 7 个，排序码分别为 8，3，2，5，9，1，6。

（1）用直接插入排序。试以排序码序列的变化描述形式说明排序全过程（动态过程），要求按递减顺序排序。

（2）用直接选择排序。试以排序码序列的变化描述形式说明排序全过程（动态过程），要求按递减顺序排序。

（3）直接插入排序算法和直接选择排序算法的稳定性如何？

2. 有一随机数组(25,84,21,46,13,27,68,35,20)，现采用某种方法对它们进行排序，其每趟排序结果如下，则该排序方法是什么？

初　始:25,84,21,46,13,27,68,35,20　　第一趟:20,13,21,25,46,27,68,35,84

第二趟:13,20,21,25,35,27,46,68,84　　第三趟:13,20,21,25,27,35,46,68,84

3. 全国有 10000 人参加物理竞赛，只录取成绩优异的前 10 名，并将他们从高分到低分输出。而对于落选的其他考生，不需排出名次，问此种情况下，用何种排序方法速度最快？为什么？

4. 给出一组关键字：29，18，25，47，58，12，51，10，分别写出按下列各种排序方法进行排序时的变化过程。

（1）快速排序　　每划分一次书写一个次序。

（2）堆排序　　先建成一个堆，然后每从堆顶取下一个元素后，将堆调整一次。

5. 请写出应填入下列叙述中（　　）内的正确答案。

排序有各种方法，如插入排序、快速排序、堆排序等。

设一数组中原有数据如下：15，13，20，18，12，60。下面是一组由不同排序方法进行一遍排序后的结果。

（　　）排序的结果为：12，13，15，18，20，60

(　　) 排序的结果为：13，15，18，12，20，60

(　　) 排序的结果为：13，15，20，18，12，60

(　　) 排序的结果为：12，13，20，18，15，60

8.9 实　训

一、实训目的

掌握排序的基本算法，并会应用排序解决实际问题。

二、实训内容

1. 编写一个程序实现学生成绩管理，每个学生包括 3 门课的成绩，从键盘输入学生信息。

2. 学生信息包括学号、姓名、3 门课成绩，计算出学生的平均成绩，按照学生平均成绩由大到小排序。

要求分别采用直接插入排序、冒泡排序、快速排序、简单选择排序、堆排序、二路归并排序中的 4 种排序方法完成。

【解析】学生信息可以按如下内容定义。

```
typedef struct
{
    int stuNo;
    char name[20];
    float score1;
    float score2;
    float score3;
    float avg;
}Student; //记录类型
```

实训任务 1 可以参照下面算法实现。

```
void InputStuMsg(Student stu[],int n)
{
    int i;

    for(i=1;i<=n;i++)
    {
        printf("请输入第%d 个学生的信息:\n",i);
        printf("学号: ");scanf("%d",&stu[i].stuNo);
        printf("姓名: ");scanf("%s",stu[i].name);
        printf("语文: ");scanf("%f",&stu[i].score1);
        printf("数学: ");scanf("%f",&stu[i].score2);
        printf("外语: ");scanf("%f",&stu[i].score3);
    stu[i].avg=(stu[i].score1+stu[i].score2+stu[i].score3)/3;
    }
}
```

实训任务 2 可以参照算法 8-1、算法 8-3 ~ 算法 8-9 来实现。